"十四五"职业教育国家规划教材

# 建筑材料与检测

## 第二版

肖忠平　徐少云　主　编
姜艳艳　副主编
张苏俊　主　审

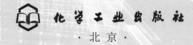
化学工业出版社
·北京·

## 内容简介

本书为"十四五"职业教育国家规划教材和江苏省"十四五"首批职业教育规划教材，是为了适应高等职业教育发展和改革的需要，根据建筑工程技术专业的培养目标，以职业岗位的工作过程为导向，以生产实践中建筑材料的检测和选用的工作任务为载体，采用学习情境形式进行编写的校企合作开发教材。

本教材共分九个学习情境。分别讲述了砂石材料的检测，气硬性胶凝材料的选用，水泥的检测与选用，混凝土的检测与配制，建筑砂浆的检测与配制，墙体材料的检测与选用，建筑钢材的检测与选用，防水材料的检测与选用，以及木材、建筑塑料、涂料、胶黏剂、绝热材料、吸声与隔声材料、建筑石材、建筑玻璃与建筑陶瓷等其他建筑材料的选用等工作过程的知识。各学习情境正文前设置引例，有机融入弘扬劳动精神、文化自信自强等思政元素和党的二十大精神，以工作任务的形式组织安排，有利于提高学生学习的兴趣以及工匠精神的培养。

本书开发了丰富的数字化教学资源，可扫描二维码学习。本书可作为高等职业教育建筑工程技术等土建类各专业的教学用书，也可作为建筑工程行业相关职业岗位的培训教材，还可供土建类相关专业技术人员及成人教育师生参考使用。

**图书在版编目（CIP）数据**

建筑材料与检测/肖忠平，徐少云主编. —2 版. —北京：
化学工业出版社，2020.11（2024.2重印）
"十二五"职业教育国家规划教材 经全国职业教育
教材审定委员会审定
ISBN 978-7-122-37692-3

Ⅰ.①建… Ⅱ.①肖… ②徐… Ⅲ.①建筑材料-检测-
高等职业教育-教材 Ⅳ.①TU502

中国版本图书馆 CIP 数据核字（2020）第 168747 号

---

责任编辑：李仙华　　　　　　　　　　　　装帧设计：史利平
责任校对：王鹏飞

---

出版发行：化学工业出版社（北京市东城区青年湖南街 13 号　邮政编码 100011）
印　　刷：三河市航远印刷有限公司
装　　订：三河市宇新装订厂
787mm×1092mm　1/16　印张 15½　字数 394 千字　2024 年 2 月北京第 2 版第 6 次印刷

---

购书咨询：010-64518888　　　　　　　　售后服务：010-64518899
网　　址：http://www.cip.com.cn
凡购买本书，如有缺损质量问题，本社销售中心负责调换。

---

定　　价：48.00 元　　　　　　　　　　　　　　版权所有　违者必究

# 前　言

　　本教材依据《国家职业教育改革实施方案》《教育部关于职业院校专业人才培养方案制订与实施工作的指导意见》等文件精神，在入选"十四五"职业教育国家规划教材、江苏省"十四五"首批职业教育规划教材的基础上，根据建筑工程技术专业的培养目标，以职业岗位工作过程为导向，以职业能力为依据，以工作任务为载体，并根据高职教育规律和学生的认知规律，采用学习情境、知识链接、任务实施等形式组织编写。本教材以培养学生的职业能力为主线，着力提高学生的专业能力、方法能力和社会能力；在保证工作过程性知识学习的基础上，着力提高学生的职业技能，培养学生的职业素养。

　　本次修订在继承第一版的特色和基本构架的基础上，结合党的二十大报告和编者近几年的教学实践和教改成果，作了以下修改：

　　（1）更新完善教材内容。在内容的选取上，面向建筑材料绿色转型、节能降碳的发展方向，采用最新颁布的建筑行业标准规范，根据用人单位对未来人才的新需求，以岗位技能为目标，重点突出技能培养，将陈旧内容进行替换，补充更新内容，并融入大量思政案例，如绪论部分介绍了我国建材发展史，建筑石材部分介绍了赵州桥，通过案例弘扬爱国情怀，树立民族自信，厚植社会主义核心价值观。

　　（2）紧密联系 1+X 证书需求。根据建筑工程岗位工作过程及职业素质要求以及今后的发展方向，结合注册建造师、注册造价工程师、注册监理工程师考试内容要求，增加了建筑工程质量现场检测中有关材料检测部分内容，进一步培养学习分析、解决实际问题的能力。结合注册建造师职业资格标准，补充真题练习，通过将"学历教育"与"岗位资格证书"融为一体。推进产教融合、科教融合，培养学生爱岗敬业、精益求精、勇于创新的精神。

　　（3）开发信息化资源。本教材开启线上线下相结合的教学方式，借助"互联网+"平台，开发了丰富的数字化教学资源，推进教育数字化。主要以视频教学为主，读者可扫描二维码获取。

　　本教材力求将理论知识和实践技能相结合，将显性知识与默会知识进行有机整合，使课程结构达到最大限度的优化。教材内容新颖、文字简练、图文并茂、通俗易懂，充分体现针对性、实用性和先进性。

　　全书由扬州工业职业技术学院肖忠平、江苏工程职业技术学院徐少云主编，扬州职业大学姜艳艳副主编，扬州工业职业技术学院张苏俊主审。编写分工如下：绪论、学习情境一、七、九和学习情景四中的任务四、五由江苏工程职业技术学院徐少云编写；学习情境二由扬州职业大学姜艳艳、扬州工业职业技术学院俞君宝编写；学习情境三和学习情景四中的任务一、二、三由扬州工业职业技术学院肖忠平编写；学习情境五、六、八由扬州工业职业技术学院朱敏编写；各学习情境的任务实施部分由扬州华正建筑工程质量检测有限公司陈梅梅等高级工程师审定，他们对本书提出了许多宝贵意见，在此表示衷心的感谢。

本书建议学时为 70 学时，各学习情境学时分配表如下：

**各学习情境学时分配表（供参考）**

| 学习情景 | 内容 | 学时 |
| --- | --- | --- |
| | 绪论 | 1 |
| 一 | 砂石材料的检测 | 8 |
| 二 | 气硬性胶凝材料的选用 | 3 |
| 三 | 水泥的检测与选用 | 10 |
| 四 | 混凝土的检测与配制 | 18 |
| 五 | 建筑砂浆的检测与配制 | 4 |
| 六 | 墙体材料的检测与选用 | 6 |
| 七 | 建筑钢材的检测与选用 | 6 |
| 八 | 防水材料的检测与选用 | 8 |
| 九 | 其他建筑材料的选用 | 6 |

本书配套有微课视频、拓展知识等二维码资源，读者可扫码学习；同时还提供有PPT电子课件、习题库以及与教材配套的检测报告，可登录 www.cipedu.com.cn 网址免费获取。

由于编写时间仓促，编者水平所限，书中不足之处在所难免，敬请各位读者批评指正。

编者

# 第一版前言

　　本教材为"十二五"职业教育国家规划教材、"十二五"江苏省高等学校重点教材。本教材是根据建筑工程技术专业的培养目标，以职业岗位工作过程为导向，以职业能力为依据，以工作任务为载体，并根据高职教育规律和学生的认知规律，采用学习情境、学习任务和工作任务等形式组织编写。本教材以培养学生的职业能力为主线，着力提高学生的专业能力、方法能力和社会能力；在保证工作过程性知识学习的基础上，着力提高学生的职业技能，培养学生的职业素养。

　　本教材以常见建筑工程材料为载体，设置了砂石材料的检测，气硬性胶凝材料的选用，水泥的检测与选用，混凝土的检测与配制，建筑砂浆的检测与配制，墙体材料的检测与选用，建筑钢材的检测与选用，防水材料的检测与选用，以及木材、建筑塑料、涂料、胶黏剂、绝热材料、吸声与隔声材料、建筑石材、建筑玻璃与建筑陶瓷等其他一些建筑材料的选用九个学习情境。各学习情境采用国内外的真实工程案例引出学习任务，进一步明确学习目标。根据建筑工程岗位工作过程及职业素质以及今后的发展方向，结合注册建造师、注册造价工程师、注册监理工程师考试内容要求，增加了建筑工程质量现场检测中有关材料检测部分内容，进一步培养学习分析、解决实际问题的能力。

　　本教材力求将理论知识和实践技能相结合，将显性知识与默会知识进行有机整合，使课程结构达到最大限度的优化。教材采用最新国家标准，内容新颖、文字简练、图文并茂、通俗易懂，充分体现针对性、实用性和先进性。

　　全书由扬州工业职业技术学院肖忠平、张苏俊统稿，并任主编；扬州职业大学姜艳艳任副主编。编写分工如下：绪论、学习情境一、学习情境三～五由扬州工业职业技术学院肖忠平编写；学习情境二由扬州华正建筑工程质量检测有限公司陈梅梅高级工程师编写；学习情境六由扬州工业职业技术学院赵志高编写；学习情境七、九由扬州工业职业技术学院张苏俊编写；学习情境八由扬州职业大学姜艳艳编写；各学习情境的任务实施部分由扬州华正建筑工程质量检测有限公司陈梅梅等高级工程师审定，他们对本书提出了许多宝贵意见，在此表示衷心的感谢。

　　本书建议学时为 70 学时，各学习情境学时分配表如下。

各学习情境学时分配表（供参考）

| 学习情境 | 内容 | 学时 |
| --- | --- | --- |
| | 绪论 | 1 |
| 一 | 砂石材料的检测 | 8 |
| 二 | 气硬性胶凝材料的选用 | 3 |

| 学习情境 | 内容 | 学时 |
|---|---|---|
| 三 | 水泥的检测与选用 | 10 |
| 四 | 混凝土的检测与配制 | 18 |
| 五 | 建筑砂浆的检测与配制 | 4 |
| 六 | 墙体材料的检测与选用 | 6 |
| 七 | 建筑钢材的检测与选用 | 6 |
| 八 | 防水材料的检测与选用 | 8 |
| 九 | 其他建筑材料的选用 | 6 |

由于编写时间仓促，编者水平所限，书中不足之处在所难免，敬请各位读者批评指正。

本书提供有 PPT 电子课件、电子教案、习题库以及与教材配套的检测报告，可登录 www. cipedu. com. cn 网址免费获取。

**编者**
**2016 年 2 月**

# 目  录

▶**学习情境三　水泥的检测与选用** ·················· 37

▶**学习情境四　混凝土的检测与配制** ·················· 67

## 资源目录

| 序号 | 资源名称 | 资源类型 | 页码 |
| --- | --- | --- | --- |
| 0.1 | 课程简介 | 视频 | 1 |
| 1.1 | 砂石的物理常数、含水率及测定 | 视频 | 8 |
| 1.2 | 材料的吸水性和吸湿性 | PDF | 17 |
| 1.3 | 砂石的级配及测定 | 视频 | 17 |
| 2.1 | 气硬性胶凝材料检测与应用 | 视频 | 23 |
| 3.1 | 硅酸盐水泥的性能 | 视频 | 38 |
| 3.2 | 水泥细度及测定 | 视频 | 47 |
| 3.3 | 水泥标准稠度用水量及测定 | 视频 | 47 |
| 3.4 | 水泥净浆凝结时间及测定 | 视频 | 49 |
| 3.5 | 水泥胶砂强度及测定 | 视频 | 51 |
| 4.1 | 水泥混凝土 | 视频 | 67 |
| 4.2 | 混凝土拌合物和易性及检测（坍落度法） | 视频 | 82 |
| 4.3 | 混凝土强度及检测 | 视频 | 94 |
| 4.4 | 混凝土超声波检验和超声—回弹综合法简介 | PDF | 97 |
| 4.5 | 其他品种混凝土 | PDF | 113 |
| 5.1 | 建筑砂浆和易性及检测 | 视频 | 119 |
| 5.2 | 建筑砂浆强度实验 | 视频 | 120 |
| 5.3 | 装饰砂浆和特种砂浆 | PDF | 127 |
| 6.1 | 墙体材料检测与选用 | 视频 | 129 |
| 6.2 | 砌体工程现场检测（扁顶法） | PDF | 150 |
| 7.1 | 建筑钢材检测与选用 | 视频 | 152 |
| 7.2 | 钢筋的拉伸性能及检测 | 视频 | 158 |
| 7.3 | 钢材的化学成分对钢材性能的影响 | PDF | 160 |
| 7.4 | 铝和铝合金 | PDF | 173 |
| 8.1 | 防水材料性能与检测 | 视频 | 175 |
| 8.2 | 材料的亲水性与憎水性 | PDF | 184 |
| 9.1 | 其他建筑材料 | 视频 | 201 |

# 绪 论

建筑物是用各种材料建造而成的，用于建筑工程的这些材料总称为建筑材料，其性能表现对于建筑物的各种性能具有重要影响。因此，建筑材料不仅是建筑工程的物质基础，而且是决定建筑工程质量和使用性能的关键因素。为使建筑物获得结构安全、性能可靠、耐久、美观、经济适用的综合品质，必须合理选择和正确使用建筑材料。

## 一、建筑材料的分类

建筑材料的品种繁多、组分各异、用途不一，可按多种方法进行分类。

### 1. 按材料化学成分分类

通常可分为有机材料、无机材料和复合材料三大类。

（1）有机材料 有机材料是以有机物为主所构成的材料。这类材料具有有机物的一系列特性，如密度小、加工性好、易燃烧、易老化等。根据其来源又可划分为天然有机材料（如木材、天然纤维、天然橡胶等）和人工合成有机材料（如合成纤维、合成橡胶、合成树脂及胶黏剂等），详见表 0-1。

二维码 0.1

表 0-1　建筑材料的分类

| 建筑材料 | 无机材料 | 非金属材料 | 天然石料：大理石、花岗岩、石子、砂等；<br>陶瓷和玻璃：砖、瓦、陶瓷、平板玻璃等；<br>无机胶凝材料：水泥、石灰、石膏、水玻璃等；<br>混凝土及砂浆：普通混凝土、硅酸盐制品、各种砂浆等；<br>绝热材料：石棉、矿棉、玻璃棉、膨胀珍珠岩等 |
| | | 金属材料 | 黑色金属：生铁、碳素钢、合金钢等；<br>有色金属：铝、锌、铜及其合金等 |
| | 有机材料 | 植物材料 | 木材、竹材等 |
| | | 沥青材料 | 石油沥青、煤沥青、沥青制品等 |
| | | 高分子材料 | 塑料、橡胶、涂料、胶黏剂等 |
| | 复合材料 | 金属与非金属复合材料 | 钢筋混凝土、钢纤维混凝土等 |
| | | 有机与无机复合材料 | 聚合物混凝土、沥青混凝土、水泥刨花板、玻璃钢等 |

（2）无机材料 无机材料是以无机物为主构成的材料。无机材料中又包括金属材料（如各种钢材、铝材等）和非金属材料（如天然石材、水泥、石灰、石膏、陶瓷、玻璃与其他无机矿物质材料及其制品等）。与有机材料相比，无机材料具有不老化、不燃烧、组分构成相对稳定等一系列特性，但其物理力学性能受构成成分与结构的影响，差别很大。

（3）复合材料 复合材料是以两种或两种以上不同类别的材料按照一定组分结构所构成的材料。复合材料往往在制造时对其组成和结构进行优化，以克服单一材料的某些弱点而发挥其复合后材料在某些方面的综合优异特性，从而满足建筑工程对材料性能更高的要求。因此，复合材料已成为目前土木工程中应用最多的材料。

根据其构成不同，复合材料又可分为有机-有机复合材料（复合木地板、橡胶改性沥青、树脂改性沥青）；有机-无机复合材料（如沥青混凝土、聚合物混凝土、金属增强塑料、金属增强橡胶、玻璃纤维增强塑料等复合材料）；金属-无机非金属复合材料（如钢筋混凝土、钢纤维混凝土、夹丝玻璃、金属夹芯复合板）；无机非金属-无机非金属复合材料（如玻璃纤维增强石膏、玻璃纤维增强水泥、普通混凝土与砂浆等）。

**2. 按材料在建筑物中的功能分类**

可分为承重材料、非承重材料、保温和隔热材料、吸声和隔声材料、防水材料、装饰材料等。

**3. 按使用部位分类**

可分为结构材料、墙体材料、屋面材料、地面材料、饰面材料以及其他用途的材料等。

## 二、建筑材料对建筑工程的影响

建筑物的形成过程，主要是根据材料性能而设计成适当的结构形式，并按照设计要求将材料进行构筑或组合的过程。在此过程中，材料的选择是否正确、材料的使用是否科学、材料的构筑或组合是否合理，不仅直接决定了建筑物的质量或使用性能，也直接影响着工程的成本。因此，建筑材料的性能直接决定了工程的设计方法和准则，也决定着工程的建造技术与构筑方式，对建筑工程的各方面都具有重要的影响。

**1. 材料对建筑工程质量的影响**

质量是建筑工程设计中追求的首要目标，而工程质量的优劣与所用材料的质量水平以及使用的合理与否有直接的关系。通常，材料的品种、组成、构造、规格及使用方法等对建筑工程的结构的安全性、耐久性及适用性等工程质量指标都有直接的影响。工程实践表明，从材料的选择、生产、使用、检验评定，到材料的贮运、保管等环节都必须做到科学合理；否则，任何环节的失误都可能造成工程质量的缺陷，甚至是重大质量事故。国内外建筑工程的重大质量事故多与材料的质量不良或使用不当有关。

鉴于建筑材料品种繁多、构成和性质复杂、使用环境多变等方面的特点，在工程建设中要获得高质量的建筑物，就必须准确熟练地掌握有关材料的知识，能够正确地选择和使用材料。此外，工程建设的许多质量信息都是通过材料的表现来传递的，通常是根据对材料在工程中性能的表现的评价，来客观地评定工程的质量状态。

**2. 材料对建筑工程造价及资源消耗的影响**

在一般建筑工程的总造价中，与材料直接有关的费用占 50% 以上。在工程建设过程中，材料的选择、使用与管理是否合理，对其工程成本的影响很大。在有些工程或工程的某些部位，可选择的材料品种很多，即使同一种材料也可以采用多种不同的使用方法。虽然采用不同的材料或不同的使用方法，它们在工程中最终所体现的效果相近，但是所需要的成本以及所消耗的资源或能源差别可能很大。因此，正确掌握并准确熟练地应用建筑材料知识，可以通过优化选择和正确使用材料，充分利用材料的各种功能，在满足工程各项使用要求的条件下，降低材料的资源消耗或能源消耗，节约与材料有关的费用。因此，从工程技术经济及可持续发展的角度来看，正确选择和使用材料，对于创造良好的经济效益与社会效益具有十分重要的意义。

**3. 材料对建筑工程技术的影响**

建筑工程建设过程中，工程的设计方法、施工方法往往都与材料密切相关，材料的性能直接决定了工程所采用的结构形式、使用方法或操作技术工艺等。通常情况下，结构设计形式或设计方法的变革都必须以适应和充分发挥材料的性能为前提。在施工过程中，最大限度地实现设计意图，就必须选择最适当的材料品种与规格，并结合所选材料的特性，确定最佳的使用方法或工艺，以便最大程度地满足人们对工程性能的要求。因此，对某一具体的工程来说，采用性能不同的材料，就可能决定了不同的最佳施工工艺与方法；相反，若材料性能得不到充分发挥或使用方法不当，也会妨碍施工技术优势的发挥。实际上，工程施工过程中，许多技术问题的解决或问题的突破往往依赖于材料问题的解决。

从建筑工程发展的历史来看，材料品种或性能的变迁，往往是建筑工程技术发展动力和整个工程建造方法的基础。新的建筑材料的出现，也会使工程设计方法及施工技术产生显著的变革或进步。在现代建筑工程建设中，所使用材料品种更是决定工程结构设计理论和施工技术水平的最主要元素之一。

### 三、建筑材料的技术性能

在建筑物或构筑物中，建筑材料要承受各种不同的作用，要求建筑材料具备相应不同的性能。例如结构材料必须具有良好的力学性能；墙体材料应具有绝热、隔声性能；屋面材料应具有抗渗防水性能；地面材料应具有耐磨损性能等。另外，由于建筑物长期暴露在大气中，经常要受到风吹、雨淋、日晒、冰冻等自然条件的影响，这要求建筑材料应具有良好的耐久性能。因此，在工程建设中选择、应用、分析和评价材料，通常以其性能为依据。建筑材料的基本性能主要包括以下几个方面。

（1）物理性能  材料的物理性能包括物理常数（真实密度、表观密度、毛体积密度、堆积密度、孔隙率、空隙率等），与水相关的性能（亲水性、憎水性、含水率）等。

（2）力学性能  材料的力学性能是指材料抵抗静态及动态荷载作用的能力。静态力学性能主要用材料抗拉、压、弯、剪等强度评价；动态力学性能可以通过材料抗磨损、抗冲击等评价。

（3）耐久性能  耐久性是指材料在使用过程中，在气候及环境综合作用下，保持其原有设计性能的能力。材料的耐久性包括耐候性、耐化学侵蚀性、抗渗性等方面。

（4）化学性能  化学性能反映材料与各种化学试剂发生化学反应的可能性和反应速度大小的相关参数，材料的化学性能影响到材料的耐久性、力学性能、热工性能等。

（5）工艺性能  工艺性能是指材料在一定的加工条件下接受加工的性能。如水泥混凝土在成型以前要求有一定的流动性，以便制作成一定形状的构件。

（6）其他性能  如热工性能（热导率、比热容等）、装饰性能等。

### 四、建筑材料的发展

在人类建筑历史的发展进程中，材料往往成为一个时代的标志。建筑材料是伴随着人类社会的不断进步和社会生产力的发展而发展的。

在远古时代，人类居住于天然山洞或树巢中，以后逐步用黏土、石块、木材等天然材料建造房屋。18000年前的北京周口店龙骨山山顶洞人（旧石器时代晚期），仍是住在天然岩洞里。在距今约6000年前的西安半坡遗址（新石器时代后期），已是采用木骨泥墙建房，并发现有制陶窑场。河南安阳的殷墟，是商朝后期的都城（约公元前1401～公元前1060年），建筑技术水平有了明显提高，并有制陶、冶铜作坊，青铜工艺也已相当纯熟。烧土瓦在西周（公元前1060～公元前711年）早期的陕西凤雏遗址中已有发现，并有了在土坯墙上采用三合土（石灰、黄砂、黏土混合）抹面。说明中国劳动人民在3000年前已能烧制石灰、砖瓦等人造建筑材料，冶铜技术亦相当纯熟。到战国时期（公元前475～公元前221年），筒瓦、板瓦已广泛使用，并出现了大块空心砖和墙壁装修用砖。在齐都临淄遗址（公元前 850～公元前 221 年）中，发现有炼铜、冶铁作坊，说明当时铁器已有应用。如图 0-1～图 0-3 所示。

图 0-1　新石器时代（河姆渡干栏式房屋）

图 0-2　青铜时代（陕西凤雏遗址）

图 0-3　铁器时代（长城）

欧洲于公元前 2 世纪已有用天然火山灰、石灰、碎石拌制天然混凝土用于建筑，直到 19 世纪初，才开始采用人工配料，再经煅烧、磨细制造水泥，由于它凝结后与英国波特兰岛的石灰石颜色相似，故称波特兰水泥（即中国的硅酸盐水泥）。此项发明于 1824 年由英国人阿斯普定（J. Aspdin）取得专利权，并于 1925 年用于修建泰晤士河水下公路隧道工程。钢材在建筑中的应用也是 19 世纪中叶的事。1850 年法国人朗波制造了第一只钢筋混凝土小船。1872 年在纽约出现了第一所钢筋混凝土房屋。水泥和钢材这两种新材料的问世，为后来建造高层建筑和大跨度桥梁提供了物质基础。到 20 世纪出现了预应力混凝土，21 世纪，高强高性能混凝土将作为主要结构材料得到广泛应用。同时，一些具有特殊功能的材料应运而生，如保温隔热、吸声、隔声、耐热、耐磨、耐腐蚀、防辐射材料等。

随着科学技术的发展，学科的交叉及多元化产生了新的技术和工艺。这些前沿的技术、工艺越来越多地应用于建筑材料的研制开发，使得建筑材料的发展日新月异。不仅材料原有的性能，如耐久性能、力学性能等得到了提高，而且实现了建筑材料在强度、节能、隔音、防水、美观等方面的综合。同时，社会发展对建筑材料的发展提出了更高的要求，可持续发展理念已逐渐深入到建筑材料之中，具有节能、环保、绿色和健康等特点的建筑材料应运而生。建筑材料向着追求功能多样性、全寿命周期经济性以及可循环再生利用性等方向发展。

## 五、建筑材料的检测与技术标准

在建筑施工过程中，影响工程质量的主要因素包括建筑材料、机械、人、施工方法和环境条件五个方面。为了保证工程质量，必须对施工的各工序质量从上述五方面进行事前、事中和事后的有效控制，做到科学管理。要完成这样的目标，就必须做好建筑工程质量检测工作，其中建筑材料性能的检测是必不可少的重要环节。

**1. 建筑材料的检测**

建筑材料的检测就是按照现行有关技术标准和规范的规定，采用规定的测试仪器和测试方法，采取科学合理的检测手段，对建筑材料的性能参数进行检验和测定的过程。对建筑材料进行检测，不仅是控制和评定建筑材料质量的手段和依据，而且也是合理选用建筑材料、降低生产成本、提高企业经济效益和推动科技进步的有效途径。

（1）建筑材料检测的目的　建筑材料检测，主要分为生产单位检测和施工单位检测两方面。生产单位检测的主要目的，是通过测定材料的主要性能参数，来判定材料的各项性能是否达到相关的技术标准规定，用以评定产品的质量等级，判断产品质量是否合格，确定产品是否能出厂。施工单位检测的目的是通过测定材料的各项性能参数，来判定材料的各项性能是否符合质量等级的要求，即是否合格，从而确定该批建筑材料是否能用于工程中。施工单位的检测必须要按照规定的抽样方法，抽取一定数量的材料交有资质的检测机构进行检测。

（2）建筑材料检测的步骤　主要包括抽样和试验室检测两个步骤。

建筑材料的抽样必须按照有关标准进行。所抽取的试样，必须具有代表性，这样测定出来的技术数据，才能代表被抽样的一批材料的技术性能。

试验室检测应由具个相应资质等级的合法检测机构进行检测。施工单位将按规定抽取的试样送交检测机构，由检测机构根据现行的有关技术标准和规范进行试验。

**2. 建筑材料的技术标准**

为了保证建筑材料的质量以及在土木工程建设过程中做好工程质量管理，我国对各种建筑材料制定了专门的技术标准。技术标准就是对某项技术或产品实行统一规定的技术指标要求。任何产品的技术指标只有在符合相关标准要求的条件下才允许使用。建筑材料的技术指标是评定工程中所使用建材质量的依据。为能在工程实际中正确地选择、验收并使用材料，必须掌握材料的技术标准。

依据不同的适用范围，目前我国现行最常用的标准有以下三大类。

第一类是国家标准。国家标准有强制性标准（代号 GB）和推荐性标准（代号 GB/T）。强制性标准是全国必须执行的技术指导文件，产品的技术指标都不得低于标准中的规定要求。国家标准由国家标准代号（GB）、编号、制定（修订）年份、标准名称四个部分组成。如《通用硅酸盐水泥》（GB 175—2007）中，"通用硅酸盐水泥"为标准的产品（技术）名称，"GB"为国家标准的代号，"175"为标准编号，"2007"为标准颁布年代号。推荐性标准在执行时也可采用其他标准。如《建设用砂》（GB/T 14684—2011），表示建设用砂的国家推荐性标准，标准编号为 14684，颁布年份为 2011 年。此外，与建筑材料有关的国家标准还有国家建设工程标准（GBJ）和中国工程建设标准化协会标准（CECS）。

第二类是行业标准，它是由某一行业制定并在本行业内执行的标准。行业标准由行业标准代号、一级类目代号、二级类目代号、二级类目顺序号、制定（修订）年份及标准名称等部分组成。如《陶瓷砖胶粘剂》（JC/T 547—2017），"JC/T"为建材颁布标准的行业标准代号（此产品为推荐性标准）；"547"为该产品的二级类目顺序号，颁发年份为 2017 年。

第三类是企业标准，它是由企业制定并经有关部门批准的产品（技术）标准。企业标准的代号为"Q/"，其后分别为企业代号、标准顺序年代号、制定年代号，根据国家标准化法规定，对同一产品或技术，其企业标准的技术指标要求不得低于国家标准或行业标准。

此外，目前中国某些地区针对有些产品（技术）还有地方标准，它是由地方制定并在本地统一执行的标准，其代号为"地方标准代号、标准顺序号、制定年代号、产品（技术）名称"。

工程中还可能采用其他国外的技术标准，如国际标准（代号 ISO），美国国家标准

（ANSI），美国材料与实验学会标准（ASTM），英国标准（BS），德国工业标准（DIN），日本工业标准（JIS），法国标准（NF）等。

### 六、课程的性质、目的、任务和学习方法

"建筑材料与检测"是研究建筑工程用各种材料的组成、性能、应用以及性能检测的一门课程。该课程是建筑工程技术专业的主干课程之一，是基础技术课，并兼有专业课的性质。它与物理、化学以及材料力学等课程有着密切的联系，它是学习混凝土结构与施工、钢结构与施工等专业课的基础。本课程的任务是通过学习，获得建筑材料的基础知识，掌握建筑材料的技术性能、应用方法及其性能检测技能，同时对建筑材料的贮运和保护也有所了解，以便在今后的工作实践中能正确选择与科学合理地运用建筑材料，为提高工程质量、促进技术进步和降低工程成本奠定理论基础，也为进一步学习其他专业课打下基础。

根据本课程的特点和要求，本书以各种建筑材料为载体，以材料的识别、性能检测与选用等工作任务来安排教学内容。通过完成建筑材料性能的检测与选用这一工作任务，一方面了解常用材料的组成、结构及其形成机理，掌握材料的主要性能与正确使用；另一方面学会对各种常用建筑材料进行检验，能对建筑材料进行合格性的判断和验收，同时提高实践技能，对实验数据、实验结果能进行正确的分析和判别，培养科学认真的态度和实事求是的工作作风。

在学习过程中，应注意做到以下几点：

① 材料检测是本课程的一个重要环节，因此必须认真完成这个工作任务，填写检测报告。要通过材料的检测培养动手能力，获取感性知识，了解技术标准及检验方法。

② 材料的组成与构造是决定材料性质的内在因素，只有了解了材料性质与组成构造的关系，才能掌握材料的性质。

③ 同类材料存在着共性，同类材料中因品种不同还存在着各自的特性。学习时应掌握各类材料的共性，再运用对比的方法掌握不同品种材料的特性，才容易抓住要领，使条理清楚，便于理解和掌握。

④ 在使用中，材料的性质还受到外界环境条件的影响，在学习时要运用已学过的物理、化学等基础知识对所学的内容加深理解，并应用内因与外因关系的哲学原理，提高分析问题与解决问题的能力。

# 学习情境一

# 砂石材料的检测

▶▶ **知识目标**

- 掌握砂、石的表观密度、堆积密度、孔隙率和空隙率的概念
- 掌握砂、石的含水率概念
- 掌握砂、石材料的级配理论

▶▶ **能力目标**

- 能够测定砂、石的表观密度、堆积密度，并计算空隙率
- 能够测定砂、石的含水率
- 能够做砂、石的筛分试验，并判断砂、石的粗细程度和级配情况

**【引例】**

1. 某电视台报道了深圳海砂楼事件，称深圳有居民楼房楼板开裂、墙体出现裂缝，每逢雨天渗水不断等问题。根据市政府的调查结果显示，问题的根源就是建设时使用大量海砂。海砂中超标的氯离子会严重腐蚀建筑中的钢筋，甚至引起建筑倒塌。而无良的开发商之所以选择"海砂"做建筑混凝土，是因为它可以节省一半的成本。

2. 某日零时，张某驾驶一辆重型半挂牵引车，自某区某沙场装满砂子后，运送至某修路工地。途经某大桥时，大桥瞬间呈"W"波浪形整体坍塌，部分桥体折断。交通局最后确认此车载重是160t，依据是砂子的主要成分是二氧化硅，二氧化硅的密度是 $2.65\text{g/cm}^3$，$2.65 \times 14 \times 2.5 \times 2.2 = 204$ (t)，因为实际上未装满，按78%计算得160t。但部分专家认为此计算有误，因为沙堆中间有空隙，对一堆砂子来说，绝不能用一粒砂子的密度来核算，而要按照堆积密度算。砂的堆积密度为 $1350 \sim 1650\text{kg/m}^3$，按照 $1600\text{kg/m}^3$ 计算才95t，你认为哪种计算更符合实际？

砂、石材料是建筑工程中用量最大的一种建筑材料，它是由岩石风化或加工而成，可直接用作建筑工程的圬工结构材料，亦可加工成各种尺寸的集料，作为水泥混凝土和沥青混合料的骨料。

砂、石在混合料中主要起骨架和填充作用，因此通常称之为集料或骨料。不同粒径的集料在水泥（或沥青）混合料中所起的作用不同，因此对它们的技术要求也不同。工程上以粒径的大小为界，通常将集料分为细集料（砂子）及粗集料（石子）。在水泥混凝土中，粒径在 $0.15 \sim 4.75\text{mm}$ 之间的集料称为细集料；大于 $4.75\text{mm}$ 的为粗集料。在沥青混合料中，

粒径小于 2.36mm 为细集料；大于 2.36mm 为粗集料。集料是水泥（或沥青）混合料的主要组分。用作水泥混凝土和沥青混合料的集料，应具备一定的技术性质，并按级配理论组成，以适应不同建筑工程的技术要求。集料的物理、力学、化学性质对沥青混凝土或水泥混凝土的性质有很大的影响。集料的选择、测定及评判是生产高质量混凝土的重要保证。一些集料由于某些不良的性质，会限制混凝土强度的发展，并且会对混凝土的耐久性及其他应用性能产生不利的影响。因此，在配制混凝土时，有必要对集料的一些主要性质进行检测分析，以保证混凝土的强度和耐久性。根据建筑工程项目材料质量控制的相关规定，对进场砂、石材料需要作材质复试。砂的复试内容主要有含水率、吸水率、筛分析、泥块含量及非活性骨料检验；石子的复试内容主要有含水率、吸水率、筛分析、含泥量、泥块含量及非活性骨料检验。

# 任务一 砂石的物理常数测定

 **任务描述**

　　测定砂、石的表观密度、松散堆积密度、紧密堆积密度、空隙率，作为砂、石的质量评定和混凝土配合比设计的依据。按照《建设用砂》（GB/T 14684—2011）、《建设用卵石、碎石》（GB/T 14685—2011）等国家实验规程的标准测定。严格按照材料检测的相关步骤和注意事项，细致认真地做好检测工作，通过完成砂、石取样、表观密度、堆积密度的测定和空隙率计算的工作任务，掌握建筑材料的密度、表观密度、堆积密度和空隙率的含义及其检测方法。

二维码 1.1

 **知识链接**

## 一、密度、表观密度和堆积密度

　　广义密度的概念是指物质单位体积的质量。从质量和体积的物理观点出发，材料主要是由物质实体和孔隙（包括与外界连通的开口孔隙和内部的闭口孔隙）所组成。因此依据不同的结构状态，材料的体积可以采用不同的参数来表示：绝对密实体积 $V(V_s)$、自然状态下体积 $V_0$（$V$＋闭口孔隙体积 $V_n$＋开口孔隙体积 $V_i$）、堆积体积 $V_0'$（$V_0$＋空隙体积 $V_空$），如图 1-1 所示。

　　在研究建筑材料的密度时，由于对体积的测试方法不同和实际应用的需要，根据不同的体积的内涵，可引出不同的密度概念。

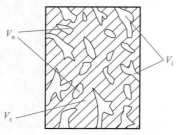

图 1-1　材料的体积构成示意图
$V_s$—绝对密实体积；$V_n$—闭口孔隙体积；$V_i$—开口孔隙体积

### 1.密度

　　密度是指材料在绝对密实状态下，单位体积的质量。用下式表达：

$$\rho = \frac{m}{V} \quad (1-1)$$

式中　$\rho$——材料的密度，$g/cm^3$ 或 $kg/m^3$；

$m$——材料的质量，g 或 kg；

$V$——材料的绝对密实体积，$cm^3$ 或 $m^3$。

材料在绝对密实状态下的体积是指不包括材料内部

孔隙的固体物质本身的体积，亦称实体积。建筑材料中除钢材、玻璃、沥青等外，绝大多数材料均含有一定的孔隙。测定含孔材料的密度时，须将材料磨成细粉（粒径小于0.2mm），经干燥后用密度瓶测得其实际体积，材料磨得越细，测得的密度值越准确。

**2. 表观密度**

表观密度（原称容重）是指材料在自然状态下，单位体积的质量。用下式表达：

$$\rho_0 = \frac{m}{V_0} \tag{1-2}$$

式中　$\rho_0$——材料的表观密度，$g/cm^3$ 或 $kg/m^3$；

　　　$m$——材料的质量，g 或 kg；

　　　$V_0$——材料在自然状态下的体积，$cm^3$ 或 $m^3$。

材料在自然状态下的体积是指材料的实体积与材料内所含全部孔隙体积之和。对于外形规则的材料，其表观密度测定很简便，只要测得材料的质量和体积（用尺测量），即可算得。不规则材料的体积可采用排水法求得，但材料表面应预先涂上蜡，以防水分渗入材料内部而使测值不准。

工程上常用的砂、石材料，其颗粒内部孔隙极少，用排水法测出的颗粒体积与其实体积基本相同，所以，砂、石的表观密度可近似地视作其密度，常称视密度。

材料表观密度的大小与其含水情况有关。当材料含水时，其质量增大，体积也会发生不同程度的变化。因此测定材料表观密度时，须同时测定其含水率，并予以注明。通常材料的表观密度是指气干状态下的表观密度。材料在烘干状态下的表观密度称干表观密度。

表观密度是反映整体材料在自然状态下的物理参数，由于表观体积中包含了材料内部孔隙的体积，故一般材料的表观密度总是小于其密度。

**3. 堆积密度**

堆积密度是指粉状、颗粒状或纤维状材料在堆积状态下单位体积的质量。用下式表达：

$$\rho_0' = \frac{m}{V_0'} \tag{1-3}$$

式中　$\rho_0'$——材料的堆积密度，$g/cm^3$ 或 $kg/m^3$；

　　　$m$——材料的质量，g 或 kg；

　　　$V_0'$——材料的堆积体积，$cm^3$ 或 $m^3$。

散粒材料在自然堆积下的体积不但包括材料的表观体积，而且还包括颗粒间的空隙体积。材料的堆积体积可以采用容积筒来量测。根据装填方法的不同，砂、石的堆积密度分为自然堆积密度（也称松散堆积密度）和紧密堆积密度。自然堆积密度是指以自由落入方式装填集料；紧密堆积密度是将石子分 3 层（砂子分 2 层）装入容器筒中，在容器筒底部放置一根直径为 25mm 的圆钢筋（测砂子时钢筋直径为 10mm），每装一层集料后，将容器筒左右交替颠击地面 25 次，直至装满容量筒。

在建筑工程中，计算构件自重、配合比设计、测算堆放场地以及材料用量时，经常要用到材料的密度、表观密度和堆积密度等数据。常用建筑材料的有关密度数据见表 1-1。

表 1-1　常用建筑材料的密度 $\rho$、表观密度 $\rho_0$、堆积密度 $\rho_0'$ 和孔隙率 $P$

| 材料 | $\rho/(g/cm^3)$ | $\rho_0/(g/cm^3)$ | $\rho_0'(g/cm^3)$ | $P/\%$ |
|---|---|---|---|---|
| 石灰岩 | 2.60 | 1.80～2.60 | | 0.2～4 |
| 花岗岩 | 2.60～2.80 | 2.50～2.80 | | <1 |
| 普通混凝土 | 2.60 | 2.20～2.50 | | 5～20 |
| 碎石 | 2.60～2.70 | | 1.40～1.70 | |
| 砂 | 2.60～2.70 | | 1.35～1.65 | |
| 黏土空心砖 | 2.50 | 1.00～1.40 | | 20～40 |
| 水泥 | 3.10 | | 1.00～1.10 | |
| 木材 | 1.55 | 0.40～0.80 | | 55～75 |
| 钢材 | 7.85 | 7.85 | | 0 |
| 铝合金 | 2.70 | 2.75 | | 0 |
| 泡沫塑料 | 1.04～1.07 | 0.02～0.05 | | |

## 二、孔隙率和空隙率

### 1. 孔隙率

孔隙率是指材料内部孔隙的体积占材料总体积的百分率，用 $P$ 表示：

$$P = \frac{V_0 - V}{V_0} \times 100\% = \left(1 - \frac{\rho_0}{\rho}\right) \times 100\% \tag{1-4}$$

材料孔隙率的大小直接反映材料的密实程度。孔隙率大，则密实度小。孔隙率相同的材料，它们的孔隙特征（即孔隙构造与孔径）可以不同。按孔隙构造，材料的孔隙可分为开口孔隙和闭口孔隙两种，两者孔隙率之和等于材料的总孔隙率。按孔隙的尺寸大小，又可分为微孔、细孔及大孔三种。不同的孔隙对材料的性能影响各不相同。几种常见材料的孔隙率见表 1-1。

### 2. 空隙率

空隙率是指散粒材料在堆积体积中，颗粒之间的空隙体积所占的百分率，用 $P'$ 表示：

$$P' = \left(\frac{V_0' - V_0}{V_0'}\right) \times 100\% = \left(1 - \frac{\rho_0'}{\rho_0}\right) \times 100\% \tag{1-5}$$

空隙率反映了散粒材料的颗粒之间的相互填充的致密程度。空隙率可作为控制混凝土骨料级配与计算混凝土含砂率时的重要依据。

 任务实施

## 一、砂石验收的取样

砂或石子的验收应按同产地、同规格、同类别分批进行，每批总量不超过 400m³ 或 600t。

### 1. 砂的取样

在料堆上取样时，取样部分应均匀分布，取样前先将取样部位表层铲除，然后从不同部位随机抽取大致相等的砂共 8 份，组成一组样品。

从皮带运输机上取样时，应用与皮带等宽的接料器在皮带运输机机头出料处全断面定时

随机抽取大致等量的砂 4 份，组成一组样品。

从火车、汽车、货船上取样时，从不同部位和深度随机抽取大致等量的砂 8 份，组成一组样品。

每组样品的取样数量，对每一单项试验，应符合表 1-2 所规定的最少取样数量。做几项试验时，如能保证试样经一项试验后不致影响另一项试验的结果，可以用一试样进行几项不同的试验。

试样处理：采用分料器法或人工四分法。

分料器法：将样品在潮湿状态下拌和均匀，然后通过分料器，取接料斗中的其中一份再次通过分料器，重复上述过程，直至把样品缩分到测试所需数量为止。

人工四分法：将所取样品置于平板上，在潮湿状态下拌和均匀，并堆成厚度约为 20mm 的圆饼，然后沿互相垂直的两条直径把圆饼分成大致相等 4 份，取其中对角线的两份重新拌匀，再堆成圆饼重复上述过程，直至把样品缩分到测试需要数量为止。

表 1-2 砂石单项测试的最少取样数量

| 骨料种类 \ 试验项目 | 砂/kg | 碎石或卵石/kg | | | | | | | |
|---|---|---|---|---|---|---|---|---|---|
| | | 骨料最大粒径/mm | | | | | | | |
| | | 9.5 | 16.0 | 19.0 | 26.5 | 31.5 | 37.5 | 63.0 | 75.0 |
| 颗粒级配 | 4.4 | 9.5 | 16.0 | 19.0 | 25.0 | 31.5 | 37.5 | 63.0 | 80.0 |
| 表观密度 | 2.6 | 8.0 | 8.0 | 8.0 | 8.0 | 12.0 | 16.0 | 24.0 | 24.0 |
| 堆积密度 | 5.0 | 40.0 | 40.0 | 40.0 | 40.0 | 80.0 | 80.0 | 120.0 | 120.0 |
| 含泥量 | 4.4 | 8.0 | 8.0 | 24.0 | 24.0 | 40.0 | 40.0 | 80.0 | 80.0 |
| 泥块含量 | 20.0 | 8.0 | 8.0 | 24.0 | 24.0 | 40.0 | 40.0 | 80.0 | 80.0 |

**2. 石子的取样**

在料堆上取样时，取样部分应均匀分布，取样前先将取样部位表层铲除，然后从不同部位随机抽取大致相等的石子 15 份（在料堆的原部、中部和底部均匀分布的 15 个不同部位取得），组成一组样品。

从皮带运输机上取样时，应用与皮带等宽的接料器在皮带运输机机头出料处全断面定时随机抽取大致等量的砂 8 份，组成一组样品。

从火车、汽车、货船上取样时，从不同部位和深度随机抽取大致等量的砂 16 份，组成一组样品。

单项试验的最少取样数量应符合表 1-2 规定。

试样处理：将所取样品置于平板上，在自然状态下拌和均匀，并堆成堆体，然后沿互相垂直的两条直径把堆体分成大致相等的 4 份，取其中对角线的两份重新拌均匀，再堆成堆体。重复上述过程，直到把样品缩分到试验所需要为止。

砂、石的堆积密度和人工砂坚固性所用的试样可不经缩分，拌匀后直接进行测定。在整个测试过程中，实验室的温度应保持在（20±5）℃。

**二、砂的表观密度测定**

**1. 仪器设备**

① 烘箱。能控温度在（105±5）℃。

② 天平。称量 10kg，感量不大于 1g。

③ 烧杯。500mL。

图 1-2 容量瓶

④ 容量瓶（图 1-2）。500mL。

⑤ 洁净水、干燥器、浅盘、滴管、毛刷、温度计等。

**2. 试样准备**

将缩分至 660g 的试样在温度为（105±5）℃下烘干至恒重，并在干燥器内冷却至室温后，分成 2 份备用。

**3. 检测步骤**

① 称取烘干试样 300g（$G_0$），精确至 1g，然后装入盛有半瓶洁净水的容量瓶中。

② 旋转摇动容量瓶，使试样在水中充分搅动以排除气泡，塞紧瓶塞，静置 24h，然后用滴管向瓶内添水，使水面与瓶颈刻度线平齐，再塞紧瓶塞，擦干瓶外水分，称取总质量（$G_1$）。

③ 倒出瓶中的水和试样，将瓶的内外洗净，再向瓶中注入温差不超过 2℃的洁净水至瓶颈刻度线，塞紧瓶塞，擦干瓶外的水分，称其质量（$G_2$），精确至 1g。

注：在砂的表现密度测定过程中应测量并控制水的温度，试验期间的温差不得超过 1℃。

**4. 结果评定**

① 砂的表观密度 $\rho_0$ 按下式计算，精确至 $10kg/m^3$：

$$\rho_0 = \frac{G_0}{G_0 + G_2 - G_1}\rho_水 \tag{1-6}$$

式中 $\rho_0$——砂的表观密度，$kg/m^3$；

$G_0$——试样的烘干质量，g；

$G_1$——试样、水及容量瓶的总质量，g；

$G_2$——水及容量瓶的总质量，g；

$\rho_水$——水的密度，$1000kg/m^3$。

② 表观密度取两次测试结果的算术平均值，精确至 $10kg/m^3$；如果两次测试结果之差大于 $20kg/m^3$，须重新测试。

## 三、砂的堆积密度测定

**1. 仪器设备**

① 台秤。称量 5kg，感量 5g。

② 容量筒。圆柱形金属筒，内径 108mm，净高 109mm，壁厚 2mm，筒底厚约 5mm，容积约为 1L。

③ 标准漏斗。如图 1-3 所示。

④ 烘箱。能控温在 105℃±5℃。

⑤ 方孔筛。孔径为 4.75mm 的筛子一只。

⑥ 垫棒。孔径 10mm、长 500mm 的圆钢。

⑦ 小勺、直尺、浅盘、毛刷等。

**2. 检测准备**

（1）试样准备　用浅盘装待测试样约 5kg，在温度为 105℃±5℃的烘箱中烘干至恒重，取出并冷却至室温，分成大致相等的两份备用。

注：试样烘干后如有结块，应在检测前预先捏碎。

（2）容量筒的校准　将温度为 20℃±2℃ 的饮用水装满容量筒，用玻璃板沿筒口推移，使其紧贴水面。擦干筒外壁水分，然后称出其质量，精确至 1g。容量筒容积按下式计算（精确至 1mL）：

$$V=(G_1-G_2)/\rho_{水} \tag{1-7}$$

式中　$G_1$——容量筒、玻璃板和水总质量，g；

　　　　$G_2$——容量筒和玻璃板质量，g；

　　　　$V$——容量筒的容积，mL。

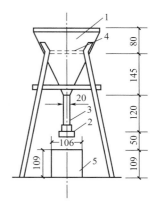

图 1-3　标准漏斗（尺寸单位：mm）
1—漏斗；2—筛；3—20mm 管子；
4—活动门；5—金属量筒

**3. 检测步骤**

（1）松散堆积密度　取试样一份，用料勺将试样装入下料斗，并徐徐落入容量筒中，直至试样装满并超出筒口为止。然后用直尺沿筒口中心线向两边刮平（测试过程应防止触动容量筒），称出试样和容量筒总质量（$G_1$），精确至 1g，最后称空容量筒质量（$G_2$）。

（2）紧密堆积密度　取试样一份分两次装入容量筒。装完第一层后，在筒底垫放一根直径为 10mm 的圆钢，将筒按住，左右交替颠击各 25 次。然后装入第二层，第二层装满后用同样方法颠实（但筒底所垫钢筋的方向与第一层时的方向垂直）后，再加试样至超过筒口，然后用直尺沿筒口中心线向两边刮平，称出试样和容量筒总质量（$G_1$），精确至 1g。

**4. 结果评定**

（1）砂的松散堆积密度及紧密堆积密度　按下式计算，精确至 10kg/m³：

$$\rho_0'=\frac{G_1-G_2}{V} \tag{1-8}$$

式中　$\rho_0'$——砂的松散堆积密度或紧密堆积密度，kg/m³；

　　　　$G_1$——容量筒和砂的总质量，g；

　　　　$G_2$——空容量筒的质量，g；

　　　　$V$——容量筒的容积，L。

以两次试验结果的算术平均值作为测定值。

（2）砂的空隙率　按下式计算，精确至 0.1%：

$$P'=\left(1-\frac{\rho_0'}{\rho_0}\right)\times100\% \tag{1-9}$$

式中　$P'$——砂的空隙率，%；

　　　　$\rho_0'$——砂的松散（或紧密）堆积密度，g/cm³；

　　　　$\rho_0$——砂的表观密度，g/cm³。

## 四、石子表观密度测定（广口瓶法）

**1. 仪器设备**

① 鼓风烘箱。能控温度在 105℃±5℃。

② 天平。称量 2kg，感量 1g。

③ 广口瓶。1000mL、磨口、带玻璃片。

④ 方孔筛。孔径为 4.75mm 的筛子一只。

⑤ 温度计、搪瓷盘、毛巾等。

**2. 试样准备**

按规定取样，用四分法缩分至略大于表 1-3 规定的数值，风干后筛出小于 4.75mm 的颗粒，然后洗刷干净，分为大致相等的两份备用。取试样一份浸水饱和。

表 1-3　碎石或卵石表观密度测定所需试样量

| 最大粒径/mm | 小于 26.5 | 31.5 | 37.5 | 63.0 | 75.0 |
|---|---|---|---|---|---|
| 最少试样质量/kg | 2.0 | 3.0 | 4.0 | 6.0 | 6.0 |

**3. 检测步骤**

① 将浸水饱和后的试样装入广口瓶中，注入饮用水，以上下左右摇晃的方法排除气泡。

② 气泡排尽后，向瓶中加水至凸出瓶口，用玻璃片沿瓶口迅速滑行，使其紧贴瓶口水面。擦干瓶外水分称出试样、水、瓶和玻璃片的总质量（$G_1$），精确至 1g。

③ 将瓶中试样倒入浅盘，放在烘箱中于（105±5）℃下烘至恒重。冷却至室温后，再称量（$G_0$），精确至 1g。

④ 将瓶洗净，重新注入水，用玻璃片紧贴瓶口水面，擦干瓶外水分后，称出水、瓶和玻璃片总质量（$G_2$），精确至 1g。

**4. 结果评定**

① 石子的表观密度 $\rho_0$ 按下式计算，精确至 $10kg/m^3$。

$$\rho_0 = \frac{G_0}{G_0 + G_2 - G_1} \rho_{水}$$ (1-10)

式中　$\rho_0$——表观密度，$kg/m^3$；

　　　$G_0$——试样的烘干质量，g；

　　　$G_1$——试样、水、瓶及玻璃片的总质量，g；

　　　$G_2$——水、瓶和玻璃片的总质量，g；

　　　$\rho_{水}$——水的密度，$1000kg/m^3$。

② 表观密度取两次测试结果的算术平均值，精确至 $10kg/m^3$；如果两次测试结果之差大于 $20kg/m^3$，须重新测试。

## 五、石子堆积密度测定

**1. 仪器设备**

① 台秤。称量 10kg，感量 10g。

② 容量筒。根据石子最大粒径按表 1-4 选用。

表 1-4　石子容量筒的选用

| 最大粒径/mm | 9.5、16.0、19.0、26.5 | 31.5、37.5 | 53.0、63.0、75.0 |
|---|---|---|---|
| 容量筒容积/L | 10 | 20 | 30 |

③ 磅秤。称量 50kg 或 100kg，感量 50g。

④ 垫棒。孔径 16mm、长 600mm 的圆钢。

⑤ 直尺、小铲等。

**2. 试样准备**

① 按规定取样，烘干或风干后拌匀，并把试样分为两份备用。

② 容量筒的校准。

将温度为 20℃±2℃ 的饮用水装满容量筒，用玻璃板沿筒口推移，使其紧贴水面。擦干筒外壁水分，然后称出其质量，精确至 1g。容量筒容积按下式计算（精确至 1mL）：

$$V=(G_1-G_2)/\rho_{水} \qquad (1\text{-}11)$$

式中　$G_1$——容量筒、玻璃板和水总质量，g；

　　　$G_2$——容量筒和玻璃板质量，g；

　　　$V$——容量筒的容积，mL。

**3. 检测步骤**

（1）松散堆积密度　取试样一份，用小铲将试样从容量筒中心上方 50mm 处徐徐倒入，让试样以自由落体下落，当容量筒溢满时，除去凸出容量筒口表面的颗粒，并以合适的颗粒填入凹陷部分，使表面凸起的部分和凹陷部分的体积大致相等（试验过程应防止触动容量筒），称出试样和容量筒总质量（$G_1$），最后称空容量筒的质量（$G_2$）。

（2）紧密堆积密度　取试样一份，分三次装入容量筒。装完第一层后，在筒底垫放一根直径为 16mm 的圆钢，将筒按住，左右交替颠击各 25 次；再装入第二层，第二层装满后用同样方法颠实（但筒底所垫钢筋的方向与第一层时的方向垂直）；再装入第三层，如法颠实。试样装填完毕，再加试样直至超过筒口，用钢尺沿筒口边缘刮去高出的试样，并用适合的颗粒填平，称出试样和容量筒总质量（$G_2$），精确至 10g。

**4. 结果评定**

（1）石子的松散堆积密度及紧密堆积密度　按下式计算，精确至 $10\text{kg/m}^3$：

$$\rho_0'=\frac{G_1-G_2}{V} \qquad (1\text{-}12)$$

式中　$\rho_0'$——石子的松散堆积密度或紧密堆积密度，$\text{g/cm}^3$；

　　　$G_2$——空容量筒的质量，g；

　　　$G_1$——容量筒和石子的总质量，g；

　　　$V$——容量筒的容积，L。

以两次试验结果的算术平均值作为测定值。

（2）石子的空隙率　按下式计算，精确至 0.1%：

$$P'=\left(1-\frac{\rho_0'}{\rho_0}\right)\times 100\% \qquad (1\text{-}13)$$

式中　$P'$——石子的空隙率，%；

　　　$\rho_0'$——石子的松散（或紧密）堆积密度，$\text{g/cm}^3$；

　　　$\rho_0$——石子的表观密度，$\text{g/cm}^3$。

# 任务二　砂石的含水率测定

 **任务描述**

测定混凝土用砂、石的含水率，为混凝土施工配合比的计算提供依据。按照《建设用砂》（GB/T 14684—2011）、《建设用卵石、碎石》（GB/T 14685—2011）等国家实验规程的标准进行。严格按照检测相关步骤和注意事项，细致认真地做好检测工作，通过完成砂、石含水率的测定工作任务，掌握建筑材料的含水率的含义及其检测方法。

**知识链接**

混凝土配合比设计是以干燥骨料为基准得出的，而工地上存放的砂、石一般都含有水分，因此在配制混凝土时，需要计算施工配合比，这就要求测定砂、石的含水率。

砂、石的含水率是指砂、石在自然状态条件下的含水量的大小，按下式进行计算：

$$W_h = \frac{m_s - m_g}{m_g} \times 100\%$$ （1-14）

式中　$W_h$——含水率，%；

$m_s$——未烘干砂（石）的质量，g；

$m_g$——烘干后砂（石）的质量，g。

**任务实施**

### 一、砂的含水率测定

**1. 仪器设备**

① 烘箱。能控温在 105℃±5℃。

② 天平。称量 2kg，感量不大于 0.1g。

③ 搪瓷盘、小铲等。

**2. 试样准备**

将自然潮湿状态下的试样，用四分法缩分至约 1100g，拌匀后分为大致相等的两份备用。

**3. 检测步骤**

① 称取一份试样的质量（$m_s$），精确至 0.1g，倒入已知质量的烧杯中，放在烘箱中于 105℃±5℃下烘干至恒重。

② 取出试样，冷却至室温后称取试样的质量（$m_g$）。

**4. 结果评定**

按式(1-14)计算砂的含水率，精确至 0.1%。

含水率取两次实验结果的算术平均值，精确至 0.1%；两次试验结果之差大于 0.2%，须重新测试。

### 二、石子的含水率测定

**1. 仪器设备**

① 烘箱。能控温在 105℃±5℃。

② 天平。称量 10kg，感量 1g。

③ 搪瓷盘、小铲、毛巾、刷子等。

**2. 试样准备**

将自然潮湿状态下的试样，按规定取样，用四分法缩分至约 4.0kg，拌匀后分为大致相等的两份备用。

**3. 检测步骤**

① 称取一份石子试样的质量（$m_s$），精确至 1g，放在烘箱中于 105℃±5℃下烘干至恒重。

② 取出试样，冷却至室温后称取试样的质量（$m_g$），精确至 1g。

**4. 结果评定**

按式(1-14)计算石子的含水率，精确至 0.1%；含水率取两次实验结果的算术平均值，精确至 0.1%。

 **知识拓展**

材料的吸水性和吸湿性请扫描二维码 1.2 查看。

二维码 1.2

# 任务三　砂石的级配测定

 **任务描述**

　　测定混凝土用砂的颗粒级配，计算细度模数，评定砂的粗细程度，并判断砂的颗粒级配是否合格；测定不同粒径碎石（或卵石）的含量比例，评定碎石（或卵石）的颗粒级配及粒级规格，作为集料的质量评定和混凝土配合比设计的依据。按照《建设用砂》（GB/T 14684—2011）、《建设用卵石、碎石》（GB/T 14685—2011）等国家实验规程的标准测定。严格按照材料检测的相关步骤和注意事项，细致、认真地做好检测工作。

二维码 1.3

**知识链接**

### 一、砂的粗细程度及颗粒级配

　　砂的粗细程度是指不同粒径的砂子混合在一起的平均粗细程度。砂子通常分为粗砂、中砂、细砂和特细砂等几种。砂的颗粒级配是指大小不同粒径的砂粒相互间的搭配情况。

　　砂的粗细程度和级配常用筛分析法进行测定，用细度模数来判断砂的粗细程度，用级配区来表示砂的颗粒级配。筛分析法是用一套孔径分别为 4.75mm、2.36mm、1.18mm、0.60mm、0.30mm、0.15mm 的标准方孔筛，将 500g 干砂试样依次过筛，然后称取余留在各号筛上砂的质量（分计筛余量），并计算出各筛上的分计筛余百分率及累计筛余百分率。根据累计筛余百分率可计算出砂的细度模数，并划分砂的级配区，以评定砂子的粗细程度和颗粒级配。

**1. 分计筛余百分率**

　　分计筛余百分率是指在某号筛上的筛余质量占试样总质量的百分率。

$$a_i = \frac{m_i}{m} \times 100\% \qquad (1\text{-}15)$$

式中　$a_i$——某号筛上的分计筛余百分率，%；

　　　　$m$——用于干筛的干燥集料总质量，g；

　　　　$m_i$——存留在某号筛上的试样质量，g。

**2. 累计筛余百分率**

　　各号筛的累计筛余百分率为该号筛及大于该号筛的各号筛的分计筛余百分率之和。

$$A_i = a_1 + a_2 + a_3 + \cdots + a_i \qquad (1\text{-}16)$$

式中　$A_i$——累计筛余百分率，%；

　　　　$a_i$——某号筛上的分计筛余百分率，%。

砂的筛余量、分计筛余百分率、累计筛余百分率的关系见表 1-5。

表 1-5  砂的筛余量、分计筛余百分率、累计筛余百分率的关系

| 筛孔尺寸/mm | 筛余量 $m_i$/g | 分计筛余百分率 $a_i$/% | 累计筛余百分率 $A_i$/% |
|---|---|---|---|
| 4.75 | $m_1$ | $a_1$ | $A_1 = a_1$ |
| 2.36 | $m_2$ | $a_2$ | $A_2 = a_1 + a_2$ |
| 1.18 | $m_3$ | $a_3$ | $A_3 = a_1 + a_2 + a_3$ |
| 0.60 | $m_4$ | $a_4$ | $A_4 = a_1 + a_2 + a_3 + a_4$ |
| 0.30 | $m_5$ | $a_5$ | $A_5 = a_1 + a_2 + a_3 + a_4 + a_5$ |
| 0.15 | $m_6$ | $a_6$ | $A_6 = a_1 + a_2 + a_3 + a_4 + a_5 + a_6$ |

### 3. 砂的粗细程度

砂子粗细程度的评定，通常用细度模数表示，可按式(1-17)计算，精确至 0.01。

$$M_x = \frac{(A_2 + A_3 + A_4 + A_5 + A_6) - 5A_1}{100 - A_1} \tag{1-17}$$

式中　　　　　　　　$M_x$——细度模数；

$A_1$、$A_2$、$A_3$、$A_4$、$A_5$、$A_6$——分别为 4.75mm、2.36mm、1.18mm、0.60mm、0.30mm、0.15mm 筛的累计筛余百分率，%。

细度模数愈大，表示砂愈粗。国家标准《建设用砂》（GB/T 14684—2011）规定，$M_x$ 在 0.7～1.5 为特细砂，$M_x$ 在 1.6～2.2 为细砂，$M_x$ 在 2.3～3.0 为中砂，$M_x$ 在 3.1～3.7 为粗砂。普通混凝土用砂的细度模数，一般控制在 2.0～3.5 之间较为适宜。

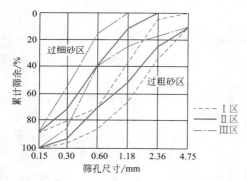

图 1-4  集料级配曲线示意图

### 4. 砂的级配

砂的颗粒级配用级配区表示。标准规定，对细度模数为 1.6～3.7 的普通混凝土用砂，以 0.6mm 筛孔的累计筛余百分率为依据，分成三个级配区，见表 1-6 和图 1-4 级配曲线。

混凝土用砂的颗粒级配，应处于表 1-6 或图 1-4 的任何一个级配区，否则认为该砂的颗粒级配不合格。

表 1-6  砂的颗粒级配区

| 筛孔尺寸/mm | 累计筛余百分率/% 级配区 Ⅰ | Ⅱ | Ⅲ | 筛孔尺寸/mm | 累计筛余百分率/% 级配区 Ⅰ | Ⅱ | Ⅲ |
|---|---|---|---|---|---|---|---|
| 4.75 | 10～0 | 10～0 | 10～0 | 0.60 | 85～71 | 70～41 | 40～16 |
| 2.36 | 35～5 | 25～0 | 15～0 | 0.30 | 95～80 | 92～70 | 85～55 |
| 1.18 | 65～35 | 50～10 | 25～0 | 0.15 | 100～90 | 100～90 | 100～90 |

注：1. 砂的实际颗粒级配与表中所列数字相比，除 4.75mm 和 0.6mm 筛挡外，可以略有超出，但超出总量应小于 5%。

2. Ⅰ区人工砂中 0.15mm 筛孔的累计筛余可以放宽到 100～85，Ⅱ区人工砂中 0.15mm 筛孔的累计筛余可以放宽到 100～80，Ⅲ区人工砂中 0.15mm 筛孔的累计筛余可以放宽到 100～75。

【例 1-1】某工地用砂，筛分试验后的筛分结果如表 1-7 所示。判断该砂的粗细程度和级配的好坏。

表 1-7　筛分结果

| 筛孔尺寸/mm | 9.5 | 4.75 | 2.36 | 1.18 | 0.60 | 0.30 | 0.15 | 底盘 |
|---|---|---|---|---|---|---|---|---|
| 筛余质量/g | 0 | 15 | 63 | 99 | 105 | 115 | 75 | 28 |

**解**　按表 1-7 筛分结果，计算结果如表 1-8 所示。

表 1-8　各筛筛余质量及分计和累计筛余百分率

| 筛孔尺寸/mm | 9.5 | 4.75 | 2.36 | 1.18 | 0.60 | 0.30 | 0.15 | 底盘 |
|---|---|---|---|---|---|---|---|---|
| 筛余质量/g | 0 | 15 | 63 | 99 | 105 | 115 | 75 | 28 |
| 分计筛余百分率/% | 0 | 3 | 12.6 | 19.8 | 21 | 23 | 15 | 5.6 |
| 累计筛余百分率/% | 0 | 3 | 15.6 | 35.4 | 56.4 | 79.4 | 94.4 | 100 |

将 0.15～4.75mm 累计筛余百分率代入式(1-17)，得该集料的细度模数为：

$$M_x = \frac{(A_2 + A_3 + A_4 + A_5 + A_6) - 5A_1}{100 - A_1}$$

$$= \frac{(15.6 + 35.4 + 56.4 + 79.4 + 94.4) - 5 \times 3}{100 - 3} = 2.74$$

由于细度模数为 2.74 在 2.3～3.0 之间，所以，此砂为中砂。将表 1-8 中计算出的各筛上的累计筛余百分率与表 1-6 相应的范围进行比较，发现各筛上的累计筛余百分率均在Ⅱ区规定的级配范围之内。因此，该砂级配良好。

## 二、石子的最大粒径与颗粒级配

石子公称粒级的上限值称为该粒级的最大粒径。例如，当使用 5～40mm 的骨料时，此石子的最大粒径为 40mm。

石子的颗粒级配分为连续级配和间断级配两种。连续级配是石子粒级呈连续性，即颗粒由大到小，每级石子占一定的比例。间断级配是人为剔除某些粒级颗粒，从而使粗骨料的级配不连续，又称单粒级配。石子的颗粒级配是通过方孔标准筛筛分试验来测定，方孔标准筛孔径分别为 2.36mm、4.75mm、9.5mm、16.0mm、19.0mm、26.5mm、31.5mm、37.5mm、53.0mm、63.0mm、75.0mm 和 90.0mm。筛分后，称得每个筛上的筛余量，计算出分计筛余百分率和累计筛余百分率（分计筛余百分率和累计筛余百分率的计算与细骨料相同）。混凝土用石子的颗粒级配应符合表 1-9 的规定。

表 1-9　混凝土用碎石或卵石的颗粒级配

| 公称粒径/mm | | 累计筛余百分率/% | | | | | | | | | | |
|---|---|---|---|---|---|---|---|---|---|---|---|---|
| | | 方筛孔径/mm | | | | | | | | | | |
| | | 2.36 | 4.75 | 9.50 | 16.0 | 19.0 | 26.5 | 31.5 | 37.5 | 53.0 | 63.0 | 75.0 | 90.0 |
| 连续粒级 | 5～10 | 95～100 | 80～100 | 0～15 | 0 | | | | | | | | |
| | 5～16 | 95～100 | 85～100 | 30～60 | 0～10 | 0 | | | | | | | |
| | 5～20 | 95～100 | 90～100 | 40～80 | — | 0～10 | 0 | | | | | | |
| | 5～25 | 95～100 | 90～100 | — | 30～70 | — | 0～5 | 0 | | | | | |
| | 5～31.5 | 95～100 | 90～100 | 70～90 | — | 15～45 | — | 0～5 | 0 | | | | |
| | 5～40 | — | 95～100 | 70～90 | — | 30～65 | — | — | 0～5 | 0 | | | |

续表

| 公称粒径/mm | | 累计筛余百分率/% | | | | | | | | | | | |
|---|---|---|---|---|---|---|---|---|---|---|---|---|---|
| | | 方筛孔径/mm | | | | | | | | | | | |
| | | 2.36 | 4.75 | 9.50 | 16.0 | 19.0 | 26.5 | 31.5 | 37.5 | 53.0 | 63.0 | 75.0 | 90.0 |
| 单粒粒级 | 10~20 | | 95~100 | 85~100 | | 0~15 | 0 | | | | | | |
| | 16~31.5 | | 95~100 | | 85~100 | | | 0~10 | 0 | | | | |
| | 20~40 | | | 95~100 | | 80~100 | | | 0~10 | 0 | | | |
| | 31.5~63 | | | | 95~100 | | | 75~100 | 45~75 | | 0~10 | 0 | |
| | 40~80 | | | | | 95~100 | | | 70~100 | | 30~60 | 0~10 | 0 |

 **任务实施**

### 一、砂的颗粒级配测定

**1. 仪器设备**

① 标准筛（图 1-5）。孔径为 9.50mm、4.75mm、2.36mm、1.18mm、0.60mm、0.30mm、0.15mm 的筛各一只，并附有筛底和筛盖。

② 天平。称量 1000g，感量 1g。

③ 烘箱。能控温在 105℃±5℃。

④ 摇筛机（图 1-6）、浅盘和硬、软毛刷等。

图 1-5　标准筛

图 1-6　摇筛机

**2. 试样准备**

按规定取样，用四分法缩分至约 1100g，放在烘箱中于 105℃下烘至恒温，待冷却至室温后，筛出大于 9.5mm 的颗粒（并算出其筛余百分率），分为大致相等的两份备用。

**3. 检测步骤**

（1）称烘干试样 500g，精确至 1g，倒入按孔径从大到小组合的套筛（附筛底）上，在摇筛机上筛 10min，取下后逐个用手筛，直至每分钟通过量小于试样总量 0.1% 时为止，通过的试样并入下一号筛中，并和下一号筛中的试样一起过筛，这样依次进行，直至各号筛全部筛完为止。如无摇筛机，可直接用手筛。

（2）筛分时，试样在各号筛上的筛余量如超过按下式计算出的量，应按下列方法之一处理。

$$G = \frac{A \times d^{1/2}}{200} \tag{1-18}$$

式中　$G$——在一个筛上的筛余量，g；

　　　$A$——筛面面积，mm；

　　　$d$——筛孔尺寸，mm。

① 将该粒级试样分成少于按式（1-18）计算出的量，分别筛分，并以筛余量之和作为该号筛的筛余量。

② 将该粒级及以下各粒级的筛余混合均匀，称出其质量，精确至1g，再用四分法缩分为大致相等的两份，取其中一份，称出其质量，精确至1g，继续筛分，计算出该粒级及以下各粒级的分计筛余量时应根据所分比例进行修正。

③ 分别称出各号筛的筛余量，精确至1g，所有各筛的分计筛余量和筛底的剩余量总和与原试样500g相比，相差不得超过1%，否则，须重新试样。

**4. 结果计算与评定**

① 计算分计筛余百分率：各号筛的筛余量与试样总量之比，按式（1-15）计算，精确至0.1%

② 计算累计筛余百分率：该号的筛余百分率加上该号筛以上各筛余百分率之和，按式（1-16）计算，精确至0.1%。

③ 计算砂的细度模数（$M_x$）：按式（1-17）计算，精确至1%。

④ 累计筛余百分率取两次测试结果的算术平均值。细度模数取两次测试结果的算术平均值，精确至0.1；如两次测试的细度模数之差超过0.20时，须重新测试。

⑤ 以测试结果并依据相应标准，判断砂的粗细和级配。

## 二、石子的颗粒级配测定

**1. 仪器设备**

① 鼓风烘箱（图1-7）：使温度控制在105℃±5℃。

② 台秤。称量10kg，感量1g。

③ 方孔筛。孔径为2.36mm、4.75mm、9.50mm、16.0mm、19.0mm、26.5mm、31.5mm、37.5mm、53.0mm、63.0mm、75.0mm 及 90.0mm 的筛子各一只，并附有筛底和筛盖（筛框内径为300mm）。

④ 摇筛机、搪瓷盘、毛刷等。

**2. 试样准备**

按规定将来料用分料器或四分法缩分至表1-10

图 1-7　鼓风烘箱

要求的试样所需量，风干后备用。根据需要可按要求的集料最大粒径的筛孔尺寸过筛，除去超粒径部分颗粒后，再进行筛分。

表 1-10　筛分用的试样质量

| 最大粒径/mm | 9.5 | 16.0 | 19.0 | 26.5 | 31.5 | 37.5 | 63.0 | 75.0 |
|---|---|---|---|---|---|---|---|---|
| 最小试样质量/kg | 1.9 | 3.2 | 3.8 | 5.0 | 6.3 | 7.5 | 12.6 | 16.0 |

**3. 检测步骤**

① 称取按表 1-10 规定数值的试样一份，精确至 1g。将试样按筛孔大小依次筛过，筛至每分钟通过量小于试样总量 0.1% 时为止。通过的颗粒并入下一号筛中，并和下一号筛中的试样一起过筛，这样顺序进行，直至各号筛全部筛完为止。对于大于 19.0mm 的颗粒，允许用手指拨动。

② 称出各号筛的筛余量，精确至 1g，所有各筛的分计筛余量和筛底的剩余量总和同原试样质量之差超过 1% 时，须重新试验。

**4. 结果整理**

① 计算分计筛余百分率：各号筛的筛余量与试样总质量之比，计算精确至 0.1%。

② 计算累计筛余百分率：该号筛的筛余百分率加上该号筛以上各分计筛余百分率之和，精确至 1%。

③ 根据各号筛的累计筛余百分率并依据相应标准，判断该试样的颗粒级配及粒级规格。

## 小　结

砂、石材料是建筑工程中用量最大的材料之一。本学习情境主要讨论了砂、石的密度、表观密度、堆积密度、含水率以及级配的概念与检测方法。

材料的密度是材料单位体积的质量。由于计算密度时选用的体积不同，可分为密度、表观密度和堆积密度。包含有不同孔隙和空隙的砂、石的密度对计算混凝土的组成结构是非常有用的参数。

一般施工现场使用的砂、石都包含有一定的水分，因此测定砂、石的含水率是正确计算混凝土施工配合比的前提。

级配集料是经过科学组配后，可以达到更大的密实度和较少的水泥用量，在配制混凝土时，为了获得较佳的效果，必须同时考虑砂、石的粗细程度和级配。

## 能力训练题

1. 如何测定砂或石的密度、表观密度、堆积密度？

2. 何谓材料的孔隙率、空隙率？

3. 何谓材料的含水率？砂或石的含水率如何测定？

4. 什么是砂的粗细程度和颗粒级配？如何确定砂的粗细程度和颗粒级配？

5. 两种砂的级配相同，细度模数是否相同？反之，两种砂的细度模数相同，其级配是否相同？

6. 称取堆积密度为 1400kg/m³ 的干砂 200g，装入广口瓶中，再把瓶子注满水，这时称重 500g。已知空瓶加满水时的质量为 377g，则该砂的表观密度和空隙率各是多少？

7. 施工现场搅拌混凝土，每罐需加入干砂 250kg，现场砂的含水率为 2%。计算需加入多少湿砂。

8. 取 500g 干砂，经筛分后，其结果见表 1-11。试判断该砂的粗细程度和级配情况。

表 1-11　筛分结果

| 筛孔尺寸/mm | 4.75 | 2.36 | 1.18 | 0.60 | 0.30 | 0.15 | <0.15 |
|---|---|---|---|---|---|---|---|
| 筛余量/g | 8 | 82 | 70 | 98 | 124 | 106 | 12 |

# 气硬性胶凝材料的选用

▶▶ **知识目标**

● 掌握气硬性胶凝材料和水硬性胶凝材料的区别
● 了解石灰的生产及技术指标；熟悉石灰的熟化硬化过程，掌握石灰的性能特点、存储要求和应用
● 了解石膏的生产及技术指标；熟悉建筑石膏的凝结硬化过程，掌握建筑石膏的性能特点、存储要求与应用
● 了解菱苦土及水玻璃的性能及应用

二维码 2.1

▶▶ **能力目标**

● 能根据石灰的熟化硬化机理，对石灰进行"陈伏"处理
● 能测定石灰的有效氧化钙和氧化镁的含量，并评定石灰的质量
● 能拌制"三合土"

**【引例】**

　　1. 某工地急需配制石灰砂浆。当时有消石灰粉、生石灰粉及生石灰材料可供选用。因生石灰价格相对较便宜，便选用，并马上加水配制石灰膏，再配制石灰砂浆。使用数日后，石灰砂浆出现众多凸出的膨胀性裂缝。请问这是为什么？

　　2. 某住户喜爱石膏制品，全宅均用普通石膏浮雕板作装饰。使用一段时间后，客厅、卧室效果相当好，但厨房、厕所、浴室的石膏制品出现发霉变形现象。请问这是为什么？

　　凡是在一定的条件下，经过一系列的物理化学作用后，能将散粒状（如砂、石子）或块状（砖、砌块）材料粘接成为具有一定强度的整体的材料，统称为胶凝材料。

　　胶凝材料按其化学成分不同可分为有机胶凝材料和无机胶凝材料两大类。有机胶凝材料以高分子化合物为基本成分，如沥青、树脂等。无机胶凝材料则以无机化合物为基本成分，按其硬化条件的不同，又可分为气硬性和水硬性两种。气硬性胶凝材料只能在空气中硬化，也只能在空气中保持或继续提高其强度，如石膏、石灰、镁质胶凝材料、水玻璃等。水硬性胶凝材料则不仅能在空气中硬化，而且能更好地在水中硬化，保持并继续提高其强度，如各种水泥。

　　将无机胶凝材料区分为气硬性和水硬性有重要的现实意义：气硬性胶凝材料一般只适用于地上或干燥环境，不宜用于潮湿环境中，更不能用于水中；水硬性胶凝材料既适用于地上，也可用于地下或水中。

# 任务一　石灰的选用与质量评定

**任务描述**

　　根据工程特点和使用环境，正确地选择和使用石灰。并测定石灰的有效氧化钙和氧化镁含量，评定石灰的质量。必须了解石灰的品种及各品种的主要化学组成；熟悉石灰的熟化、凝结和硬化规律；掌握各品种石灰的特性、应用和保管等方面的知识。评定石灰的质量，首先要熟悉石灰的主要技术性质及技术标准，掌握石灰技术性质的检测方法。严格按照材料检测的相关步骤和注意事项，细致认真地做好检测工作。通过对石灰样品的各个技术性质的检测，根据所测定的结果对照石灰技术性质的国家标准来评定石灰的质量。

　　如某工地急需配制石灰砂浆。现有消石灰粉、生石灰粉及块状生石灰可供选用，需要合理选择和使用石灰材料来配制石灰砂浆。

**知识链接**

　　石灰是一种传统的建筑材料，也是人类使用较早的无机胶凝材料之一，其原料分布广泛，生产工艺简单，成本低廉，使用方便，所以在道路建筑工程中得到了广泛应用。

## 一、石灰的生产

　　用于生产石灰的原料有石灰石、白云石、白垩或其他含碳酸钙为主的天然原料，也可采用含碳酸钙成分的化工副产品。经煅烧后，碳酸钙分解为生石灰，其主要成分为氧化钙，反应式如下：

$$CaCO_3 \xrightarrow{900℃} CaO + CO_2 \uparrow$$

　　生石灰一般为白色或灰白色块状物，表观密度为 $800 \sim 1000 \ kg/m^3$。块状生石灰碾碎磨细即为生石灰粉。

　　煅烧过程对石灰的质量有很大影响。煅烧良好的石灰，质轻色匀，具有多孔结构，即内部孔隙率大、晶粒细小，与水作用快。在煅烧过程中，若温度过低或煅烧时间不足，碳酸钙将不能完全分解，则产生欠火石灰。如果煅烧时间过长或温度过高，则产生过火石灰。欠火石灰的内核为未分解的碳酸钙，外部为正常煅烧的石灰。过火石灰颜色呈灰黑色，结构致密，孔隙率小，并且晶粒粗大，表面常被黏土杂质融化形成的玻璃釉状物包覆，因此过火石灰与水作用的速度很慢。

## 二、石灰的消化（熟化）

　　生石灰与水发生作用生成氢氧化钙的过程，称为石灰的水化反应，常称为石灰的"消化"，又称"熟化"。反应后的产物氢氧化钙又称为消石灰或熟石灰，其反应式如下：

$$CaO + H_2O \longrightarrow Ca(OH)_2 + 64.9kJ/mol$$

　　石灰消化时放出大量的热量，体积膨胀 $1 \sim 2.5$ 倍。一般煅烧良好、氧化钙含量高、杂质少的生石灰，熟化速度快，放热量大，体积膨胀也大。但过火石灰熟化速度很慢。当石灰中含有过火石灰时，由于过火石灰消化很慢，它将在石灰浆体硬化以后才发生水化作用，于是会产生体积膨胀而引起隆起或开裂等破坏现象，见图2-1。为了消除过火石灰的危

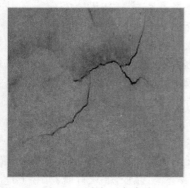
图 2-1　过火石灰危害

害，生石灰熟化形成的石灰浆应在储灰坑中放置两周以上，这个过程称为石灰的"陈伏"。在"陈伏"期间，石灰浆表面应保有一层水分，与空气隔绝，以免碳化。

### 三、石灰的凝结与硬化

石灰浆体在空气中逐渐硬化并具有强度，是由下面两个同时进行的过程来完成的。

**1. 结晶与干燥**

石灰浆体在干燥过程中，游离水分蒸发，氢氧化钙逐渐从饱和溶液中结晶析出，并产生强度，但析出的晶体数量较少，所以这种结晶引起强度增长并不显著。同时，石灰浆体在干燥过程中，因水分的蒸发形成孔隙网，这时，留在孔隙内的自由水，由于水的表面张力，在孔隙最窄处具有凹形弯月面，从而产生毛细管压力，使石灰粒子更加紧密而获得强度。这种强度类似于黏土失水后而获得的强度，其值也不大，而且当再遇水后又会丧失。

**2. 碳化**

氢氧化钙与空气中的二氧化碳化合生成碳酸钙结晶，释放水分并蒸发，称为碳化，其反应如下：

$$Ca(OH)_2 + CO_2 + nH_2O \xrightarrow{碳化} CaCO_3 + (n+1)H_2O$$

生成的碳酸钙具有相当高的强度。碳化作用实际上是二氧化碳与水作用形成碳酸，然后与氢氧化钙反应生成碳酸钙。所以这个反应不能在没有水分的全干状态下进行。当碳化生成的碳酸钙达到一定厚度时，则阻碍二氧化碳向内部渗透，也阻碍了内部水分向外蒸发。因此，在长时间内碳化作用只限于表层，氢氧化钙的结晶作用则主要在内部发生。所以，石灰晶体硬化后，是由表里两种不同的晶体组成的。随着时间的延长，表层碳酸钙厚度逐渐增加，增加的速度显然取决于与空气接触的条件。

### 四、石灰的品种

**1. 根据石灰中氧化镁的含量分类**

① 钙质石灰：MgO 含量≤5%。

② 镁质石灰：MgO 含量>5%。

③ 钙质消石灰粉：MgO 含量≤4%。

④ 镁质消石灰粉：4%<MgO 含量<24%。

⑤ 白云石消石灰粉：24%<MgO 含量<30%。

**2. 根据成品加工方法不同分类**

（1）块状生石灰　由原料煅烧而成的原产品，主要成分为 CaO。

（2）磨细生石灰粉　磨细生石灰粉是将块状石灰破碎、磨细并包装成袋的生石灰粉，其主要成分亦为 CaO，见图 2-2。使用前不必提前消化，直接加水使用，将生石灰磨细成粉，不仅提高了功效、石灰利用率，增加了强度，而且节约了场地，改善了施工办公环境。但成本提高，不易储存。

（3）消石灰粉　将生石灰加适量水充分消化所得粉末，主要成分为 $Ca(OH)_2$。

（4）石灰膏　将生石灰加入较多的水，熟化后形成的具有一定厚度的膏状物，主要成分为 $Ca(OH)_2$ 和 $H_2O$，如图 2-3 所示。

（5）石灰乳　将生石灰加入大量的水，熟化后而形成的乳状液体，主要成分为 $Ca(OH)_2$ 和 $H_2O$。

图 2-2 生石灰粉

图 2-3 石灰膏

### 五、石灰的技术要求和技术标准

**1. 石灰的技术要求**

（1）有效氧化钙和氧化镁含量 石灰中产生粘接性的有效成分是活性氧化钙和氧化镁。它们的含量是评价石灰质量的首要指标，其含量愈多，活性愈高，质量也愈好。有效氧化钙含量用中和滴定法测定，氧化镁含量用络合滴定法测定。

（2）生石灰产浆量和未消化残渣含量 产浆量是单位质量（1kg）的生石灰经消化后，所产石灰浆体的体积（L）。石灰产浆量愈高，则表示其质量越好。

未消化残渣含量是指生石灰消化后，未能消化而存留在 5mm 圆孔筛上的残渣质量占试样质量的百分率。其含量愈多，石灰质量愈差，须加以限制。

（3）二氧化碳含量 控制生石灰或生石灰粉中 $CO_2$ 的含量，是为了检测石灰石在煅烧时"欠火"造成产品中未分解完成的碳酸盐的含量。$CO_2$ 含量越高，表示未完全分解的碳酸盐含量越高，则氧化钙和氧化镁含量相对降低，导致影响石灰的胶结性能。

（4）消石灰粉游离水含量 游离水含量，指化学结合水以外的含水量。生石灰在消化过程中加入的水是理论需水量的 2～3 倍，除部分水被石灰消化过程中放出的热蒸发掉外，多加的水分残留于氢氧化钙（除结合水外）中，残余水分蒸发后留下孔隙会加剧消石灰粉碳化现象的产生而影响石灰的使用质量，因此对消石灰粉的游离水含量需加以限制。

（5）细度 细度与石灰的质量有密切联系，过量的筛余物影响石灰的黏结性。现行标准规定以 0.9mm 和 0.125mm 筛余百分率控制。

**2. 石灰的技术标准**

根据《建筑生石灰》（JC/T 479—2013）和《建筑消石灰》（JC/T 481—2013）标准规定，将建筑生石灰、建筑生石灰粉、建筑消石灰粉分别划分为优等品、一等品和合格品三个等级，其技术性能指标见表 2-1～表 2-3。

表 2-1 建筑生石灰技术性能指标

| 项 目 | 钙质生石灰 | | | 镁质生石灰 | | |
|---|---|---|---|---|---|---|
| | 优等品 | 一等品 | 合格品 | 优等品 | 一等品 | 合格品 |
| （CaO＋MgO）含量/％，不小于 | 90 | 85 | 80 | 85 | 80 | 75 |
| 未消化残渣含量(5mm 圆孔筛筛余百分率)/％，不大于 | 5 | 10 | 15 | 5 | 10 | 15 |
| $CO_2$ 含量/％，不大于 | 5 | 7 | 9 | 6 | 8 | 10 |
| 产浆量/(L/kg)，不小于 | 2.8 | 2.3 | 2.0 | 2.8 | 2.3 | 2.0 |

表 2-2　建筑生石灰粉技术性能指标

| 项目 | | 钙质生石灰 | | | 镁质生石灰 | | |
|---|---|---|---|---|---|---|---|
| | | 优等品 | 一等品 | 合格品 | 优等品 | 一等品 | 合格品 |
| $(CaO+MgO)$含量/%,不小于 | | 85 | 80 | 75 | 80 | 75 | 70 |
| $CO_2$含量/%,不大于 | | 7 | 9 | 11 | 8 | 10 | 12 |
| 细度 | 0.9mm 筛余百分率/%,不大于 | 0.2 | 0.5 | 1.5 | 0.2 | 0.5 | 1.5 |
| | 0.125mm 筛余百分率/%,不大于 | 7.0 | 12.0 | 18.0 | 7.0 | 12.0 | 18.0 |

表 2-3　建筑消石灰粉技术性能指标

| 项目 | | 钙质消石灰 | | | 镁质消石灰 | | | 白云石消石灰 | | |
|---|---|---|---|---|---|---|---|---|---|---|
| | | 优等品 | 一等品 | 合格品 | 优等品 | 一等品 | 合格品 | 优等品 | 一等品 | 合格品 |
| $(CaO+MgO)$含量/%,不小于 | | 70 | 65 | 60 | 65 | 60 | 55 | 65 | 60 | 55 |
| 游离水/% | | 0.4~2.0 | | | 0.4~2.0 | | | 0.4~2.0 | | |
| 体积安定性 | | 合格 | 合格 | — | 合格 | 合格 | — | 合格 | 合格 | — |
| 细度 | 0.9mm 筛余百分率/%,不大于 | 0 | 0 | 0.5 | 0 | 0 | 0.5 | 0 | 0 | 0.5 |
| | 0.125mm 筛余百分率/%,不大于 | 3 | 10 | 15 | 3 | 10 | 15 | 3 | 10 | 15 |

## 六、石灰的特性

### 1. 可塑性、保水性好

消石灰粉或石灰膏与水拌和后，保持水分不泌出的能力较强，即保水性好。消化生成的氢氧化钙颗粒极细，其表面吸附一层较厚的水膜，由于颗粒数量多，总表面积大，可吸附大量水，这是保水性较好的主要原因。颗粒表面吸附的水膜，也降低了颗粒间的摩擦力，颗粒间的滑移较易进行，即可塑性好，易摊铺成均匀的薄层。在水泥砂浆中掺入石灰浆，可使可塑性显著提高。

### 2. 硬化慢、强度低

由于空气中二氧化碳的浓度很低，且与空气接触的表层碳化后形成的碳酸钙硬壳阻止了二氧化碳的渗入，也不利于内部水分向外蒸发，结果使碳酸钙和氢氧化钙结晶体生成缓慢且数量少，因此石灰是一种硬化缓慢的胶凝材料，硬化后的强度也很低。另外，生石灰消化时的理论用水量为 32.13%，但为了使石灰浆体具有一定的可塑性以便于施工，同时考虑到一部分水因消化时放热而被蒸发，故实际消化用水量很大，多余水分在硬化后蒸发，将留下大量孔隙，也导致了硬化石灰密实度小、强度低。1:3 的石灰砂浆，28 天抗压强度只有 0.2~0.5MPa。所以，石灰不宜在潮湿的环境下作用，也不宜用于重要建筑物基础。

### 3. 硬化时体积收缩大

石灰浆体硬化过程中，蒸发出大量的游离水，导致内部毛细管失水收缩，引起显著的体积收缩变形，使已硬化的石灰出现干缩裂纹。所以，除调成石灰乳作薄层涂刷外，石灰不宜单独使用。施工时常在其中掺入一定量的骨料（如砂子）或纤维材料（如纸筋、麻刀等），以减少收缩和节约石灰。

### 4. 耐水性差

耐水性是指材料在水作用下不破坏，强度也不显著降低的性质。由于石灰浆体硬化慢，强度低，当其受潮后，尚未碳化的氢氧化钙易产生溶解，使得石灰硬化体遇水后产生溃散，因而耐水性差。所以，石灰不宜用于与水接触或潮湿的环境。

耐水性用软化系数 $K_p$ 表示。

$$K_p = \frac{f_w}{f} \tag{2-1}$$

式中　$K_p$——软化系数，其取值在 0～1 之间；

　　　$f_w$——材料在吸水饱和状态下的抗压强度，MPa；

　　　$f$——材料在绝对干燥状态下抗压强度，MPa。

$K_p$ 的大小表明材料在浸水饱和后强度降低的程度。一般来说，材料被水浸湿后，强度均会有所降低。这是因为材料浸水后，水分被组成材料的微粒表面吸附，形成水膜，降低了微粒间的结合力，引起强度的下降。$K_p$ 值越小，表示材料吸水饱和后强度下降越大，即耐水性越差。材料的软化系数 $K_p$ 在 0～1 之间。不同材料的 $K$ 值相差颇大，如黏土 $K_p=0$，而金属 $K_p=1$。通常 $K_p$ 大于 0.85 的材料，可认为是耐水材料。长期受水浸泡或处于潮湿环境的重要结构物 $K_p$ 应大于 0.85，次要建筑物或受潮较轻的情况下，$K_p$ 也不宜小于 0.75。

### 七、石灰的应用和储存

#### 1. 石灰的应用

（1）配置石灰乳涂料和石灰砂浆　用消石灰或熟化好的石灰膏加水稀释成石灰乳涂料，可用于内墙和天棚粉刷；用石灰膏或生石灰粉配制成石灰砂浆或水泥石灰混合砂浆，可用来砌筑墙体，也可用于墙面、柱面、顶棚等的抹灰。

（2）配制灰土和三合土　石灰和黏土按一定的比例配合称为灰土，再加入砂、石或炉渣等填料，即成为三合土。灰土和三合土经夯实后强度高、耐水性好，且操作简单，价格低廉，广泛用于建筑物、道路等的垫层和基础。灰土和三合土的轻度形成机理尚待研究，可能是由于石灰改善了黏土的和易性，在强力夯打下，大大提高了紧密度。而且，黏土颗粒表面的少量活性氧化硅和氧化铝与氢氧化钙起化学作用，生成了不溶性的水化硅酸钙和水化铝酸钙，将黏土颗粒黏结起来，从而提高了黏土的强度和耐水性。实验表明，灰土和三合土中石灰用量增大，则强度和耐水性相应提高，但超过一定用量后，就不再提高了。一般石灰用量约为灰土和三合土总质量的 6%～12%或更低。

（3）加固含水的软土地基　生石灰块可直接用来加固含水的软土地基（称为石灰桩）。它是在桩孔内灌入生石灰块，利用生石灰吸水熟化时体积膨胀的性能产生膨胀压力，从而使地基加固。

（4）生产硅酸盐制品　以磨细生石灰或消石灰粉与硅质材料（如粉煤灰、粒化高炉矿渣、浮石、砂等）加水拌和，必要时加入少量石膏，经成型、蒸养或蒸压养护等工序而成的建筑材料，统称为硅酸盐制品。如蒸压灰砂砖主要用作墙体材料。

（5）配制无熟料水泥　将具有一定活性的材料（如粒化高炉矿渣、粉煤灰、煤矸石灰渣等工业废渣），按适当比例与石灰配合，经共同磨细，可得到具有水硬性的胶凝材料，即无熟料水泥。

#### 2. 石灰的储存

① 磨细的生石灰应储存于干燥仓库内，采取严格防水措施。且不得与易燃、易爆等危险液体物品混合存放。

② 如需较长时间储存生石灰，最好将其消解成石灰浆，并使表面隔绝空气，以防碳化。

 **任务实施**

### 一、消石灰粉与石灰浆的制备

#### 1. 材料准备

生石灰块。

**2. 制备方法**

（1）消石灰粉的制备方法

① 人工喷淋（水）法　将生石灰分层平铺于能吸水的基面上，每层厚约 20cm，然后喷淋占石灰重 60%～80% 的水，接着在其上再铺一层生石灰，再淋一次水，如此使之成为粉状为止。

② 机械法　将经机械破碎的生石灰小块用热水喷淋后，放进消化槽进行消化，消化时放出大量蒸汽，致使物料流态化，收集溢流出的物料经筛分后即为消石灰粉。

（2）石灰浆的制备方法

① 人工消化法　把生石灰放在化灰池中，消化成石灰水溶液，然后通过筛网，流入储灰池，放置 2～3 周。

② 机械消化法　将生石灰破碎成 5cm 大小的碎块，然后在消化器（内装有搅拌设备）中加入 40～50℃ 的热水，消化成石灰水溶液，再流入澄清桶内浓缩成石灰浆。

**3. 结果分析**

在消石灰粉和石灰膏的制备过程中，仔细观察石灰消化的特点，掌握石灰"陈伏"的意义。

## 二、石灰有效氧化钙和氧化镁含量的测定

**1. 检测说明**

本测定方法适用于氧化镁含量在 5%（质量分数）以下的钙质石灰。

**2. 仪器设备**

① 筛子。筛孔 2mm 和 0.15mm 筛子各 1 个。

② 烘箱。50～250℃，1 台。

③ 干燥器。$\phi$250mm，1 个。

④ 称量瓶。$\phi$30mm×50mm，10 个。

⑤ 瓷研钵。$\phi$120mm～130mm，1 个。

⑥ 分析天平。万分之一，1 台。

⑦ 架盘天平。感量 0.1g，1 台。

⑧ 玻璃珠。$\phi$3mm，1 袋（0.25kg）。

⑨ 量筒。200mL、5mL 各 1 个。

⑩ 酸式滴定管。50mL，2 支。

⑪ 三角瓶。300mL，10 个。

⑫ 漏斗。短颈，3 个。

**3. 检测准备**

（1）试剂

① 1mol/L 盐酸标准液。将 83mL 浓盐酸（相对密度 1.19）用蒸馏水稀释至 1000mL，经标定后备用。

② 1% 酚酞指示剂。

（2）生石灰试样　将生石灰样品打碎，使颗粒不大于 2mm。拌和均匀后用四分法缩减至 200g 左右，放入瓷研钵中研细。再经四分法缩减几次至剩下 20g 左右。研磨所得石灰样品，使其通过 0.15mm 筛。从此试样中均匀挑选 10 余克，置于称量瓶中，在 100℃ 下烘干 1h，储于干燥器中，供试验用。

（3）消石灰试样　将消石灰样品用四分法缩减至 10 余克左右，如有大颗粒存在，须在

瓷研钵中磨细至无不均匀颗粒存在为止。将试样置于称量瓶中，在 105～110℃ 的温度下烘干 1h，储于干燥器中，供试验用。

**4. 检测步骤**

① 用称量瓶取试样 0.8～1.0g（精确至 0.0005g）放入 300mL 三角瓶中。

② 加入 150mL 新煮沸并已冷却的蒸馏水，投入玻璃珠 10 颗。

③ 把短颈漏斗插入瓶口，加热 5min（注意不要让水沸腾）后迅速冷却。

④ 滴入 2 滴酚酞指示剂，在不断摇动下用盐酸标准液滴定，控制滴定速度为每秒 2～3 滴，至粉红色完全消失，稍停，又出现红色，继续滴入盐酸标准液。如此重复几次，直至 5min 内不出现红色为止。

⑤ 如果滴定过程持续半小时以上，则结果只能作为参考。

**5. 结果整理**

① 石灰中氧化钙和氧化镁含量按式(2-2) 计算：

$$w(\text{CaO})+w(\text{MgO})=\frac{0.028Vc(\text{HCl})}{m}\times100\% \tag{2-2}$$

式中　　$V$——滴定消耗盐酸标准液的体积，mL；

$c(\text{HCl})$——盐酸标准液的摩尔浓度，mol/mL；

$m$——样品质量，g；

0.028——$\frac{1}{2}$CaO 的摩尔质量，g/mol。

② 对同一石灰样品至少应做 2 个试样和进行 2 次测定，并取 2 次测定结果的平均值作为测定值。

# 任务二　建筑石膏的应用

 **任务描述**

熟识建筑石膏，在建筑工程上能合理使用建筑石膏。主要是要了解石膏的生产及技术指标，熟悉建筑石膏的凝结硬化过程，掌握建筑石膏的性能特点以及存储要求，最终在工程中能够合理地应用建筑石膏。

**知识链接**

石膏是以硫酸钙为主要成分的气硬性胶凝材料。我国石膏资源极其丰富，分布很广。自然界有天然二水石膏（$CaSO_4 \cdot 2H_2O$，又称软石膏或生石膏）、天然无水石膏（$CaSO_4$，又称硬石膏）和各种工业副产品（即化学石膏）。二水石膏也是生产水泥不可缺少的原料。

建筑石膏及其制品具有许多优良的性能（如轻质、耐火、隔声、绝热等），而且原料来源丰富，生产工艺简单，是一种理想的高效节能材料。随着高层建筑的发展，石膏的用量正逐年增加，在建筑材料中的地位亦越来越重要。

**一、石膏的生产**

生产石膏的原料主要是含硫酸钙的二水天然石膏（又称生石膏）或含硫酸钙的各种工业副产品（如磷石膏、氟石膏、硼石膏等）。

将石膏原料经煅烧、脱水，再经磨细，即得石膏胶凝材料。同一种材料，煅烧的压力和温度不同时，所得产品的结构、性质、用途也各不相同，如图 2-4 所示。

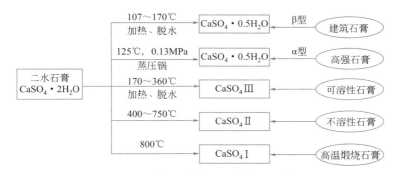

图 2-4　石膏加工条件及相应产品示意图

（1）建筑石膏（又称熟石膏）　建筑石膏是由二水石膏在干燥状态下脱水所形成的 β 型半水石膏，经磨细成白色粉末，即为建筑石膏。因其晶体细小，将它调制成一定稠度的浆体时，需水量较大，因而其制品的孔隙率较大，强度较低。

（2）高强石膏　由二水石膏原料在有蒸汽压力的条件下脱水，形成 α 型半水石膏，经磨细得到的白色粉末，即为高强石膏。因其晶粒粗大，比表面积小，其制品硬化后密实度大，强度较高。常用于建筑抹灰、制作装饰制品或石膏板。掺入防水剂后，可生产高强防水石膏及制品。

（3）可溶性石膏　因其脱水温度较高，半水石膏易转变为结构疏松的无水石膏，且需水量大，凝结很快，强度低，不宜直接使用。可储存一段时间（即陈化处理），使其转变为半水石膏后使用。

（4）不溶性石膏　也称为死烧石膏，难溶于水，失去凝结硬化能力。但是，如果掺入适量激发剂（如石灰等）混合磨细，即可制成无水石膏水泥，强度可达 5～30MPa，可用于制造石膏板和其他制品等。

（5）高温煅烧石膏　在高温下才稳定，建筑中不采用煅烧石膏。

虽然脱水石膏的品种较多，但由于建筑石膏生产方便，成本低，因而应用最为广泛。

## 二、建筑石膏的凝结硬化

建筑石膏与适量的水拌和后，形成可塑性的浆体，但很快就失去可塑性并产生强度，逐渐发展成为坚硬的固体，这一过程称为石膏的凝结硬化，如图 2-5 所示。石膏的凝结硬化实际上是建筑石膏与水之间发生化学反应的结果，反应方程式如下：

$$CaSO_4 \cdot \frac{1}{2}H_2O + \frac{3}{2}H_2O \longrightarrow CaSO_4 \cdot 2H_2O$$

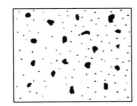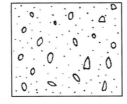

图 2-5　石膏的凝结硬化

由于二水石膏在水中的溶解度仅为半水石膏溶解度的 1/5 左右，所以半水石膏的饱和溶液对二水石膏来说就是过饱和溶液，这样，半水石膏的水化产物二水石膏首先结晶析出，从而打破了原有的化学平衡，促使半水石膏进一步溶解、水化，直至完全变成二水石膏。随着浆体中自由水因水化和蒸发逐渐减少，浆体逐渐变稠失去塑性，石膏凝结。然后，二水石膏晶粒继续形成、长大，彼此互相交错、连生，形成结晶结构网，浆体产生强度并不断增长，直到水分完全蒸发形成坚硬的石膏结构，石膏硬化。

### 三、建筑石膏的技术要求

建筑石膏呈洁白粉末状，密度为 $2.6 \sim 2.75 \mathrm{g/cm^3}$，堆积密度为 $800 \sim 1100 \mathrm{kg/m^3}$。建筑石膏的技术要求主要有细度、凝结时间和强度。根据国家标准《建筑石膏》（GB 9776—2008），建筑石膏按抗折、抗压强度和细度的不同，分为优等品、一等品和合格品三个等级，其技术要求见表 2-4。

建筑石膏易吸湿受潮，受潮或遇水后能快速凝结硬化，因此在运输和储存过程中，应注意防潮、防水。石膏长期存放强度也会降低，一般储存三个月后，强度下降 30% 左右。故储存时间不宜过长，若超过三个月，应重新检验并确定其等级。

表 2-4　建筑石膏技术指标

| 技术指标 | | 优等品 | 一等品 | 合格品 |
|---|---|---|---|---|
| 强度/MPa | 抗折强度，不小于 | 2.5 | 2.1 | 1.8 |
| | 抗压强度，不小于 | 4.9 | 3.9 | 2.9 |
| 细度 | 0.25mm 方孔筛筛余百分率/%，不大于 | 5 | 10 | 15 |
| 凝结时间/min | 初凝时间，不小于 | 6 | | |
| | 终凝时间，不大于 | 30 | | |

### 四、建筑石膏的性能特点

（1）孔隙率大、表观密度小，保湿、吸声性能好　建筑石膏水化的理论需水量仅为其质量的 18.6%，但生产石膏制品时，为满足必要的可塑性，通常加水量要达到其质量的 60%～80%。凝结硬化后，由于大量多余水分的蒸发，使石膏制品留下大量孔隙（孔隙率达 50%～60%）。由于石膏制品的孔隙率较大，所以石膏制品的表观密度小，保温隔热性好，具有较好的吸声性、吸湿性。

（2）凝结硬化快　建筑石膏初凝和终凝时间都很短，3～5min 内即可凝结，终凝时间不超过 30min。在室温自然干燥条件下，约一周时间可完全硬化。为了有足够的时间进行施工操作，常掺入缓凝剂以延长凝结时间。常用的石膏缓凝剂有硼砂、亚硝酸盐酒精废液、纸浆废液、动物胶和柠檬酸等。

（3）硬化后体积微膨胀　建筑石膏在凝结硬化时具有微膨胀性，其体积膨胀率约为 0.05%～0.15%。这种微膨胀性可使硬化体表面光滑饱满，干燥时不开裂，且能使制品造型棱角很清晰，有利于制造复杂图案花型的石膏装饰件。

（4）可加工性能好　硬化后的建筑石膏有大量微小孔结构，硬度较低，使得石膏制品可锯、可刨、可钉，易于连接，具有良好的加工性，为安装施工提供了方便。

（5）具有一定的调温、调湿性　由于多孔结构的特点，石膏制品的热容量大，吸湿性强，在室内温度、湿度变化时，由于制品的"呼吸作用"，使环境温度、湿度能得到一定的调节。

（6）防火性能好　二水石膏遇火后，结晶水蒸发，吸收热量，同时蒸发的水形成蒸汽幕，阻止火势蔓延。

（7）耐水性、抗冻性差　石膏属气硬性胶凝材料，吸湿性大，在潮湿环境中，晶体黏结力削弱，强度明显降低，直至溶解，因此不耐水、不抗冻。使用时应注意防潮、防冻。

### 五、建筑石膏的应用

**1. 室内抹灰及粉刷**

建筑石膏加砂子、水拌和成石膏砂浆，可用于室内抹灰。抹灰后的墙面光滑、细腻、洁白美观，给人以舒适感。加水拌和后的建筑石膏，适当掺加少量缓凝剂，拌和成石膏浆体，可作为室内粉刷涂料。

**2. 制作石膏制品**

由于石膏具有质量轻、保温、隔热、吸声、防火、调湿、尺寸稳定、可加工性能好和成本低等优点，所以，石膏是一种良好的室内装饰材料，可制作各种石膏板，用于建筑物的内墙、顶棚等部位，如纸面石膏板、石膏纤维板、石膏刨花板、石膏空心板等；建筑石膏掺配适量的纤维材料、黏结剂，还可制作各种石膏角线、角花、雕塑艺术装饰品等。这些石膏制品工艺简单，能耗低，生产效率高，施工时拼装容易，施工效率高。所以，石膏制品在我国有着广阔的发展前景，是当前着重发展的新型轻质材料之一。

 **任务实施**

### 一、材料准备

建筑石膏样品。

### 二、实施步骤

① 分组识别提供的建筑石膏样品。
② 将水加入建筑石膏中，观察其水化和硬化的特点。

# 任务三　水玻璃和菱苦土的应用

 **任务描述**

熟识水玻璃和菱苦土，在建筑工程上能合理使用水玻璃和菱苦土。了解水玻璃和菱苦土的性能及应用。

**知识链接**

### 一、水玻璃

水玻璃俗称泡花碱，是由不同比例的碱金属氧化物和二氧化硅组成的能溶于水的硅酸盐。常见的水玻璃有硅酸钠水玻璃（$Na_2O \cdot nSiO_2$）、硅酸钾水玻璃（$K_2O \cdot nSiO_2$）等，其中以硅酸钠水玻璃最为常用。

水玻璃分子中的 $n$，即二氧化硅与碱金属氧化物的摩尔比，称为水玻璃的模数，一般在 $1.5 \sim 3.5$ 之间，建筑工程中常用水玻璃的模数为 $2.6 \sim 2.8$。水玻璃的模数越大，黏结力越强，越难溶于水。当模数 $n$ 为 1 时，能在常温下溶解于水中，$n$ 增大则只能在热水中溶解，当 $n$ 大于 3 时，需要在 $0.4MPa$ 以上的蒸汽中才能溶解。

**1. 水玻璃生产简介**

制造水玻璃的方法很多，大体分为湿制法和干制法两种。

湿制法生产硅酸钠水玻璃是根据石英砂能在高温烧碱中溶解生成硅酸钠的原理进行的。其反应式如下：

$$SiO_2 + 2NaOH \longrightarrow Na_2SiO_3 + H_2O$$

干制法生产水玻璃，根据原料的不同可分为碳酸钠法、硫酸法等。最常用的碳酸钠法生产是用纯碱（$Na_2CO_3$）与石英砂（$SiO_2$），在高温（1350℃）熔融状态下反应后生成硅酸钠的原理进行的。生产工艺主要包括配料、煅烧、浸溶、浓缩几个过程，其反应式如下：

$$Na_2CO_3 + nSiO_2 \longrightarrow Na_2O \cdot nSiO_2 + CO_2 \uparrow$$

所得产物为固体块状的硅酸钠，然后用非蒸压法（或蒸压法）溶解，即可得到常用的水玻璃。如果用碳酸钾代替碳酸钠，则可得相应的硅酸钾水玻璃。

纯净的水玻璃溶液应为无色透明液体，但因含杂质常呈现青灰或黄绿等颜色。

**2. 水玻璃的硬化**

水玻璃溶液在空气中吸收二氧化碳，形成无定形硅酸，并逐渐干燥硬化。

$$Na_2O \cdot nSiO_2 + mH_2O + CO_2 \Longrightarrow Na_2CO_3 + nSiO_2 \cdot mH_2O$$

水玻璃的凝结硬化速度非常缓慢，常加入促硬剂氟硅酸钠（$Na_2SiF_6$）以加快其硬化速度，氟硅酸钠的掺量以占水玻璃质量的 12%～15% 为宜。氟硅酸钠也能提高水玻璃的耐水性，但氟硅酸钠有毒，操作时应注意安全。

**3. 水玻璃的性质**

（1）黏结力强　水玻璃硬化后具有较高的黏结强度、抗拉强度。如水玻璃胶泥的抗拉强度大于 2.5MPa，水玻璃混凝土的抗压强度可达 15～40MPa。此外，水玻璃硬化析出的硅酸凝胶还可以堵塞毛细孔隙而防止水渗透。对于同一模数的液体水玻璃，其浓度越稠、密度越大，则黏结力越强。而不同模数的液体水玻璃，模数越大，胶体组分越多，黏结力也随之增大。

（2）耐酸性强　硬化后水玻璃，其主要成分含水硅酸凝胶（$nSiO_2 \cdot mH_2O$），其耐酸性强。除氢氟酸、20% 以下的氟硅酸、热磷酸和高级脂肪酸以外，几乎对所有酸性介质都有较高的耐腐蚀性。但水玻璃不耐碱性介质腐蚀。

（3）耐热性好　水玻璃硬化形成 $SiO_2$ 空间网状骨架，因此具有良好的耐热性能。若以铸石粉为填料、调成的水玻璃胶泥，其耐热温度可达 900～1100℃。而对于水玻璃混凝土，其耐热温度受粗骨料石子影响。

**4. 水玻璃的应用**

由于水玻璃具有上述性能，在建筑工程中主要用于以下几个方面。

（1）用作涂料　用水玻璃涂刷天然石材、黏土砖、混凝土等建筑材料表面，提高材料的密实性、抗水性和抗风化能力，增加材料的耐久性。但石膏制品表面不能涂刷水玻璃，因为硅酸钠与硫酸钙反应生成体积膨胀的硫酸钠会导致制品胀裂。

（2）加固地基　将模数为 2.5～3 的液态水玻璃与氯化钙溶液交替注入土壤中，两者反应析出的硅酸胶体起到胶结和填充土壤空隙的作用，能阻止水分渗透，提高土壤的密实度和强度。

（3）用作耐酸性材料　以水玻璃为胶凝材料，加入耐酸的填料和骨料，可配制成耐酸砂浆和耐酸混凝土，广泛用于化学、冶金、金属等防腐蚀工程。

（4）用作耐热性材料　在水玻璃中加入促凝剂和耐热的填料、骨料，可配制成耐热砂浆和耐热混凝土，用于高炉基础、热工设备基础及维护结构等耐热工程。

（5）用作防渗漏材料　在水玻璃中加入 2～5 种矾，可配制成各种快凝防水剂，掺入到水泥砂浆或混凝土中可用于堵塞漏洞、填缝、局部抢修等。

## 二、菱苦土

### 1. 菱苦土的生产

菱苦土属镁质胶凝材料，主要成分是 $MgO$，它是由菱镁矿或天然白云石经煅烧、磨细而成。煅烧时的反应式如下：

$$MgCO_3 \xrightarrow{600\sim650℃} MgO + CO_2 \uparrow$$

煅烧温度对菱苦土的质量影响很大。煅烧温度过低时，$MgCO_3$ 分解不完全，易产生"生烧"而降低胶凝性；温度过高时，$MgO$ 烧结收缩，颗粒变得坚硬，胶凝性差。实际生产时，煅烧温度约为 $800\sim850℃$。

白云石 $[CaMg(CO_3)_2]$ 的分解分两步进行：首先是复盐分解生成碳酸镁和碳酸钙，然后碳酸镁分解成氧化镁。

正常煅烧的菱苦土为白色或浅黄色粉末，密度为 $3.1\sim3.4g/cm^3$，堆积密度为 $800\sim900kg/m^3$，煅烧所得菱苦土磨得越细，使用时强度越高；相同细度时，$MgO$ 含量越高，质量越好。

### 2. 菱苦土的水化硬化

菱苦土用水拌和时，生成结构疏松、胶凝性较差的 $Mg(OH)_2$。为改善其性能，常用 $MgCl_2$、$MgSO_4$、$FeCl_3$ 或 $FeSO_4$ 等盐类的水溶液拌和。其中，以用 $MgCl_2$ 溶液拌和最好，生成氯氧化镁水化物（$xMgO \cdot yMgCl_2 \cdot zH_2O$）和氢氧化镁等，浆体硬化较快，强度高（可达 $40\sim60MPa$），其吸湿性强，但耐水性差（水会溶解其中的可溶性盐类）。

### 3. 菱苦土的应用

菱苦土与植物纤维黏结性好，不会引起纤维的分解。因此，常与木丝、木屑等木质纤维混合应用，制成菱苦土木屑地板、木丝板或刨花板等制品。

为提高制品的强度及耐磨性，在菱苦土中除木屑、木丝外，还加入滑石粉、石棉、细石英砂、砖粉等填充材料。用大理石或中等硬度岩石碎屑作骨料，可制成菱苦土磨石地板。

菱苦土地板具有保温、无尘土、耐磨、防火、表面光滑和弹性好等特点，若掺加少量耐碱矿物颜料，可将地面着色，做成带有装饰性的地面材料。

菱苦土板有较高的紧密度和强度，且具有隔热、吸声效果，可作内墙、天花板和其他建筑材料。在菱苦土中加泡沫剂，可制成轻质多孔的绝热材料。

菱苦土耐水性较差，故这类制品不宜用于长期潮湿的地方。菱苦土在使用过程中，常用氯化镁水溶液调制，其氯离子对钢筋有锈蚀作用，故其制品中不宜配置钢筋。

在存放菱苦土时，会吸收空气中的水分而成为 $Mg(OH)_2$，再碳化为 $MgCO_3$，失去胶结能力，所以菱苦土不宜久存。

### 📢 任务实施

## 一、材料准备

水玻璃、菱苦土样品。

## 二、实施步骤

① 分组识别提供的水玻璃、菱苦土样品。
② 分析水玻璃、菱苦土的特点和应用范围。

# 小　结

本学习情境介绍了常用的四种气硬性胶凝材料：石灰、石膏、水玻璃和菱苦土。

气硬性胶凝材料和水硬性胶凝材料是胶凝材料中的两种类型。气硬性胶凝材料只能在空气中凝结硬化，产生强度；水硬性胶凝材料不仅能在空气中，也能在水中凝结硬化，并产生强度。两者硬化条件不同，适用范围不同，在使用时应注意合理地选择。

生石灰熟化时要放出大量的热量，且体积膨胀，故生石灰必须充分熟化后方可使用，否则会影响施工质量。石灰浆体具有良好的可塑性和保水性，硬化慢、强度低，硬化时体积收缩大，所以不宜单独使用，主要用于配置砂浆，制作石灰乳涂料，拌制灰土和三合土，生产硅酸盐制品。

建筑石膏是由二水石膏在干燥状态下加热脱水后形成的 β 型半水石膏。其凝结硬化快，硬化体空隙率大，属多孔结构材料。其成本低、重量轻，有良好的保温隔热、隔音吸声效果，有良好的防火性及一定范围内的温度调节能力，是一种具有节能意义和发展前途的新型轻质墙体材料和室内装饰材料。

石灰和石膏在储运过程中要注意防潮且储存时间不宜过长。

水玻璃是由不同比例的碱金属氧化物和二氧化硅组成的能溶于水的硅酸盐，具有良好的黏结性、耐酸性和耐热性，常用于加固地基、涂刷或浸渍需要被保护的制品；配制耐酸、耐热砂浆或混凝土；也可配制防水剂，用于堵塞漏洞、填缝和局部抢修等。

菱苦土属镁质胶凝材料，其水化生成的氢氧化镁结构疏松、胶结能力弱。为了改善其性能，常用氯化镁溶液拌和。其制品强度高，但吸湿性强、易变形，常用于大型包装箱等临时构件，以节省木材。

## 能力训练题

1. 什么是气硬性胶凝材料和水硬性胶凝材料？

2. 什么是石灰的陈伏？生石灰为什么要充分熟化后方可使用？

3. 石灰的主要性质有哪些？

4. 石灰主要应用在哪些方面？为什么石灰本身不耐水，但用石灰配制的灰土和三合土却有较高的强度和耐水性？

5. 建筑石膏是如何生产的？其主要成分是什么？

6. 建筑石膏的主要技术性质有哪些？有哪些应用？

7. 为什么建筑石膏板是一种较好的室内装饰材料？

8. 石灰和石膏是如何凝结硬化的？

9. 某多层住宅楼室内抹灰采用的是石灰砂浆，交付使用后逐渐出现墙面普遍鼓包开裂，试分析其原因。欲避免这种事故发生，应采取什么措施？

10. 水玻璃的性质有哪些？水玻璃在建筑过程中主要应用于哪些方面？

11. 菱苦土为何不用水拌和？其用途有哪些？

12. （多选）建筑石膏的技术性能包括（　　）。【2016 年一级建造师真题】

    A. 凝结硬化慢　　　　　　　B. 硬化时体积微膨胀

    C. 硬化后孔隙率低　　　　　D. 防水性能好

    E. 抗冻性差

# 学习情境三
# 水泥的检测与选用

▶▶ **知识目标**

- 了解硅酸盐水泥的生产工序及水化机理
- 掌握硅酸盐水泥的水化机理及水泥石腐蚀的种类和防止措施
- 掌握硅酸盐水泥的技术性质及检验测定方法
- 掌握硅酸盐水泥及掺混合材水泥的技术性质、特点及使用范围
- 了解其他品种水泥的性能及应用

▶▶ **能力目标**

- 能检测水泥的技术性质，评定水泥的质量
- 能根据工程特点和使用环境，合理选用水泥品种

**【引例】**

1. 某大体积的混凝土工程，浇注两周后拆模，发现挡墙有多道贯穿型的纵向裂缝。该工程使用某立窑水泥厂生产 42.5 Ⅱ 型硅酸盐水泥，其熟料矿物组成如下：$C_3S$ 61%；$C_2S$ 14%，$C_3A$ 14%，$C_4AF$ 11%。请分析原因。

2. 广西某车间单层砖房屋盖采用预制单跨12m的现浇钢筋混凝土大梁，某年10月开工，使用进场已3个多月并存放在潮湿地方已有部分硬块的水泥；同年12月26～29日安装完屋盖预制板，接着进行屋面防水层施工。第二年1月3日拆完大梁底模板和支撑，第二天（1月4日）下午房屋全部倒塌并发现大梁压区混凝土被压碎。请分析原因。

水泥呈粉末状，与水混合后，经物理化学作用能由可塑性浆体变成坚硬的石状体，并能将砂、石等散粒材料胶结成为整体，所以水泥是一种良好的矿物胶凝材料。

水泥是建筑工程中最重要的材料之一，它在各种工业与民用建筑、道路与桥梁、水利与水电、海洋与港口、矿业及国防等工程中广泛应用。水泥在这些工程中可用于制作各种混凝土、钢筋混凝土构筑物和建筑物，并用于配制各种砂浆及其他各种胶结材料等。

工程中应用的水泥品种繁多，按水硬性矿物成分不同，可分为硅酸盐系水泥、铝酸盐系水泥、硫铝酸盐系水泥及铁铝酸盐系水泥等，其中以硅酸盐系水泥应用广泛；按水泥的用途及性能不同，可分为通用水泥、专用水泥与特性水泥三类。通用水泥是指大量用于一般土木建筑工程的水泥，包括硅酸盐水泥、普通硅酸盐水泥、矿渣硅酸盐水泥、

火山灰硅酸盐水泥、粉煤灰硅酸盐水泥和复合硅酸盐水泥六大类；专用水泥是指有专门用途的水泥，如砌筑水泥、道路水泥、油井水泥等；特性水泥则是具有较突出性能的水泥，如快硬水泥、白水泥、抗硫酸盐水泥、中热硅酸盐水泥、低热矿渣硅酸盐水泥、膨胀水泥和铝酸盐水泥等。

虽然水泥品种繁多，分类方法各异，但我国水泥产量大多是以硅酸盐水泥矿物成分为主，所以本学习情境在讨论水泥的性质和应用时，以硅酸盐水泥为基础。根据建筑工程项目材料质量控制的相关规定，对进场水泥需要作材质复试。水泥的复试内容主要有抗压强度、抗折强度、安定性和凝结时间。

# 任务一　硅酸盐水泥的认知

 **任务描述**

熟识硅酸盐水泥。主要是了解硅酸盐水泥的生产工序及水化、凝结和硬化规律；掌握水泥石腐蚀的种类及防止措施，为合理的储存和使用水泥奠定基础。

 **知识链接**

## 一、硅酸盐水泥的生产

二维码 3.1

硅酸盐水泥属通用硅酸盐水泥之一。根据国家标准《通用硅酸盐水泥》（GB 175—2007）的规定，硅酸盐水泥有两个品种，一种是不掺加混合材料，完全用硅酸盐水泥熟料和石膏研磨制成的水硬性胶凝材料，用代号 P·Ⅰ 表示；另一种是掺加不大于 5％ 的粒化高炉矿渣或石灰石与熟料和石膏共同磨细制成的水硬性胶凝材料，用代号 P·Ⅱ 表示。不论是 P·Ⅰ 型还是 P·Ⅱ 型硅酸盐水泥，其生产工艺基本相同。

生产硅酸盐水泥的原料主要是石灰原料（石灰石、白垩等）和黏土质原料（黏土、页岩等）。同时，原料中常加入富含某种矿物成分的辅助原料，如铁矿粉。几种原料按一定比例配合，磨细制成料粉（干法生产）或生料浆（湿法生产），经均化后送入回转窑（图 3-1）或立窑（图 3-2）中煅烧至部分融化，得水泥熟料，再与适量石膏磨细，得到 P·Ⅰ 型硅酸盐水泥。为改善水泥的烧成性能或使用性能，有时还可掺加少量的添加剂（如萤石等）。

图 3-1　水泥回转窑

图 3-2　水泥立窑

硅酸盐水泥的生产过程主要分为配备生料、煅烧熟料、粉磨水泥三个阶段，生产设备见图 3-3，该生产工艺过程可概括为"两磨一烧"，如图 3-4 所示。

图 3-3  硅酸盐水泥生产设备　　　　　　图 3-4  硅酸盐水泥主要生产流程

## 二、硅酸盐水泥熟料的矿物组成

硅酸盐水泥熟料主要由四种矿物组成，其名称和含量范围见表 3-1。

表 3-1　硅酸盐水泥熟料的主要矿物组成

| 矿物成分名称 | 基本化学组成 | 矿物成分简写 | 一般含量范围 | 矿物成分名称 | 基本化学组成 | 矿物成分简写 | 一般含量范围 |
|---|---|---|---|---|---|---|---|
| 硅酸三钙 | $3CaO \cdot SiO_2$ | $C_3S$ | $36\% \sim 60\%$ | 铝酸三钙 | $3CaO \cdot Al_2O_3$ | $C_3A$ | $7\% \sim 15\%$ |
| 硅酸二钙 | $2CaO \cdot SiO_2$ | $C_2S$ | $15\% \sim 37\%$ | 铁铝酸四钙 | $4CaO \cdot Al_2O_3 \cdot Fe_2O_3$ | $C_4AF$ | $10\% \sim 18\%$ |

除以上四种主要矿物成分外，硅酸盐水泥中尚有少量其他成分，具体如下。

（1）游离氧化钙（$f\text{-}CaO$）　它是在煅烧过程中未能化合而残存下来的呈游离态的氧化钙。如果 $f\text{-}CaO$ 的含量较高，则由于其滞后的水化，产生结晶膨胀而导致水泥石开裂，甚至破坏，即造成水泥安定性不良。

（2）游离氧化镁（$f\text{-}MgO$）　它是一种有害成分，若其含量高、晶粒大时会导致水泥安定性不良。

（3）三氧化硫（$SO_3$）　它主要是粉磨熟料时掺入石膏带来的。当石膏掺入量合适时，既可以调节水泥的凝结时间，又可以提高水泥的性能；但当掺入石膏量超过一定值时，会使水泥性能变差。国家标准规定：硅酸盐水泥中 $SO_3$ 的含量不得超过 3.5%。$SO_3$ 含量不符合规定者为废品。

此外，水泥中含有的少量碱分（$K_2O$、$Na_2O$）也是有害成分，亦应加以限制。

## 三、硅酸盐水泥的水化与凝结硬化

硅酸盐水泥加水后，其矿物与水作用生成一系列新的化合物，称为水化。生成的新化合物称为水化产物。各熟料单矿物的水化反应式如下。

**1. 硅酸三钙**

$$2(3CaO \cdot SiO_2) + 6H_2O \Longrightarrow 3CaO \cdot 2SiO_2 \cdot 3H_2O + 3Ca(OH)_2$$
　　　硅酸三钙　　　　　　　水化硅酸钙　　　氢氧化钙

**2. 硅酸二钙**

$$2(2CaO \cdot SiO_2) + 4H_2O \Longrightarrow 3CaO \cdot 2SiO_2 \cdot 3H_2O + Ca(OH)_2$$
　　　硅酸二钙　　　　　　　水化硅酸钙　　　氢氧化钙

### 3. 铝酸三钙

$$3CaO \cdot Al_2O_3 + 6H_2O = 3CaO \cdot Al_2O_3 \cdot 6H_2O$$

铝酸三钙　　　　　　　　水化铝酸三钙

因铝酸三钙与水反应迅速，易造成水泥速凝，将影响施工。因此，在水泥磨细时加入适量的石膏，石膏与水化铝酸三钙反应生成难溶于水的水化硫铝酸钙针状结晶体（简称钙矾石，常用符号 AFt 表示），沉积在水泥颗粒表面，阻止水分向水泥颗粒内部渗入，延缓水泥的凝结。

$$3(CaSO_4 \cdot 2H_2O) + 3CaO \cdot Al_2O_3 \cdot 6H_2O + 19H_2O = 3CaO \cdot Al_2O_3 \cdot 3CaSO_4 \cdot 31H_2O$$

水化硫铝酸钙（钙矾石）

当石膏消耗完毕后，水泥中尚未水化的铝酸三钙与钙矾石反应生成单硫型水化铝酸钙（AFm）。

### 4. 铁铝酸四钙

$$4CaO \cdot Al_2O_3 \cdot Fe_2O_3 + 7H_2O = 3CaO \cdot Al_2O_3 \cdot 6H_2O + CaO \cdot Fe_2O_3 \cdot H_2O$$

铁铝酸四钙　　　　　　　　水化铝酸三钙　　　　　　水化铁酸钙

硅酸盐水泥水化是一个复杂的物理、化学反应过程，生成水化产物时，产生水化热，不同的矿物成分产生的水化热量不同，释放热量的速度也不一样。但大部分（50%以上）热量集中在前 3 天以内，主要表现为凝结硬化初期的放热量最为明显。当 $C_3A$ 含量较高时，水泥在凝结硬化初期的水化率与水化速率较大，从而表现出凝结与硬化速度较快；而 $C_2S$ 含量较高或混合材料较多时，则水泥在凝结初期的水化率和水化放热率较小，从而也表现出凝结与硬化速度较慢。四种水泥主要矿物成分的水化特性见表 3-2。

经过上述水化反应后，水泥浆中的主要水化产物为水化硅酸钙（C-S-H）凝胶约占 70%，氢氧化钙（CH）结晶约占 20%，钙矾石（AFt）和单硫型水化铝酸钙（AFm）约占 7%，其余是未水化水泥和次要组分。如图 3-5 所示。

图 3-5　水泥水化产物

表 3-2　水泥矿物成分水化特征

| 矿物名称 | 硅酸三钙（$C_3S$） | 硅酸二钙（$C_2S$） | 铝酸三钙（$C_3A$） | 铁铝酸四钙（$C_4AF$） |
|---|---|---|---|---|
| 水化反应速率 | 快 | 慢 | 最快 | 较快 |
| 水化热 | 大 | 小 | 最大 | 较大 |
| 强度发展快慢 | 快 | 慢 | 最快 | 较快 |
| 强度值大小 | 最大 | 大 | 小 | 小 |
| 耐化学侵蚀 | 较小 | 最大 | 小 | 大 |
| 干缩性 | 中 | 中 | 大 | 小 |

水泥加水拌和后，最初形成具有可塑性的浆体，水泥颗粒表面的矿物开始在水中溶解并与水发生水化反应，随着水化反应的进行，水泥浆体逐渐变稠失去可塑性，但尚不具有强度的过程，称为水泥的"凝结"。随着水化反应的进一步进行，凝结了的水泥浆开始产生强度并逐渐发展成为坚硬的石状体——水泥石，这一过程称为"硬化"。水化是水泥产生凝结硬化的前提，而凝结硬化则是水泥水化的结果。凝结和硬化是人为划分的，实际上是一个连续的、复杂的物理化学变化过程，这些变化决定了水泥一系列的技术性能。如图 3-6 所示。

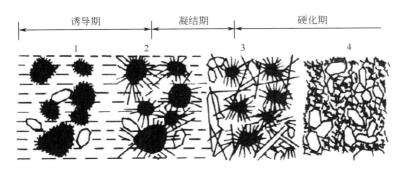

图 3-6 水泥硬化过程

## 四、水泥石的结构及影响水泥石强度发展的因素

### 1. 水泥石的结构

水泥石是由未水化的水泥颗粒 C、水化产物 D（凝胶体）、水化产物 F（氢氧化钙等结晶体）、未被水泥颗粒和水化产物所填满的原充水空间 A（毛细孔和毛细孔水）及凝胶体中的孔 B（凝胶孔）所组成的多孔体系，如图 3-7 所示。

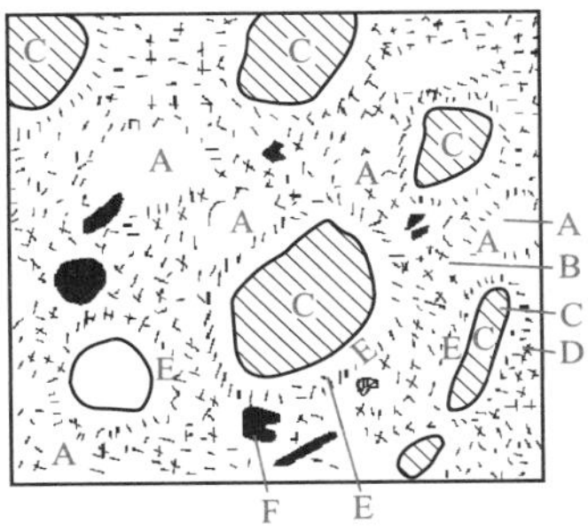

### 2. 影响水泥石强度发展的主要原因

（1）水泥的矿物组成　水泥的组成成分及组分的比例对水泥石强度发展有很大的影响。当水泥熟料中 $C_2S$ 与 $C_3A$ 含量较多时，水泥的凝结硬化较快，水泥石早期强度较高，同时早期水化热也较大。

图 3-7 水泥石结构

A—毛细孔和毛细孔水；B—凝胶孔；C—未水化的水泥颗粒；D—水化产物（凝胶体）；E—过渡带；F—氢氧化钙等结晶体

（2）水灰比　水泥加水拌和后的物质成为水泥浆，水泥浆中水与水泥用量的比值，称为水灰比（$W/C$）。理论上，水泥完全水化所需要的水灰比为 0.15～0.25。但为了使水泥浆具有良好的塑性，往往要加更多的水（水灰比可达 0.3～0.7），大部分多余的水最终要蒸发留下许多孔隙。可见，水灰比越大，水泥浆越稀，凝结硬化和强度发展越慢，且硬化后毛细孔含量越多，强度也越低。因此，实际工程中，为了提高水泥石的硬化速度和强度，应尽可能降低水灰比。

（3）环境温度、湿度　环境温度、湿度对水泥石强度发展有明显影响。温度越高，水泥石水化越激烈，水泥石强度发展越快；反之，温度越低，水泥水化越慢，水泥石强度发展也越慢。当温度低于 0℃时，水泥水化停止，并可能遭受冰冻破坏。因此，冬季施工应采取保温措施。

水泥水化及凝结硬化必须在足够的水分下进行。环境湿度大，水分蒸发慢，水泥浆体可保持水泥水化所需的水分。若环境干燥，水分蒸发快，水泥浆体因缺少水分而影响正常水化，水泥石强度发展也很慢，甚至停止增长。另外，干燥还会给水泥石带来其他诸多方面的危害。所以，水泥混凝土工程在浇筑后 2～3 周内应加强洒水养护，以保证水泥水化所需的水分，促进水泥充分水化。

（4）龄期　水泥浆的凝结硬化是随着龄期（天数）的增加而发展的，随着时间的延长，水泥水化程度增加，凝胶体数量增加，毛细孔数量减少，强度也不断增大。实验表明，常温（20℃）下，水泥混凝土强度的增长在 28d 以内较快，以后渐缓。水泥强度与龄期关系见图 3-8。

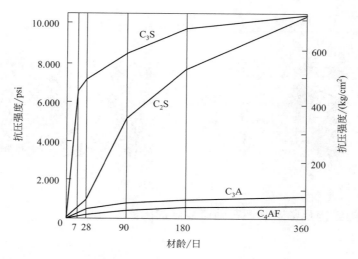

图 3-8　水泥强度与龄期的关系

### 五、水泥石的腐蚀及防止

硬化的硅酸盐水泥石，在通常使用环境下有较好的耐久性，但在某些水介质环境中，水泥石中的某些水化产物会与介质发生各种物理化学作用，使水泥石遭到破坏。水泥石在外界侵蚀性介质（软水、含酸、含盐、含碱等）的作用下结构受到破坏，强度降低的现象称为水泥石的腐蚀。

**1. 水泥石的腐蚀**

（1）软水腐蚀（溶出性侵蚀）

软水是指暂时硬度较小的水。雨水、雪水、工厂冷凝水及含重碳酸盐少的河水和湖水都属于软水。水泥石的水化产物中存在大量氢氧化钙，使水泥石处于一定的碱度，从而各种水化产物能稳定存在，保持良好的凝胶能力。若水泥石长期接触软水，水泥石中的氢氧化钙会不断被溶出，当水泥石中游离的氢氧化钙减少到一定程度时，水泥石中的其他含钙矿物也可能分解和溶出，从而导致水泥石结构的强度降低，甚至破坏。当水泥石处于软水环境时，特别是处于流动的软水环境中时，水泥被软水侵蚀的速度更快。

（2）盐类腐蚀

① 硫酸盐的腐蚀　在海水、盐沼水、地下水及某些工业废水中常含有钠、钾、铵等的硫酸盐，它们对水泥石有膨胀性腐蚀作用。含有硫酸盐的水渗入到水泥石结构中时，会与水泥石中的氢氧化钙反应生成石膏，石膏再与水泥石中的水化铝酸钙反应生成钙矾石，产生1.5 倍的体积膨胀，这种膨胀必然导致脆性水泥石结构的开裂，甚至崩溃。由于钙矾石为微观针状晶体，人们常称其为"水泥杆菌"。

$$4CaO \cdot Al_2O_3 \cdot 12H_2O + 3CaSO_4 + 20H_2O \Longrightarrow 3CaO \cdot Al_2O_3 \cdot 3CaSO_4 \cdot 31H_2O + Ca(OH)_2$$

② 镁盐腐蚀　海水及地下水中常含有大量的镁盐，主要有硫酸镁和氯化镁，它们可与水泥石中的氢氧化钙产生如下反应：

$$MgSO_4 + Ca(OH)_2 + 2H_2O \longrightarrow CaSO_4 \cdot 2H_2O + Mg(OH)_2$$

$$MgCl_2 + Ca(OH)_2 \longrightarrow CaCl_2 + Mg(OH)_2$$

生成的氢氧化镁松软而无胶结能力，氯化钙易溶于水，二水石膏则产生上述的硫酸盐腐蚀。因此，硫酸镁对水泥石起镁盐和硫酸盐的双重腐蚀作用，故显得特别严重。

（3）酸类腐蚀

① 碳酸的腐蚀　雨水及地下水中常溶有较多的二氧化碳，形成了碳酸。碳酸水先与水

泥石中的氢氧化钙反应，中和后使水泥石炭化，形成了碳酸钙，碳酸钙再与碳酸反应生成可溶性的碳酸氢钙，并随水流失，从而破坏了水泥石的结构。其腐蚀反应过程为：

$$Ca(OH)_2 + CO_2 + H_2O \Longrightarrow CaCO_3 + 2H_2O$$

$$CO_2 + H_2O + CaCO_3 \longrightarrow Ca(HCO_3)_2$$

② 一般酸的腐蚀 在工业废水、某些地下水、沼泽水中常含有一定量的无机酸和有机酸。各种酸类对水泥石都有不同程度的腐蚀作用，即它们都可以与水泥石中的氢氧化钙作用，生成的钙盐或是易溶于水的，或是膨胀性的，产生破坏作用。腐蚀作用最快的是无机酸中的盐酸、氢氟酸、硝酸、硫酸和有机酸中的醋酸、蚁酸和乳酸。例如，盐酸、硫酸与水泥石中的氢氧化钙的作用分别为：

$$Ca(OH)_2 + 2HCl \longrightarrow CaCl_2 + 2H_2O$$

$$Ca(OH)_2 + H_2SO_4 \longrightarrow CaSO_2 \cdot 2H_2O$$

生成的 $CaCl_2$ 易溶于水，生成的二水石膏或者直接在水泥石孔隙中结晶产生膨胀，或者再与水泥石中的水化铝酸钙作用，生成钙矾石，其破坏性更大。

（4）强碱腐蚀

一般情况下，水泥石能抵抗碱类的腐蚀，但如果长期处于较高浓度的含强碱（NaOH、KOH）溶液中，也会发生缓慢的破坏。这是因为碱溶液与硬化水泥石组分之间发生化学反应，生成胶结力弱、易为碱溶液析出的产物；同时氢氧化钠渗入水泥石孔隙中，再在空气中的二氧化碳作用下形成含大量结晶水的碳酸钠，其结晶沉淀也会造成水泥石结构胀裂。

除上述腐蚀类型外，对水泥石有腐蚀作用的还有一些其他物质，如糖、氨盐、动物脂肪、含环烷酸的石油产品等。

**2. 水泥石腐蚀的防止**

① 根据工程的环境特点，合理选择水泥品种，或适当掺加混合材料，减少可腐蚀物质的浓度，防止或延缓水泥的腐蚀。如处于软水环境的工程，常选用掺混合材料的矿渣水泥、火山灰水泥或粉煤灰水泥，因为这些水泥的水泥石中氢氧化钙含量低，对软水侵蚀的抵抗能力强。

② 提高混凝土的密实度，采取措施减少水泥石结构的孔隙率，特别是提高表面的密实度，阻塞腐蚀介质渗入水泥石的通道。

③ 在水泥石结构的表面设置保护层，隔绝腐蚀介质与水泥石的联系。如采用涂料、贴面等致密的耐腐蚀层覆盖水泥石，能够有效地保护水泥石不被腐蚀。

## 六、硅酸盐水泥的包装标志及贮运

水泥厂生产的水泥分散装水泥和袋装水泥。散装水泥出厂运输用专用的散装水泥运输车进行，并放入专用的水泥罐储存。发展散装水泥有较好的社会和经济效益，国家鼓励使用散装水泥。

袋装水泥运输、储存方便，为了便于识别，国家标准规定，水泥袋上应清楚标明：产品名称，代号，净含量，强度等级，生产许可证编号，生产者名称和地址，出厂编号，执行标准号，包装年、月、日。掺火山灰混合材料的普通水泥还应标上"掺火山灰"字样，包装袋两侧应印有水泥名称和强度等级，硅酸盐水泥和普通硅酸盐水泥的印刷用红色。水泥包装标志中水泥品种、强度等级、生产者名称和出厂编号不全的属不合格品。袋装水泥在堆放时应注意防水防潮，堆放高度一般不超过 10 袋。

不论散装水泥还是袋装水泥，运输和保管时，不得混入杂质；不同品种、不同强度等级及出厂日期的水泥应分别存放，并加以标识，不得混杂。使用时应考虑先存先用的原则。存放期一般不超过 3 个月。袋装水泥储存 3 个月后，强度降低约 10%～20%，6 个月后约降低 15%～30%，故储存超过 6 个月的水泥应重新进行试验才能使用。

**一、材料准备**

硅酸盐水泥样品。

**二、实施步骤**

① 将水加入硅酸盐水泥中，观察其水化、凝结和硬化的特点；分析硅酸盐水泥加水拌和成水泥浆体后是如何硬化成水泥石的。

② 分组讨论硅酸盐水泥的主要成分和水泥石的主要组成；如何防止水泥石的腐蚀。

# 任务二　硅酸盐水泥的性质检测

**任务描述**

检测硅酸盐水泥的技术性质，首先要熟悉水泥的主要技术性质及技术标准，根据《通用硅酸盐水泥》（GB 175—2007）、《水泥细度检验方法（筛析法）》（GB/T 1345—2005）、《水泥比表面积测定方法　勃氏法》（GB/T 8074—2008）、《水泥标准稠度用水量、凝结时间、安定性检验方法》（GB/T 1346—2011）、《水泥胶砂强度试验方法（ISO 法）》（GB/T 17671—1999）规定，测定水泥的细度、凝结时间、体积安定性及强度等各个技术性质，根据所测定的结果对照水泥技术性质的国家标准，评定水泥的质量。测定过程中要严格按照材料检测的相关步骤和注意事项，细致认真地做好检测工作。

 **知识链接**

**一、硅酸盐水泥的主要技术性质**

根据国家标准《通用硅酸盐水泥》（GB 175—2007），硅酸盐水泥的主要技术性质要求如下。

**1. 密度与堆积密度**

硅酸盐水泥的密度，一般在 $3.1\sim3.2g/cm^3$ 之间，在进行混凝土配合比设计时，通常取 $3.1g/cm^3$；松散状态时的堆积密度一般在 $900\sim1300kg/m^3$ 之间，紧密状态时堆积密度可达 $1400\sim1700\ kg/m^3$。

**2. 细度**

细度是指水泥颗粒的粗细程度，它是鉴定水泥品质的主要项目之一。

水泥细度可用筛析法和比表面积法来检测。筛析法以 $80\mu m$ 或 $45\mu m$ 方孔筛的筛余量表示；比表面积法以 1kg 水泥所具有的总表面积（$m^2/kg$）表示。为满足工程对水泥性能的要求，国家标准规定，硅酸盐水泥和普通硅酸盐水泥的细度以比表面积表示，其值应不小于 $300m^2/kg$。凡水泥细度不符合规定者为不合格品。

**3. 凝结时间**

水泥的凝结时间分初凝时间和终凝时间。自加水时起至水泥浆开始失去塑性，流动性减小所需的时间称为初凝时间；自加水时起至水泥浆完全失去塑性，并开始产生强度所需的时间称为终凝时间。国家标准规定，硅酸盐水泥的初凝时间不得早于 45min；硅酸盐水泥的终凝时间不得迟于 390min。凡初凝时间不符合规定的水泥，为废品；终凝时间不符合规定的水泥，为不合格产品。

水泥凝结时间的测定，是以标准稠度的水泥净浆，在规定温度及湿度环境下，用水泥净浆凝结时间测定仪测定。所谓标准稠度是指水泥净浆达到一个规定的稠度。水泥净浆达到标准稠度时，所需的拌和水量（以占水泥质量的百分比表示），称为标准稠度用水量（也称需水量）。硅酸盐水泥的标准稠度用水量，一般在 24%～30% 之间。水泥熟料矿物成分不同时，其标准稠度用水量亦有差别。水泥磨得越细，标准稠度用水量越大。

规定水泥的凝结时间在施工中具有重要意义。初凝不宜过快，以便有足够的时间在初凝前完成混凝土和砂浆的搅拌、运输、浇捣或砌筑等各工序。终凝也不宜过迟，以使施工完毕后，尽快硬化，产生强度，以便下道工序及早进行。

**4. 体积安定性**

水泥的体积安定性是指水泥在凝结硬化过程中，体积变化的均匀性。如水泥硬化后产生不均匀的体积变化，会使水泥混凝土构件产生膨胀性裂缝，降低建筑物质量，甚至引起严重事故，此即体积安定性不良。体积安定性检验必须合格，体积安定性不合格的水泥应作废品处理，严禁用于工程中。

引起水泥体积安定性不良的原因，是由于熟料中含有过多的游离氧化钙（$f$-CaO），或游离氧化镁（$f$-MgO）；以及水泥粉磨时掺入石膏过量等所致。熟料中所含的 $f$-CaO 和 $f$-MgO 是在高温下生成的，属于过烧氧化物，水化很慢，它们要在水泥凝结硬化后才慢慢开始水化，水化时产生体积膨胀，使已硬化的水泥石开裂。当石膏掺量过多时，在水泥硬化后，多余的石膏将与已固化的水化铝酸钙反应生成水化硫铝酸钙晶体，体积膨胀 1.5 倍，造成硬化水泥石开裂破坏。

国家标准规定：对于由游离氧化钙引起的水泥安定性不良，可采用试饼法或雷氏法检验。其中，试饼法是将标准稠度的水泥净浆做成试饼经恒沸 3h 后，用肉眼观察其外观状态。若未发现裂纹，用直尺检查也没有弯曲现象时，则称为安定性合格；反之，则为不合格。雷氏法是测定水泥浆在雷氏夹中经硬化后的沸煮膨胀值，当两个试件经沸煮后的雷氏膨胀测定值的平均值不大于 5mm 时，即判为该水泥安定性合格；反之，则为不合格。

**5. 强度与强度等级**

水泥的强度是评定其质量的重要指标，也是划分水泥强度等级的主要依据。国家标准规定，采用《水泥胶砂强度检验方法（ISO 法）》测定水泥强度，该法是将水泥、标准砂和水按质量计以 1∶3∶0.5 混合，按规定的方法制成 40mm×40mm×160mm 的标准试件，在标准温度 20℃±1℃ 的水中养护，分别测定其 3d 和 28d 的抗折强度和抗压强度。根据测定结果，将硅酸盐水泥分为 42.5、42.5R、52.5、52.5R、62.5、62.5R 六个强度等级；普通硅酸盐水泥分为 42.5、42.5R、52.5、52.5R 四个强度等级，其他通用水泥增加了 32.5 的等级，而减少了 62.5 的等级。此外，依据水泥 3d 的不同强度又分为普通型和早强型两种类型，其中有代号为 R 者为早强型水泥。通用硅酸盐水泥的各等级、各龄期强度不低于表 3-3 的规定数值。各龄期强度指标全部满足规定值者为合格，否则为不合格。

**6. 不溶物含量及烧失量**

不溶物是指水泥经酸和碱处理后，不能被溶解的残余物。烧失量是指水泥经高温灼烧处理后的质量损失率。

国家标准规定：Ⅰ型硅酸盐水泥中不溶物不得超过 0.75%，烧失量不得大于 3.0%；Ⅱ型硅酸盐水泥中的不溶物不得超过 1.50%，烧失量不得大于 3.5%。

表 3-3　通用硅酸盐水泥的强度值（GB 175—2007）

| 品　　种 | 强度等级 | 抗压强度（不小于）/MPa | | 抗折强度（不小于）/MPa | |
|---|---|---|---|---|---|
| | | 3d | 28d | 3d | 28d |
| 硅酸盐水泥 | 42.5 | 17.0 | 42.5 | 3.5 | 6.5 |
| | 42.5R | 22.0 | | 4.0 | |
| | 52.5 | 23.0 | 52.5 | 4.0 | 7.0 |
| | 52.5R | 27.0 | | 5.0 | |
| | 62.5 | 28.0 | 62.5 | 5.0 | 8.0 |
| | 62.5R | 32.0 | | 5.5 | |
| 普通硅酸盐水泥 | 42.5 | 16.0 | 42.5 | 3.5 | 6.5 |
| | 42.5R | 21.0 | | 4.0 | |
| | 52.5 | 22.0 | 52.5 | 4.0 | 7.0 |
| | 52.5R | 26.0 | | 5.0 | |
| 矿渣硅酸盐水泥<br>火山灰硅酸盐水泥<br>粉煤灰硅酸盐水泥<br>复合硅酸盐水泥 | 32.5 | 10.0 | 32.5 | 2.5 | 5.5 |
| | 32.5R | 15.0 | | 3.5 | |
| | 42.5 | 15.0 | 42.5 | 3.5 | 6.5 |
| | 42.5R | 19.0 | | 4.0 | |
| | 52.5 | 21.0 | 52.5 | 4.0 | 7.0 |
| | 52.5R | 23.0 | | 4.5 | |

**7. 碱含量**

碱含量是指水泥中的 $Na_2O$ 和 $K_2O$ 的含量。若水泥中的碱含量过高，遇到有活性的骨料，易产生碱-骨料反应，造成工程危害。

国家标准规定：水泥中碱含量按 $Na_2O+0.658K_2O$ 计算值来表示。若使用活性集料，用户要求提供低碱水泥时，水泥中碱含量不得大于 0.60% 或由供需双方商定。

**二、硅酸盐水泥的验收**

国家标准规定：硅酸盐水泥性能中，凡游离氧化镁、三氧化硫、初凝时间、体积安定性中，任一项不符合标准规定时均为废品。废品水泥不得在工程中使用。

凡细度、终凝时间、不溶物和烧失量中的任一项不符合标准规定或混合料掺加量超过最大限量和强度低于商品等级规定的指标时，均为不合格品；水泥包装标志中水泥品种、强度等级、工厂名称和工厂编号不清楚的也属不合格品。

 **任务实施**

**一、水泥取样**

以同一水泥厂，按同品种、同强度等级，同期到达的水泥，不超过 400t 为一个取样单位（不足 400t 时，也作为一个取样单位）。取样应有代表性，可以连续取，也可以从 20 个不同部位抽取约 1kg 等量的水泥样品，总数至少 12kg。

取得的水泥试样应充分混合均匀，分成 2 等份，一份进行水泥各项性能测定，一份密封保存 3 个月，供作仲裁检验时使用。

**二、水泥细度检测**

水泥细度检验方法有负压筛法、水筛法和手工干筛法三种。三种检验方法发生争议时，以负压筛法为准。本检测采用负压筛法。

**1. 仪器设备**

① 负压筛析仪。如图 3-9 所示。负压可调范围为 4000～6000Pa。

二维码 3.2

② 天平。最大称量为 100g，分度值不大于 0.05g。

**2. 检测准备**

筛析前将负压筛放在筛座上，盖上筛盖，接通电源，检查控制系统，调节负压在 4000～6000Pa 范围内。

**3. 检测步骤**

称取试样 25g 放入洁净的负压筛内，盖上筛盖，放在筛座上，开动筛析仪，连续筛洗 2min，筛析过程中若有试样附着在盖上，可轻轻敲击，使试样落下。筛完后用天平称量筛余物，精确到 0.05g。当工作负压小于 4000Pa 时，应清理吸尘器内的残留物，使负压恢复正常。

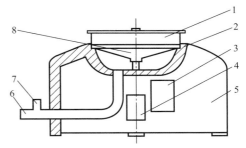

图 3-9　负压筛析仪

1—45μm 方孔筛；2—橡胶垫圈；3—控制板；
4—微电机；5—壳体；6—抽气口（接收尘器）；
7—风门（调节负压）；8—喷气嘴

**4. 结果整理**

水泥试样筛余百分率按式(3-1) 进行计算（精确至 0.01%）：

$$F = \frac{m_s}{m} \times 100\% \tag{3-1}$$

式中　$F$——水泥试样的筛余百分率，%；

　　　$m_s$——水泥筛余物的质量，g；

　　　$m$——水泥试样的质量，g。

### 三、水泥标准稠度用水量的测定（标准法）

**1. 仪器设备**

① 维卡仪　如图 3-10 所示为水泥标准稠度与凝结时间测定仪。其滑动部分总质量为 $(300\pm1)$g。盛装水泥净浆的试模应由耐腐蚀的金属制成。试模为深 40mm、顶内径 65mm、顶外径 75mm 的截顶圆锥体。如图 3-10（a）、（b）所示。每只试模应配备一个面积大于试模、厚度大于等于 2.5mm 的平板玻璃。

二维码 3.3

标准稠度测定用试杆有效长度为 50mm，由直径为 10mm 的圆柱形耐腐蚀金属制成如图 3-10(c) 所示。

② 水泥净浆搅拌机。净浆搅拌机由搅拌锅、搅拌叶片、传动机构和控制系统组成。搅拌叶片在搅拌锅内作旋转方向相反的公转和自传，转速为 90r/min，控制系统可以自动控制，也可以人工控制，如图 3-11 所示。

③ 天平（感量 1g）及人工拌和工具等。

④ 标准养护箱。

**2. 检测准备**

① 检测室温度应控制在 20℃±2℃，相对湿度大于 50%；养护箱温度应为 20℃±1℃，相对湿度大于 90%。水泥试样、拌和用水等的温度应与实验室温度相同。

② 检查维卡仪的金属棒能否自由滑动。

③ 检查搅拌机运行是否正常，并用湿布将水泥净浆搅拌机的筒壁及叶片擦抹干净。

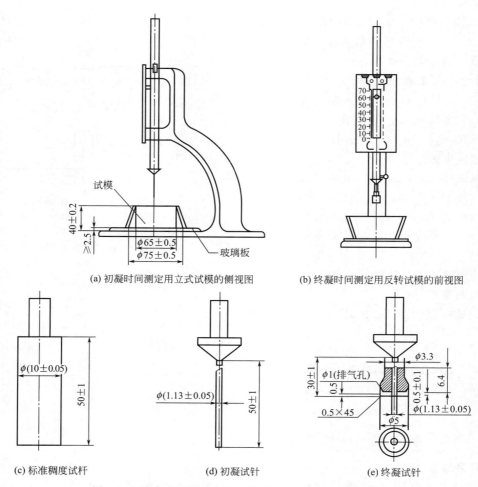

(a) 初凝时间测定用立式试模的侧视图    (b) 终凝时间测定用反转试模的前视图

(c) 标准稠度试杆    (d) 初凝试针    (e) 终凝试针

图 3-10    测定水泥标准稠度和凝结时间用的维卡仪示意图

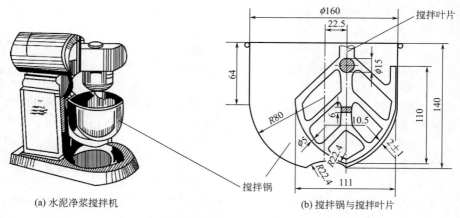

(a) 水泥净浆搅拌机    (b) 搅拌锅与搅拌叶片

图 3-11    水泥净浆搅拌机

**3. 检测步骤**

① 调整试杆接触玻璃板使指针对准标尺零点。

② 充分拌匀水泥试样，将称好的 500g 水泥倒入搅拌锅内，拌合水用量按经验确定。拌和时，先将装有试样的锅放到搅拌机锅座上的搅拌位置，开动机器，同时徐徐加入拌和用水（必须用洁净的淡水），慢慢搅拌 120s，停拌 15s，接着快速搅拌 120s 后停机。

③ 搅拌完毕，立即将水泥净浆一次装入试模，用小刀插捣并振实，刮去多余净浆，抹平后迅速放置在维卡仪底座上，与试杆对中。将试杆降至净浆表面，拧紧螺钉，然后突然放松，让试杆自由沉入净浆中。在试杆停止沉入或释放试杆 30s 时记录试杆距底板之间的距离，升起试杆后，立即擦净；整个操作应在搅拌后 1.5min 完成。

**4. 结果整理**

以试杆沉入净浆并距底板 6mm±1mm 的水泥净浆为标准稠度。其拌合水用量为该水泥的标准稠度用水量（P）。按水泥质量的百分比计，即：

$$P = \frac{拌合水用量}{水泥用量} \times 100\% \tag{3-2}$$

### 四、水泥凝结时间的检测

**1. 仪器设备**

① 维卡仪。如图 3-10 所示。初凝时间测定用初凝试针是由钢制成的直径为 1.13mm 的圆柱体，有效长度为 50mm，如图 3-10（d）所示。终凝时间测定用终凝试针有效长度为 30mm，安装环形附件，如图 3-10（e）所示。

② 水泥净浆搅拌机。如图 3-11 所示。

③ 标准养护箱。

④ 天平（感量 1g）及人工拌和工具等。

二维码 3.4

**2. 检测准备**

① 检查维卡仪的金属棒能否自由滑动。

② 检查搅拌机运行是否正常，并用湿布将水泥净浆搅拌机的筒壁及叶片擦抹干净。

**3. 检测步骤**

① 将试模内表面涂油放在玻璃上。调整维卡仪的试针，使试针接触玻璃板时指针对准标尺零点。

② 以标准稠度用水量制成标准稠度净浆一次装满试模，振动次数刮平，立即放入养护箱内。记录水泥全部加入水中的时间作为初凝、终凝时间的起始时间。

③ 初凝时间的测定。养护至加水后 30min 时将试件取出，放置在维卡仪的试针下面进行第一次测定。测定时让试针与水泥净浆表面接触，拧紧螺钉，1～2s 后突然放松，试针自由扎入净浆内，读出试针停止下沉或释放试针 30s 时指针所指的数值。当试针沉至距底板 4mm±1mm 时，水泥达到初凝状态。

④ 终凝时间的测定。在完成初凝时间测定后，立即将试模连同浆体以平移的方式从玻璃板取下，翻转 180°，直径大面朝上，小端向下放在玻璃板上，再放入湿气养护箱中继续养护。当试针沉入离净浆表面 0.5mm 时，即环形附件开始不能在试件上留下痕迹时，水泥达到终凝状态。

测定时应注意，在最初测定的操作时应轻扶金属柱，使其慢慢下降，以防试针撞弯，但结果以自由下落为准，在整个测定过程试针沉入的位置至少要距试模内壁 10mm。临近初凝时，每隔 5min 测定一次，临近终凝时每隔 15min 测定一次，到达初凝或终凝时应立即重复测定一次，当两次结论相同时，才能确定为达到初凝或终凝状态。每次测定不能让试针落入原孔，每次测定完必须将试针擦净并将试模放回养护箱内，整个测定过程要防止试模受振。

**4. 结果整理**

由开始加水至初凝、终凝状态所用的时间分别为该水泥的初凝时间和终凝时间，用小时（h）和分（min）来表示。

## 五、水泥安定性检测

**1. 仪器设备**

① 沸煮箱。有效容积为 410mm×240mm×10mm，内设算板和加热器，能在 30min±5min 内将箱内水由室温升至沸腾，并可保持沸腾状态 3h 而不需加水。

② 雷氏夹（图 3-12）。由钢制材料组成，当一根指针的根部先悬挂在一根金属丝或尼龙丝上，另一根指针的根部再挂上 300g 的砝码时，两只针尖距离增加应在 17.5mm±2.5mm 范围内，去掉砝码，针尖应回到初始状态（图 3-13）。

③ 雷氏夹膨胀值测定仪（图 3-14）。标尺最小可读为 0.5mm。

④ 水泥净浆搅拌机，标准养护箱，天平，量水器。

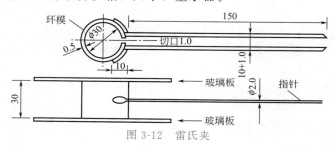

图 3-12　雷氏夹

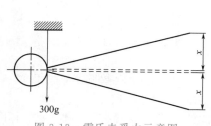

图 3-13　雷氏夹受力示意图

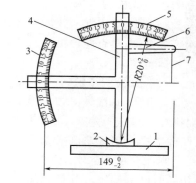

图 3-14　雷氏夹膨胀值测定仪
1—底座；2—模子座；3—测弹性标尺；4—立柱；
5—测膨胀值标尺；6—悬臂；7—悬丝

**2. 检测准备**

① 在准备好的玻璃板上（玻璃板约 100mm×100mm）、雷氏夹的内壁稍涂有机油。

② 调整沸煮箱的水位，使试件在整个沸煮过程中都被水没过，且途中不需加水，同时又能保证在 30min±5min 内加热至沸腾。

③ 称取 500g 水泥，加以标准稠度用水量，用水泥净浆搅拌机拌成水泥净浆。

**3. 检测步骤**

（1）雷氏法

① 将预先准备好的雷氏夹放在已稍擦油的玻璃板上，并立刻将已制好的标准稠度净浆装满试模，装模时一只手轻轻扶持试模，另一只手用宽约 10mm 的小刀插捣 15 次左右，然后平盖上稍涂油的玻璃板，接着立刻将试模移至养护箱内养护 24h±2h。

② 养护结束后将试件从玻璃板上脱去。先测量雷氏夹指针尖端间的距离 $A$，精确到 0.5min，之后将雷氏夹指针放入沸煮箱水中算板上，指针朝上，试件之间互不交叉，然后在 30min±5min 内加热至沸腾，并恒沸 3h±5min。

③ 煮沸结束，即放掉箱中热水，打开箱盖，待箱体冷却至室温时，取出试件测量试件指针尖端间的距离 $C$。

（2）试饼法

① 将搅拌好的水泥净浆取出一部分（约150g），分成两等份使之成球形。将其放在预先准备好的玻璃板上。轻轻振动玻璃板，并用湿布擦过的小刀由边缘至中央抹动，做成直径为 70～80mm，中心厚约 10mm，边缘渐薄，表面光滑的试饼。将做好的试饼放入养护箱内养护 24h±2h。

② 养护结束后将试件从玻璃板上脱去。先检查试饼是否完整，在试饼无缺陷的情况下，将试饼放在煮沸箱的水算板上，然后在 30min±5min 内加热至沸腾，并恒沸 3h±5min。

③ 煮沸结束，即放掉箱中热水，打开箱盖，待箱体冷却至室温时，取出试件进行观察。

**4. 结果整理**

① 若为雷氏夹，计算煮沸后指针间距增加值 $(C-A)$，取两个试件的平均值为试验结果，当 $(C-A)$ 不大于 5.0mm 时，即认为水泥体积安定性合格，反之为不合格。当两个试件 $(C-A)$ 值相差超过 5.0mm 时，应用同一样品立即重做一次试验。再如此，则认为该水泥为安定性不合格。

② 若为试饼，目测试件未发现裂缝，用直尺检查也没有弯曲的试饼为体积安定性合格，反之为不合格。当两个试饼的判别结果有矛盾时，该水泥也判别为不合格。

## 六、水泥胶砂强度检测

**1. 仪器设备**

二维码 3.5

（1）搅拌机　行星式水泥胶砂搅拌机属于国际标准通用型，工作时搅拌机叶片既绕自身轴线自转又沿搅拌机锅周边公转，运动轨迹似行星式的水泥胶砂搅拌机。

（2）水泥胶砂试件成型振实台　由可以跳动的台盘和使其跳动的凸轮等组成（图 3-15），振实台的振动频率为 60 次，振幅为 0.75min。

（3）试模　为可拆卸的三联试模，由隔板、端板、底座等组成。模槽内腔尺寸为 40mm×40mm×160mm，三边应互相垂直（图 3-16）。

（4）播料器　是将搅拌好的胶砂方便的装入试模之内，有大播料器和小播料器两种。

（5）金属刮平尺　用于刮平试模里的砂浆表面。

（6）水泥强度试验机（AEC-201）　抗折机上支撑砂浆试件的两支撑圆柱的中心距为 100mm。抗压强度最大荷载以 200～300kN 为宜，压力机应具有加荷载速度自动调节和记录结果的装置，同时应配有抗压试验用的专用夹具，夹具由优质碳钢制成，受压面积为 40mm×40mm。

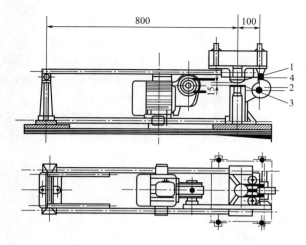

图 3-15　水泥胶砂试件成型振实台
1—突头；2—凸轮；3—止动器；4—随动轮

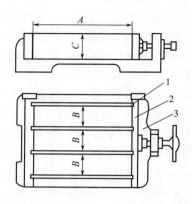

图 3-16　水泥标准试模
1—隔板；2—端板；3—底座
$A$：160mm；$B$：40mm；$C$：40mm

**2. 检测准备**

① 将试模擦净，四周的模板与底座的接触面涂上黄油，紧密装配，防止漏浆，内壁均匀地刷一薄层机油。

② 取被检测水泥 450g±5g，标准砂 1350g±5g，拌合水 225g±1g，配制 1∶3 水泥胶砂，水灰比为 0.5。水泥、砂、水和试验用具的温度与实验室相同，称量用的天平精度应为 ±1g，当用自动滴管加 225mL 时，滴管精度应达到 ±1mL。

**3. 检测步骤**

（1）搅拌　把水加入锅里，再加入水泥，再把锅放在固定架上，上升至固定位置。然后立即开动机器，低速搅拌 30s 后，在第二个 30s 开始的时间同时均匀加入标准砂。把机器转至高速再拌 30s。

停拌 90s，在第一个 15s 内用一胶皮刮具将叶片和锅壁上的胶砂刮入锅中间。在高速下继续搅拌 60s。各个搅拌阶段，时间误差应在一秒以内。

（2）成型　用振实台成型，胶砂制备好后立即进行成型。将空试模和模套固定在振实台上，用勺子从搅拌锅里将胶砂分两层装入试模。装第一层时，每个槽内约放 300g 胶砂，用大播料器垂直将每个模槽的料层播平，接着振实 60 次，再装入第二层胶砂，用小播料器播平，再振实 60 次，移走模套，取下试模，用一金属直尺垂直沿试模长度方向，以横向锯割动作慢慢向另一端移动，一次将超过试模部分的胶砂刮去，并用同一直尺将试体表面抹平。接着在试模上作出标记或用字条标明试体编号。

（3）试件养护

① 连模标准养护　去掉留在模子四周的胶砂，立即将做好的试模放入雾室或湿箱的水平架子上养护［温度为（20±1）℃、相对湿度＞90％］，湿空气应能与试模各边接触，养护时不应将试模放在其他试模上，至 20～24h 取出脱模。硬化速度较慢的水泥，可延长脱模时间，但要做好记录。

② 脱模　对于 24h 龄期的，应在破坏性试验前 20min 内脱模；对于 24h 以上龄期的应在成型 20～24h 之内脱模。

③ 水中养护　将做好标记的试件立即水平或竖立放在（20±1）℃的水中养护，水平放

置时刮平面应朝上。试件在水中六个面都要与水接触，试件之间的间隔或试件上表面的水深不得小于 5mm。

每个养护水池只养护同类型的水泥试件。最初用自来水装满养护池（或容器），随后随时加水保持适当恒定水位，不允许在养护期间全部换水。

除 24h 龄期或延迟 48h 脱模的试体外，任何到龄期的试体应在试验（破坏性）前 15min 从水中取出。去除表面沉积物，并用湿布覆盖至试验为止。

（4）强度检验　强度检验试体的龄期是从水泥加水搅拌开始试验时算起的。不同龄期强度试验在下列时间里进行：24h±15min；48h±30min；7d±45min；28d±8h。

① 抗折强度检验　将试体一个侧面放在抗折机的支撑圆柱上，试体长轴垂直于支撑圆柱，通过加荷圆柱以 50N/s±10N/s 的速率将荷载垂直的加在棱柱体相对侧面上直至折断试体。保持两个半截棱柱体处于潮湿状态直至开始进行抗压强度检验。

② 抗压强度检验　将半截棱柱体装在抗压夹具内，棱柱体中心与夹具压板受压中心差应在 ±0.5mm 内，棱柱体露在压板外的部分约为 10mm。开动压力机，以 2400N/s±200N/s 的速率，均匀地向试体加荷直至破坏。

**4. 结果整理**

（1）抗折强度　抗折强度 $R_f$ 按下式计算：

$$R_f = \frac{1.5F_f L}{b^3} \tag{3-3}$$

式中　$F_f$——折断时的荷载，N；

$L$——支撑圆柱的距离，mm；

$b$——圆柱体正方形截面的边长，mm。

以一组三个棱柱体抗折结果的平均值作为实验结果。当 3 个强度值中有超出平均值±10%时，应剔除后再取平均值作为抗折强度实验结果。各试体的抗折强度记录至 0.1 MPa，平均值计算精确至 0.1 MPa。

（2）抗压强度　抗压强度 $R_c$ 按下式计算：

$$R_c = \frac{F_c}{A} \tag{3-4}$$

式中　$F_c$——破坏时的最大荷载，N；

$A$——受压部分面积（40mm×40mm＝1600mm$^2$），mm$^2$。

以一组三个棱柱体上得到的 6 个抗压强度测定值的算术平均值为实验结果。如 6 个测定值中有一个超出六个平均值的±10%，就应剔除这个结果，而以剩下 5 个的平均数为结果。如果 5 个测定值中再有超过它们平均数±10%的，则此组结果作废。单个抗压强度结果计算至 0.1MPa，平均值计算精确至 0.1MPa。

# 任务三　水泥的选用

 **任务描述**

根据工程特点和所处环境，合理选用不同品种的水泥。首先要掌握各种水泥的性能特点及应用范围；然后再根据工程特点和使用环境来合理地选择。

如某水利枢纽工程"进水口、洞群和溢洪道"标段为提高泄水建筑物抵抗黄河泥沙及高速水流的冲刷能力，需浇筑 28d 抗压强度达 70MPa 的混凝土约 50 万立方米，该优先选择何种水泥来配制混凝土呢？

### 知识链接

#### 一、通用硅酸盐水泥的特性与应用

（一）硅酸盐水泥的特性与应用

**1. 凝结硬化快，强度等级高，尤其是早期强度发展快**

硅酸盐水泥中 $C_3S$ 的含量高，对 28d 内强度的发展起决定性作用，同时较多的 $C_3A$ 也有利于 1～3d 的强度快速增长，$C_2S$ 有利于后期强度的增长。因此，硅酸盐水泥适宜配制高强混凝土和预应力钢筋混凝土，以及适用于早期强度要求高和冬季施工的混凝土工程。

**2. 水化热大，且放热较集中**

水泥的水化热是指水泥在水化过程中的放热量。硅酸盐水泥的水化热是通用硅酸盐水泥中最大的，因为其中的 $C_3S$ 和 $C_3A$ 含量高，它们的水化放热大，放热速率快，有利于冬季施工。但对大体积混凝土（高层基础、大坝等），由于混凝土是热的不良导体，水化热在混凝土内的聚集造成内外温差过大，在混凝土内引起局部拉应力过大，使混凝土产生热裂缝。因此硅酸盐水泥不宜用于大体积混凝土工程。

**3. 抗冻性好，耐磨能力强**

由于硅酸盐水泥能够形成较致密的早期硬化结构，使其表现出较好的抗冻性和耐磨性；只要得到适当的早期养护，就可以获得较为稳定的结构，从而表现出较小的干缩性。这些特性使其更适合于抗冻、耐磨要求或干燥环境中的结构工程以及道路、地面工程。

**4. 耐腐蚀性差**

硅酸盐水泥水化后含有较多的氢氧化钙和水化铝酸钙，耐软水侵蚀和抗化学腐蚀性差，所以不宜用于受流动及压力水作用的混凝土工程，也不宜用于受海水、矿物水等腐蚀性作用的工程。

**5. 抗碳化性能好**

空气中的二氧化碳与水泥石中的氢氧化钙反应生成碳酸钙的过程叫碳化。硅酸盐水泥水化后氢氧化钙含量较多，故水泥石的碱度不易降低，对埋于其中的钢筋有较强的保护作用，所以特别适合于重要的钢筋混凝土结构和预应力钢筋混凝土工程，也适合用于空气中二氧化碳浓度高的环境。

**6. 耐热性较差**

随着温度的升高，硅酸盐水泥的硬化结构中的某些组分会产生较明显的变化。环境温度为 100～250℃ 时，由于尚存的游离水在较高温度下会使其产生额外水化作用，而且脱水后的水泥凝胶体与部分氢氧化钙结晶体对水泥具有加强作用，这将使水泥石的强度有所提高。当温度达到 250～300℃ 时，其中部分结晶体水化物开始脱水，致使水泥石结构产生收缩，强度受到影响而开始下降。当受热温度达到 400～600℃ 时，其水泥中的部分矿物将会产生明显的晶型转变或分解，导致其结构强度显著下降。当温度达到 700～1000℃ 时，其水泥石结构会遭到严重破坏，而表现为强度的严重降低，甚至产生结构崩溃。故硅酸盐水泥不适用于耐热性较高的工程。

（二）掺混合材料的硅酸盐水泥的特性与应用

**1. 混合材料**

磨制水泥时掺入的人工的或天然的矿物材料称为混合材料。混合材料按其性能不同分为活性混合材料和非活性混合材料。

（1）活性混合材料　活性混合材料是具有火山灰性或潜在的水硬性，或兼有火山灰性和潜在水硬性的矿物质材料。

火山灰性，是指磨细的矿物质材料和水拌和成浆后，单独不具有水硬性，但在常温下与外加的石灰水拌和后的浆体，能形成具有水硬性化合物的性能，如火山灰、硅藻土、粉煤灰等具有这种性能。

潜在水硬性，是指该类矿物质材料只需在少量外加剂的激发条件下，即可利用自身溶出的化学成分，生成具有水硬性的化合物，如粒化高炉矿渣等具有这种性能。

① 粒化高炉矿渣。高炉冶炼生铁时，浮在铁水表面的熔融物（主要成分是硅酸钙和铝酸钙），经急冷处理而成的粒径为 0.5～5mm 的疏松颗粒材料，称为粒化高炉矿渣。

粒化高炉矿渣是以玻璃体为主的矿物，其中，玻璃体含量达 80% 以上；其主要化学成分为 $CaO$、$SiO_2$ 和 $Al_2O_3$ 等，另外还有少量的 $MgO$、$Fe_2O_3$ 及其他杂质。由于粒化高炉矿渣具有较高的化学潜能而表现为在激发条件下有较强的化学活性。它们的活性主要来自玻璃体结构中的活性 $SiO_2$ 和 $Al_2O_3$，其活性通常表现为在水泥水化后形成的饱和石灰或石膏溶液中产生明显的二次水化反应，从而生成水化硅酸钙、水化铝酸钙等新的水化产物。这些新的水化物可改善水泥的某些性能。

② 火山灰质混合材料。火山灰质混合材料按其成因可分为天然的和人工的两类。天然的火山灰质混合材料包括火山灰（火山喷发形成的碎石屑）、凝灰岩（由火山灰质作用而形成的岩石）、浮石（火山喷出时形成的玻璃质多孔岩石）、沸石（凝灰岩经环境介质作用而形成的一种以含水铝硅酸盐矿物为主的多孔岩石）和硅藻土（由极细的硅藻介壳聚集、沉积而成的矿物）等。人工的火山灰质混合材料包括燃烧过的煤矸石、烧页岩、烧黏土和炉渣等。火山灰质混合材料的活性成分也是活性 $SiO_2$ 和 $Al_2O_3$，它们必须有激发剂存在时才能具有水硬性。

③ 粉煤灰。粉煤灰是火力发电厂等以煤为燃料的燃煤炉中所收集的灰渣。在高温悬浮的燃烧过程中，煤粉所含的黏土质矿物熔融，在表面张力作用下形成液滴，在排出炉外时经过急速冷却，即为粒径为 $1～50\mu m$ 的微细球形玻璃体颗粒，呈灰白到黑色，主要成分是 $SiO_2$ 和 $Al_2O_3$，含少量 $CaO$。其性能与火山灰质混合材料相同，也属于火山灰质混合材料。

粉煤灰的矿物组成主要是铝硅玻璃体，也是粉煤灰具有活性的主要组成部分，玻璃体含量越多，其活性越高；烧失量（粉煤灰中未燃尽的煤的含量）越低，活性也越高。我国规定，粉煤灰的烧失量不应大于 8%，过大时可用浮选法等处理，以改善质量。

（2）非活性混合材料　凡不具有活性或活性很低的人工或天然矿物质材料经粉磨而成的细粉，且掺入后对水泥无不利影响的材料称为非活性混合材料。水泥中掺加非活性混合材料主要是起调节水泥强度等级、降低水化热、增加水泥产量等作用。

常用的非活性混合材料有活性指标较低的粒化高炉煤渣、粒化高炉矿渣粉、粉煤灰、火山灰质混合材料；石灰石和砂岩等磨成的细粉（其中石灰石中的三氧化铝含量不应大于 2.5%）。

硅酸盐水泥熟料中，掺加一定量混合材料制成水泥，不仅可以调节水泥的强度等级、增加产量、降低成本，还可以调整水泥的性能，扩大水泥品种，满足不同工程的需要。

根据所加混合材料的种类和数量，即可制得六大种通用硅酸盐水泥。

**2. 普通硅酸盐水泥**

普通硅酸盐水泥简称为普通水泥，是指组分（熟料和石膏）80%～95%，掺加 5%～20% 的粉煤灰、粒化高炉矿渣或火山灰等活性混合材料，其中允许用不超过水泥质量 8% 的非活性混合材料或不超过水泥质量 5% 的窑灰来代替活性混合材料，共同磨细制成的水硬性胶凝材料，代号 P·O。

普通硅酸盐水泥中，混合材料的掺加量较少，绝大部分仍是硅酸盐水泥熟料，故其性能特征和应用范围与同强度等级的硅酸盐水泥相近。但由于掺入了少量混合材料，因此与硅酸盐水泥相比，普通水泥的早期硬化速度稍慢，3d 强度稍低，抗冻性与耐磨性也稍差，水化热略低，耐腐蚀性稍好。

国家标准规定：普通硅酸盐水泥的细度同硅酸盐水泥一样，用比表面积表示，根据规定应不小于 $300m^2/kg$；初凝时间不小于 45min；终凝时间不大于 600min；体积安定性必须合格。

普通硅酸盐水泥被广泛用于各种混凝土或钢筋混凝土工程，是我国目前主要的水泥品种之一。

### 3. 矿渣硅酸盐水泥

矿渣硅酸盐水泥简称为矿渣水泥。矿渣硅酸盐水泥有两个品种，一种是组分（熟料和石膏）≥50%且<85%，掺加>20%且≤50%的活性混合材料粒化高炉矿渣，其中允许用不超过水泥质量 8% 的其他活性混合材料、非活性混合材料或窑灰中的任一种代替，代号 P·S·A；另一种是组分（熟料和石膏）≥30%且<50%，掺加>50%且≤70%的活性混合材料粒化高炉矿渣，其中允许用不超过水泥质量 8% 的其他活性混合材料、非活性混合材料或窑灰中的任一种代替，代号为 P·S·B。

矿渣水泥加水后，水化反应过程是分两步进行的。首先是水泥熟料颗粒开始水化，然后矿渣受熟料水化时所析出的 $Ca(OH)_2$ 和外掺石膏的激发，活性 $SiO_2$、$Al_2O_3$ 即与 $Ca(OH)_2$ 作用形成具有胶凝性能的水化硅酸钙和水化铝酸钙。

矿渣水泥加入的石膏，一方面可调节水泥的凝结时间，另一方面又是矿渣的激发剂。因此，石膏的掺量一般比硅酸盐水泥中稍多一些。但若掺量太多，也会降低水泥的质量。国家标准中规定，矿渣水泥中的 $SO_3$ 含量不得超过 4.0%。

矿渣水泥的密度一般为 $2.8\sim3.0g/cm^3$，较硅酸盐水泥略小，颜色也较淡。由于矿渣硅酸盐水泥中水泥熟料含量比硅酸盐水泥少，并掺有大量的粒化高炉矿渣。因此与硅酸盐水泥相比，矿渣硅酸盐水泥的性能及应用具有以下特点。

（1）早期强度低，后期强度增长率大　矿渣水泥中活性 $SiO_2$、$Al_3O_2$ 与 $Ca(OH)_2$ 的化合反应在常温下进行得较缓慢，故矿渣水泥早期硬化较慢，其早期（28d 以前）强度较同强度等级的硅酸盐水泥及普通水泥为低；到后期随着水化硅酸钙凝胶数量的增多，28d 以后的强度将超过强度等级相同的硅酸盐水泥。矿渣掺入量越多，早期强度越低，后期强度增长率大。此外，矿渣硅酸盐水泥的水化反应对温度敏感，提高养护温度、湿度，有利于强度发展。若采用蒸汽养护，强度增长较普通硅酸盐水泥快，且后期强度仍能很好地增长。故矿渣硅酸盐水泥不宜用在温度较低、养护条件差的工程。

（2）水化热低　矿渣硅酸盐水泥中，熟料较少，相对降低了 $C_3S$ 和 $C_3A$ 的含量，水化和硬化过程较慢，因此水化热比普通硅酸盐水泥小，宜用于大体积工程。

（3）抗软水及硫酸盐腐蚀的能力较强　矿渣硅酸盐水泥中水泥熟料相对减少，$C_3S$ 和 $C_3A$ 的含量也随之减少，其水化所析出的 $Ca(OH)_2$ 比硅酸盐水泥少，而且矿渣中活性 $SiO_2$、$Al_2O_3$ 与 $Ca(OH)_2$ 作用又消耗了大量的 $Ca(OH)_2$，这样水泥中 $Ca(OH)_2$ 就更少了，因此提高了抗软水及硫酸盐腐蚀的能力。故矿渣硅酸盐水泥适用于溶出性和硫酸盐侵蚀的水工建筑工程、海港工程和地下工程。

（4）环境温度对凝结硬化的影响较大　矿渣水泥在较低温度下，凝结硬化较硅酸盐水泥及普通水泥缓慢，故冬季施工时，更需要加强保温养护措施。但在湿热条件下，矿渣水泥的强度发展很快，故适合于蒸汽养护。

（5）保水性差、泌水性较大　水泥加水拌和后，水泥浆体能够保持一定量的水分而不析出的性能，称为保水性。当加水量超过保水能力时，在凝结过程中将有部分水从浆体中析出，这种析出水分的性能，称为泌水性或析水性。由于矿渣在与熟料共同粉磨过程中，颗粒难以磨得很细，且矿渣玻璃质结构亲水性较弱，因而矿渣水泥的保水性较差，泌水性较大。这是一个缺点，它易使混凝土内形成毛细管通道，当水分蒸发后，便形成孔隙，降低混凝土的密实性、均匀性及抗渗性。

（6）耐热性较强　矿渣硅酸盐水泥中的 $Ca(OH)_2$ 含量较低，且矿渣本身又是水泥的耐热掺料，故具有较好的耐热性，适用于高温车间、高炉基础等耐热工程。还可掺入耐火砖粉等配制成耐热混凝土。

（7）干缩性较大　矿渣硅酸盐水泥中混合材料掺入较大，且磨细粒化高炉矿渣有尖锐棱角，故标准稠度需水量较大，保持水分能力较差，泌水性较大，因而干缩性较大，如养护不当，则易产生裂缝。

（8）抗碳化能力较差　用矿渣水泥拌制的砂浆及混凝土，由于水泥石中氢氧化钙碱度较低，因而表层的碳化作用进行得较快，碳化深度也大。这对钢筋混凝土极为不利，因为当碳化深入到钢筋的表面时，就会导致钢筋的锈蚀，最后使混凝土产生顺筋裂纹。

（9）抗冻性和耐磨性较差　矿渣水泥抗冻性及耐磨性均较硅酸盐水泥和普通水泥差，因此，矿渣水泥不宜用于严寒地区水位经常变动的部位，也不宜用于受高速夹砂水流冲刷或其他具有耐磨要求的工程。

**4. 火山灰硅酸盐水泥**

火山灰硅酸盐水泥简称为火山灰水泥，是指组分（熟料和石膏）≥60％且＜80％，掺加＞20％且≤40％的火山灰质活性混合材料磨细制成的水硬性胶凝材料，代号为 P·P。

火山灰水泥的许多性能，如抗侵蚀性、水化时的发热量、强度及其增长率、环境温度对凝结硬化的影响、碳化速度等，都与矿渣水泥有相同的特点。

① 火山灰水泥凝结硬化缓慢，早期强度低，后期强度高。火山灰水泥的水化和硬化过程及水化产物均与矿渣水泥相类似。火山灰水泥的凝结硬化过程对环境温度、湿度变化较为敏感，故火山灰水泥宜用蒸汽或压蒸养护，不宜用于有早强要求高及低温工程中。

② 火山灰水泥具有良好的抗渗性、耐水性及一定的抗腐蚀能力。火山灰水泥在硬化过程中形成了大量的水化硅酸钙凝胶，提高了水泥石的致密程度，从而提高了抗渗性、耐水性及抗硫酸性，且由于氢氧化钙含量低，因而有良好的抗淡水侵蚀性。故火山灰水泥宜用于抗渗性要求较高的工程。但是当混合材料中活性氧化铝含量较多时，则抗硫酸盐腐蚀能力较差。

③ 火山灰水泥保水性差，在干燥环境中将由于失水而使水化反应停止，强度不再增长，且由于水化硅酸钙凝胶的干燥将产生收缩和内应力，使水泥石产生很多细小的裂缝。在表面则由于水化硅酸钙抗碳化能力差，使水泥石表面产生"起粉"现象。因此，火山灰水泥不宜用于干燥环境中的地上工程。

④ 火山灰水泥具有较低的水化热，适用于大体积工程。

此外，这种水泥需水量大，收缩大，抗冻性差。使用时需引起注意。

**5. 粉煤灰硅酸盐水泥**

粉煤灰硅酸盐水泥简称粉煤灰水泥，是指组分（熟料和石膏）≥60％且＜80％，掺加＞20％且≤40％的粉煤灰活性混合材料磨细制成的水硬性胶凝材料，代号为 P·F。

粉煤灰水泥的细度、终凝时间及体积安定性等的技术要求与普通硅酸盐水泥相同。

粉煤灰水泥的凝结硬化过程与火山灰水泥基本相同，在性能上也与火山灰水泥有很多相似之处，如水化热小，抗硫酸盐腐蚀能力强及抗冻性差等特点。我国国家标准《通用硅酸盐水泥》（GB 175—2007）把粉煤灰水泥列为一个独立的水泥品种，是因为一方面粉煤灰的综合利用有着重要的政治经济意义；另一方面粉煤灰水泥在性能上有它独自的特点。

① 粉煤灰水泥的凝结硬化慢，早期强度低，后期强度高甚至可以赶上或明显超过硅酸盐水泥。粉煤灰活性越高，细度越细，则强度增长速度越快。因此，这种水泥宜用于承受荷载较迟的工程。

② 粉煤灰比表面积较小，吸附水的能力较小，因而这种水泥干缩小，抗裂性较强。

③ 粉煤灰水泥泌水较快，易引起失水裂缝，故应在硬化早期加强养护，并采取一定的工艺措施。

粉煤灰水泥除同样能用于工业与民用建筑外，还非常适用于大体积混凝土以及水中结构、海港工程等。但粉煤灰水泥水化产物的碱度低，不宜用于有抗碳化要求的工程。

### 6. 复合硅酸盐水泥

复合硅酸盐水泥简称为复合水泥，是指组分（熟料和石膏）≥50%且<80%，掺加两种（或两种以上）的活性或非活性混合材料，且掺加量>20%且≤50%，其中，允许用不超过水泥质量 8%的窑灰代替，磨细制成的水硬性胶凝材料，代号为 P·C。掺矿渣时，混合材料掺量不得与矿渣硅酸盐水泥重复。

用于掺入复合水泥的混合材料有多种。除符合国家标准的粒化高炉矿渣、粉煤灰及火山灰质混合材料外，还可掺用符合标准的粒化精炼铁渣、粒化增钙液态渣及各种新开辟的活性混合材料以及各种非活性混合材料。因此，复合水泥更加扩大了混合材料的使用范围，既利用了混合材料资源，缓解了工业废渣的污染问题，又大大降低了水泥的生产成本。

复合硅酸盐水泥同时掺入两种或两种以上的混合材料，它们在水泥中不是每种混合材料作用的简单叠加，而是相互补充。如矿渣与石灰石复掺，使水泥既有较高的早期强度，又有较高的后期强度增进率；又如火山灰和矿渣复掺，可有效地减少水泥的需水性。水泥中同时掺入两种或多种混合材料，可更好地发挥混合材料各自的优良特性，使水泥性能得到全面改善。

矿渣水泥、火山灰水泥、粉煤灰水泥和复合水泥的凝结时间要求与普通水泥一样；但细度以筛余百分率表示，根据国家标准规定，$80\mu m$ 或 $45\mu m$ 方孔筛筛余百分率应不大于10%或30%；火山灰水泥、粉煤灰水泥、复合水泥和掺火山灰质混合材料的普通硅酸盐水泥在进行胶砂强度检测时，其用水量按 0.50 水灰比和胶砂流动度不小于 180mm 来确定。当流动度小于 180mm 时，须以 0.01 的整数倍递增的方法将水灰比调整至胶砂流动度不小于180mm；其强度要求见表 3-3。

不同品种的通用硅酸盐系水泥适用环境与选用原则见表 3-4。

表 3-4　不同品种的通用硅酸盐系水泥适用环境与选用原则

| 类型 | | 工程特点及所处环境 | 优先选用 | 可以选用 | 不宜选用 |
|---|---|---|---|---|---|
| 普通混凝土 | 1 | 在一般气候环境中混凝土 | 普通水泥 | 矿渣水泥、火山灰水泥、粉煤灰水泥、复合水泥 | — |
| | 2 | 在干燥环境中混凝土 | 普通水泥 | 矿渣水泥 | 火山灰水泥 |
| | 3 | 在高湿环境中或长期处于水中的混凝土 | 矿渣水泥、火山灰水泥、粉煤灰水泥、复合水泥 | 普通水泥 | |
| | 4 | 大体积混凝土 | 矿渣水泥、火山灰水泥、粉煤灰水泥、复合水泥 | — | 硅酸盐水泥、普通水泥 |

续表

| 类型 | | 工程特点及所处环境 | 优先选用 | 可以选用 | 不宜选用 |
|---|---|---|---|---|---|
| 有特殊要求的混凝土 | 1 | 要求快硬、高强的混凝土 | 硅酸盐水泥 | 普通水泥 | 矿渣水泥、火山灰水泥、粉煤灰水泥、复合水泥 |
| | 2 | 严寒地区的露天混凝土,寒冷地区处于水位升降范围内的混凝土 | 普通水泥 | 矿渣水泥(强度等级＞32.5) | 火山灰水泥 |
| | 3 | 严寒地区处于水位升降范围内的混凝土 | 普通水泥(强度等级＞42.5) | — | 矿渣水泥、火山灰水泥、粉煤灰水泥、复合水泥 |
| | 4 | 有抗渗要求的混凝土 | 普通水泥 | — | 矿渣水泥 |
| | 5 | 有耐磨性要求的混凝土 | 硅酸盐水泥、普通水泥 | 矿渣水泥(强度等级＞32.5) | 火山灰水泥、粉煤灰水泥 |
| | 6 | 受侵蚀性介质作用的混凝土 | 矿渣水泥、火山灰水泥、粉煤灰水泥、复合水泥 | — | 硅酸盐水泥、普通水泥 |

## 二、特性水泥的性能与应用

特性水泥的品种很多,这里仅介绍土木工程、房屋维修工程中常用的几种。

### (一) 快硬硅酸盐水泥

快硬硅酸盐水泥简称为快硬水泥,是以硅酸钙为主要成分的硅酸盐水泥熟料,加入适量的石膏,磨细制成的一种早强快硬的水硬性胶凝材料。

根据国家标准规定,快硬水泥初凝时间不得早于 45min,终凝时间不得迟于 10h。按 3d 胶砂抗压强度,划分为 32.5、37.5、42.5 三个强度等级,各强度等级 1d、3d、28d 强度要求见表 3-5。

表 3-5　快硬硅酸盐水泥各龄期强度值

| 强度等级 | 抗压强度/MPa | | | 抗折强度/MPa | | |
|---|---|---|---|---|---|---|
| | 1d | 3d | 28d | 1d | 3d | 28d |
| 32.5 | 15.0 | 32.5 | 52.5 | 3.5 | 5.0 | 7.2 |
| 37.5 | 17.0 | 37.5 | 57.5 | 4.0 | 6.0 | 7.6 |
| 42.5 | 19.0 | 42.5 | 62.5 | 4.5 | 6.4 | 8.0 |

由于快硬硅酸盐水泥的熟料矿物组成中,$C_3A$ 及 $C_3S$ 的含量较多,且粉磨细度较细,故该水泥具有硬化较快、早期强度较高等特点。可用来配制早强、高强混凝土、低温条件下高强度混凝土预制构件以及用于紧急抢修工程。

快硬水泥易吸收空气中的水蒸气,所以贮运时需特别注意防潮,并应及时使用,不宜久存。从出厂日起不得超过 1 个月,超过一个月应重新检验,合格后方可使用。

### (二) 铝酸盐水泥

以铝矾土及石灰石为原料,经高温煅烧,得到以铝酸钙为主要成分的铝酸盐水泥熟料,磨细制成的水硬性胶凝材料,称为铝酸盐水泥(原名高铝水泥),又名快硬高强铝酸盐水泥或矾土水泥。代号为 CA。

根据《铝酸盐水泥》(GB 201—2015) 规定,铝酸盐水泥按 $Al_2O_3$ 含量分为 CA-50、CA-60、CA-70、CA-80 四个品种。CA-50 $Al_2O_3$ 含量为：$50\% \leqslant Al_2O_3 < 60\%$；CA-60 $Al_2O_3$ 含量

为：$60\% \leqslant Al_2O_3 < 68\%$；CA-70 $Al_2O_3$ 含量为：$68\% \leqslant Al_2O_3 < 77\%$；CA-80 $Al_2O_3$ 含量为：$Al_2O_3 \geqslant 77\%$。

**1. 物理性能与强度等级**

（1）细度　比表面积不得小于 $300m^2/kg$，或 $45\mu m$ 筛余百分率不得超过 $20\%$。

（2）凝结时间　CA-50、CA-70、CA-80 的初凝时间不得早于 30min，终凝时间不得迟于 6h；CA-60 的初凝时间不得早于 60min，终凝时间不得迟于 18h。

（3）强度　各龄期的铝酸盐水泥胶砂强度值不得低于表 3-6 规定的数值。

表 3-6　铝酸盐水泥胶砂强度（GB 201—2015）

| 水泥类型 | 抗压强度/MPa | | | | 抗折强度/MPa | | | |
|---|---|---|---|---|---|---|---|---|
| | 6h | 1d | 3d | 28d | 6h | 1d | 3d | 28d |
| CA-50 | 20① | 40 | 50 | — | 3.0① | 5.5 | 6.5 | — |
| CA-60 | — | 20 | 45 | 85 | — | 2.5 | 5.0 | 10.0 |
| CA-70 | — | 30 | 40 | | — | 5.0 | 6.0 | |
| CA-80 | — | 20 | 30 | | — | 4.0 | 5.0 | |

① 当用户需要时，生产厂应提供结果。

**2. 性能特点**

（1）早期强度高，后期强度增长不明显　铝酸盐水泥的水化产物主要是含水铝酸一钙（$CaO \cdot Al_2O_3 \cdot 10H_2O$，简写为 $CAH_{10}$）、含水铝酸二钙（$C_2AH_8$）和铝胶（$AH_3$）。水化产物 $CAH_{10}$ 与 $C_2AH_8$ 为针状或板状结晶，能相互交织成坚固的结晶共生体、析出的氢氧化铝凝胶（$Al_2O_3 \cdot 3H_2O$）难溶于水，填充于晶体骨架中的空隙中，形成比较致密的结构，使水泥石获得很高的强度，经 $5\sim7d$ 后，水化物的数量很少增加。因此，铝酸盐水泥的早期强度增长很快，24h 即可达到极限强度的 $80\%$ 左右，但后期强度增长不显著。尤其是在高于 30℃湿热环境下，强度下降得更快。

（2）水化热大　铝酸盐水泥主要成分是铝酸钙，故水化放热量大，且集中在水化初期，1d 内即可放出水化热总量的 $70\%\sim80\%$。

（3）抗硫酸盐侵蚀性强　由于铝酸盐水泥水化产物中没有 $Ca(OH)_2$，所以，铝酸盐水泥抗硫酸盐侵蚀性强，但抗碱性差。

（4）耐热性好　因为高温下产生固相反应，烧结代替水化，使得铝酸盐水泥在高温下仍能保持较高的强度。

**3. 应用**

铝酸盐水泥宜用于要求早期强度高的紧急抢修工程及寒冷地区冬季施工的混凝土工程；如用耐火的粗、细骨料，可制成使用温度达到 $1300\sim1400$℃的耐火混凝土等。

铝酸盐水泥不适合用蒸汽养护；严禁与硅酸盐水泥或石灰混杂在一起，也不得与尚未硬化的硅酸盐水泥混凝土接触使用。

**（三）中、低热硅酸盐水泥及低热矿渣硅酸盐水泥**

以适当成分的硅酸盐水泥熟料，加入适量石膏，磨细制成的具有中等水化热的水硬性胶凝材料，称为中热硅酸盐水泥（简称中热水泥），代号 P·MH。

以适当成分的硅酸盐水泥熟料，加入适量石膏，磨细制成的具有低水化热的水硬性胶凝材料，称为低热硅酸盐水泥（简称低热水泥），代号 P·LH。

以适当成分的硅酸盐水泥熟料，加入矿渣、适量石膏，磨细制成的具有低水化热的水硬性胶凝材料，称为低热矿渣硅酸盐水泥（简称低热矿渣水泥），代号 P·SLH。水泥中矿渣掺量为 20％～60％（质量分数）。允许用不超过混合材料总量 50％的磷渣或粉煤灰代替部分矿渣。

为了减少水泥的水化热及降低放热速率，特限制中热水泥熟料中 $C_3A$ 的含量不得超过 6％，$C_3S$ 的含量不得超过 55％，低热矿渣水泥熟料中 $C_3A$ 的含量不得超过 8％。在细度要求上，80μm 方孔筛上的筛余百分率不得超过 12％；初凝时间不得早于 60min，终凝时间不得迟于 12h；水泥安定性必须合格。中、低热硅酸盐水泥及低热矿渣硅酸盐水泥强度等级及各龄期强度指标见表 3-7，各龄期水化热上值见表 3-8。

表 3-7　中、低热硅酸盐水泥及低热矿渣硅酸盐水泥强度值

| 品种 | 强度等级 | 抗压强度/MPa | | | 抗折强度/MPa | | |
|---|---|---|---|---|---|---|---|
| | | 3d | 7d | 28d | 3d | 7d | 28d |
| 中热硅酸盐水泥 | 42.5 | 12.0 | 22.0 | 42.5 | 3.0 | 4.5 | 6.5 |
| 低热硅酸盐水泥 | 42.5 | — | 13.0 | 42.5 | — | 3.5 | 6.5 |
| 低热矿渣硅酸盐水泥 | 32.5 | — | 12.0 | 32.5 | — | 3.0 | 5.5 |

表 3-8　中、低热硅酸盐水泥及低热矿渣硅酸盐水泥水化热值

| 品种 | 强度等级 | 水化热/(kJ/kg) | |
|---|---|---|---|
| | | 3d | 7d |
| 中热硅酸盐水泥 | 42.5 | 251 | 293 |
| 低热硅酸盐水泥 | 42.5 | 230 | 260 |
| 低热矿渣硅酸盐水泥 | 32.5 | 197 | 230 |

中、低热硅酸盐水泥主要用于大坝溢流面或大体积建筑物的面层和水位变动区等部位，要求较低水化热和较高耐磨性、抗冻性的工程；低热矿渣硅酸盐水泥主要适用于大坝或大体积建筑物内部及水下等要求低水化热的工程。

### （四）白色硅酸盐水泥和彩色硅酸盐水泥

#### 1. 白色硅酸盐水泥

根据《白色硅酸盐水泥》（GB/T 2015—2017）规定，以适当成分的生料，烧至部分熔融，所得以硅酸钙为主要成分，氧化铁含量少的硅酸盐水泥熟料，加入适量石膏及 0～10％（质量分数）的石灰石或窑灰，磨细制成的水硬性胶凝材料，称为白色硅酸盐水泥（简称"白水泥"）。代号 P·W。水泥粉磨时，允许加入不损害水泥性能的助磨剂，加入量不超过水泥质量的 1％。

通用硅酸盐水泥呈暗灰色，主要是含有较多的氧化铁，随着氧化铁含量的增加而颜色变深。

（1）白色硅酸盐水泥的生产及要求　通常，白色硅酸盐水泥中铁含量只有普通水泥的 1/10 左右。为满足工程对水泥颜色的要求，白色硅酸盐水泥在生产时应严格控制水泥原料的含铁量，并严防在生产过程中混入铁质物质。此外，由于钛、锰、铬等的氧化物也会导致水泥白度的降低，故在生产中亦应控制其含量。显然，白色硅酸盐水泥与通用硅酸盐水泥的生产原理与方法基本相同，只是对原材料的要求有所不同。生产白色硅酸盐水泥所用石灰石及黏土原料中的氧化铁含量应分别低于 0.1％和 0.7％。为此，常用的黏土质原料主要有高岭土、瓷石、白泥、石英砂等，石灰岩质原料则多采用白垩。

为防止有色物质对水泥的颜色污染，生产中还需要采取一些特殊措施，如选用无灰烬的气体燃体（柴油、重油或酒精等）；在粉磨生料和熟料时，为避免混入铁质，球磨机内壁要镶贴白色花岗岩或高强陶瓷衬板，并采用烧结刚玉、瓷球、卵石等作为研磨体。为提高白色

水泥的白度，对白水泥熟料还需经漂白处理。例如，对刚出窑的红热熟料进行喷水、喷油或浸水，使高价色深的 $Fe_2O_3$ 还原成低价色浅的 $FeO$ 或 $Fe_3O_4$，也可通过提高白色水泥熟料的饱和比（即 KH 值）增加其中游离 $CaO$ 的含量，并使其吸水消解为 $Ca(OH)_2$，适当提高水泥的细度；白色硅酸盐水泥所用石膏多采用高白度的雪花石膏来增强其白度。

（2）白色硅酸盐水泥的技术性质　根据国家标准《白色硅酸盐水泥》（GB/T 2015—2017）规定，白色硅酸盐水泥三氧化硫含量应不超过 3.5%；$80\mu m$ 方孔筛余应不超过 10%；初凝时间应不早于 45min，终凝时间应不迟于 10h；压蒸安定性必须合格。

根据抗压及抗折强度值，白水泥分为 32.5、42.5、52.5 三个强度等级。各龄期强度值见表 3-9。

表 3-9　白色硅酸盐水泥各龄期强度值

| 强度等级 | 抗压强度/MPa | | 抗折强度/MPa | |
| --- | --- | --- | --- | --- |
| | 3d | 28d | 3d | 28d |
| 32.5 | 12.0 | 32.5 | 3.0 | 6.0 |
| 42.5 | 17.0 | 42.5 | 3.5 | 6.5 |
| 52.5 | 22.0 | 52.5 | 4.0 | 7.0 |

白度是反映水泥颜色白色程度的技术参数。白度的检测方法是将白色水泥样品装入压样器中压成表面平整的白板，置于白度仪中所测定的技术指标，以色品指数和明度指数为基数，采用亨特公式计算出白度。根据《白色硅酸盐水泥》（GB/T 2015—2017）规定，白色硅酸盐水泥白度应不低于 87。

根据规定，凡三氧化硫、初凝时间、安定性中任一项不符合标准规定或强度低于最低等级的指标时为废品；凡细度、终凝时间、强度和白度任一项不符合规定的为不合格品，水泥包装标志中水泥品种、生产者名称和出厂编号不全的，也属于不合格品。

**2. 彩色硅酸盐水泥**

彩色硅酸盐水泥是指除灰色的通用水泥及白色水泥之外的硅酸盐水泥。为获得所期望的色彩，可采用烧成法或染色法生产彩色水泥。其中烧成法是通过调整水泥生料的成分，使其烧成后生成所需要的彩色水泥；染色法是将硅酸盐水泥熟料（白水泥熟料或普通水泥熟料）、适量石膏和碱性颜料共同磨细而制成的彩色水泥，也可将矿物颜料直接与水泥粉混合而配制成彩色水泥。

彩色水泥中加入的颜料必须具有良好的大气稳定性和耐久性，不溶于水，分散性好，抗碱性强，不参与水泥水化反应，对水泥的组成和特性无破坏性。常用的颜料有氧化铁（黑、红、褐、黄色）、二氧化锰（黑、褐色）、氧化铬（绿色）、钴蓝（蓝色）等。

白水泥和彩色水泥主要用于建筑物内外面的装饰，如地面、楼面、墙柱、台阶；建筑立面的线条、装饰图案、雕塑等。白色水泥和彩色水泥配以彩色大理石、白云石石子和石英砂作粗细骨料，可拌制出彩色砂浆和彩色混凝土，做成水磨石英钟、水刷石、斩假石等饰面，物美价廉。

（五）膨胀水泥和自应力水泥

一般硅酸盐水泥在空气中硬化时，体积会发生收缩。收缩会导致水泥石结构内产生微裂缝，降低了水泥石结构的密实性，影响结构的抗渗性、抗冻、耐腐蚀等性能。膨胀水泥在硬化过程中体积不会发生收缩，而是略有膨胀，可以解决由于收缩带来的不利后果。

根据在约束条件下产生的膨胀量和用途，分为收缩补偿型膨胀水泥（简称膨胀水泥）及自应力型膨胀水泥（简称自应力水泥）两大类。前者表示水泥水化硬化过程中的体积膨胀，在实用上具有补偿因普通水泥在水化时所产生的收缩，其自应力值小于 2.0MPa，一般为 0.5MPa，其线膨胀率一般在 1% 以下，相当或稍大于一般水泥的收缩；后者表示水泥水化硬化后的体积膨胀，能使砂浆或混凝土在受约束条件下产生可应用的预应力（常称自应力）值不小于 2.0MPa，线膨胀率一般在 1%～3%。

**1. 膨胀水泥的分类**

根据膨胀水泥的基本组成，可分为以下几类。

① 以硅酸盐水泥为主，外加铝酸盐水泥和石膏等膨胀组分配制而成。如膨胀硅酸盐水泥和自应力水泥等。

② 明矾石膨胀水泥。以硅酸盐水泥熟料为主，外加天然明矾石、石膏和粒化高炉矿渣（或粉煤灰）配制而成。

③ 以铝酸盐水泥为基础的膨胀水泥。由铝酸盐水泥熟料和适量石膏配制而成。如石膏矾土膨胀水泥、自应力铝酸盐水泥等。

④ 以铁铝酸盐水泥为基础的膨胀水泥。由铁铝酸盐水泥熟料，加入适量石膏，磨细而成。如膨胀与自应力铁铝酸盐水泥。

⑤ 以硫铝酸盐水泥为基础的膨胀水泥。由硫铝酸盐水泥熟料，加入适量石膏，磨细而成。如膨胀与自应力硫铝酸盐水泥。

**2. 膨胀水泥的特点及作用**

膨胀水泥在硬化过程中具有体积膨胀的特点。其膨胀作用是由于水化过程形成大量膨胀性的物质（如水化硫铝酸钙等）所造成的。由于这一过程是在水泥硬化初期进行的。因此，水化硫铝酸钙等晶体的长大不致引起有害内应力，而仅使硬化的水泥体积膨胀。

膨胀水泥在硬化过程中，形成比较密实的水泥石结构，故抗渗性较高。因此，膨胀水泥又是一种不透水的水泥。

膨胀水泥适用于补偿收缩混凝土结构工程、防渗层及防渗混凝土，构件的接缝及管道接头，结构的加固与补修、固结机器底座和地脚螺栓等。自应力水泥适用于制造自应力钢筋混凝土压力管等。

**（六）抗硫酸盐硅酸盐水泥**

这种水泥简称抗硫酸盐水泥，它的熟料矿物组成主要是限制 $C_3A$ 及 $C_3S$ 的含量。按照抗硫酸盐的性能分为中抗硫水泥（$C_3A<5\%$，$C_3S<55\%$）及高抗硫水泥（$C_3A<3\%$，$C_3S<50\%$）两大类。两类水泥按强度分为 32.5、42.5 两个强度等级。根据国家标准《抗硫酸盐硅酸盐水泥》（GB 748—2005）的规定各龄期强度值要求见表 3-10。

表 3-10　抗硫酸盐水泥各龄期强度值

| 强度等级 | 抗压强度/MPa | | 抗折强度/MPa | |
| --- | --- | --- | --- | --- |
| | 3d | 28d | 3d | 28d |
| 32.5 | 10.0 | 32.5 | 2.5 | 6.0 |
| 42.5 | 15.0 | 42.5 | 3.0 | 6.5 |

这种水泥抗硫酸盐侵蚀的能力很强，同时也具有较强的抗冻性及较低的水化热。适用于同时受硫酸盐侵蚀、冻融和干湿作用的海港工程、水利及地下等工程。

## 三、专用水泥的性能与应用

**（一）砌筑水泥**

砌筑水泥是以活性混合材料或具有水硬性的工业废料为主要原料，加入少量硅酸盐水泥熟料和石膏，经磨细制成的水硬性胶凝材料，代号为 M。其混合材料掺加量按质量分数计应大于50%，允许掺加适量的石灰石或窑灰。

根据国家标准《砌筑水泥》（GB/T 3183—2017）的规定。水泥中三氧化硫含量应不大于3.5%；80μm方孔筛筛余量不大于10.0%；初凝时间不早于60min，终凝时间不迟于12h；用沸煮法检验，应合格；保水率应不低于80%；强度分为12.5、22.5和32.5三个等级，各等级水泥3d、7d、28d龄期强度应不低于表3-11中的数值。

表 3-11　砌筑水泥各龄期强度值

| 强度等级 | 抗压强度/MPa | | | 抗折强度/MPa | | |
|---|---|---|---|---|---|---|
| | 3d | 7d | 28d | 3d | 7d | 28d |
| 12.5 | — | 7.0 | 12.5 | — | 1.5 | 3.0 |
| 22.5 | — | 10.0 | 22.5 | — | 2.0 | 4.0 |
| 32.5 | 10.0 | — | 32.5 | 2.5 | — | 5.5 |

砌筑水泥的强度较低，主要用于工业与民用建筑的砌筑砂浆和内墙抹面砂浆、垫层混凝土等，不能用于钢筋混凝土中。

（二）道路水泥

以道路硅酸盐水泥熟料、0~10%（质量分数）活性混合材料和适量石膏磨细制成的水硬性胶凝材料，称为道路硅酸盐水泥（简称道路水泥），代号为P·R。

由于水泥混凝土要承受高速重载车辆反复的冲击、震动和摩擦作用，要承受各种恶劣气候如夏季高温、冬季冻融等；路面和路基也会经常遭受引起的膨胀反应力等。这些因素都会造成路面易损、耐久性下降。这就要求水泥混凝土路面应具有良好的力学性能，尤其是抗折强度要求要高，还要有足够的抗干缩变形能力和耐磨性。此外，对其抗冻性和抗硫酸盐腐蚀性要求也较高。

为满足以上要求，道路硅酸盐水泥熟料必须含有较多的铁铝酸钙。依据国家标准《道路硅酸盐水泥》（GB/T 13693—2017）规定，铝酸三钙的含量不得大于0.5%，铁铝酸四钙的含量不应小于15.0%，水中游离氧化钙含量不得大于1.0%，游离氧化镁含量不得超过5.0%，三氧化硫含量不得超过3.5%，水泥比表面积为300~450m²/kg，水泥初凝时间不得早于1.5h，终凝时间不得迟于12h，28d干缩率不得大于0.10%，耐磨性以28d磨耗量表示，不得大于3.0kg/m²，安定性用沸煮法检验必须合格。

根据抗压及抗折强度，道路水泥分为7.5和8.5两个强度等级，各龄期的强度值见表3-12。

表 3-12　道路水泥各龄期强度值

| 强度等级 | 抗压强度/MPa | | 抗折强度/MPa | |
|---|---|---|---|---|
| | 3d | 28d | 3d | 28d |
| 7.5 | 21.0 | 42.5 | 4.0 | 7.5 |
| 8.5 | 26.0 | 52.5 | 5.0 | 8.5 |

道路水泥抗折强度高，干缩小，耐磨性好，适用于修筑道路路面和飞机场跑道，也可用于一般土木工程。

**任务实施**

**一、材料准备**

硅酸盐水泥、普通水泥、矿渣水泥、粉煤灰水泥、火山灰水泥、复合水泥样品。

### 二、实施步骤

（1）分组讨论各种水泥的特性及应用。

（2）现有下列混凝土工程和构件的生产任务，选用合理的水泥品种并说明理由。

① 大体积混凝土工程；

② 有抗冻要求的混凝土工程；

③ 有硫酸盐腐蚀的地下工程；

④ 高炉或工业窑炉的混凝土基础；

⑤ 有抗渗（防水）要求的混凝土工程；

⑥ 冬季现浇施工混凝土工程；

⑦ 大跨度结构工程、高强度预应力混凝土工程；

⑧ 采用蒸汽养护的混凝土构件。

## 小　结

水泥是本课程的重点内容之一，它是水泥混凝土最重要的组成材料。

水泥的品种繁多，按用途和性能的不同，分通用水泥（如硅酸盐水泥、普通水泥、粉煤灰水泥、矿渣水泥、火山灰水泥、复合水泥等）、特性水泥（快硬水泥、白水泥、膨胀水泥、中热水泥、低热水泥等）和专用水泥（如砌筑水泥、道路水泥等）三大类。

各种水泥均是以硅酸盐水泥为基础生产出来的。硅酸盐水泥的矿物成分有四种：$C_3S$、$C_2S$、$C_3A$、$C_4AF$；水化产物有水化硅酸钙、水化铝酸钙、水化铁酸钙、水化硫酸钙和氢氧化钙。硅酸盐水泥的技术性质包括密度和堆积密度、细度、标准稠度用水量、凝结时间、体积安定性、强度、水化热、不溶物和烧失量、含碱量等。硅酸盐水泥储存应分别存放，并注意防潮，不宜久存。硅酸盐水泥如使用不当，会受到腐蚀。腐蚀种类有软水腐蚀、盐类腐蚀、酸类腐蚀和强碱腐蚀等，防止水泥石腐蚀方法有三种：合理选用水泥品种、提高水泥石密度、制作保护层。

混合材料有活性混合材料和非活性混合材料。与硅酸盐水泥相比，掺混合材料的硅酸盐水泥具有早期强度低（但后期强度增长较快）、水热化小、抗腐蚀性强、对温度湿度比较敏感等特点。所谓通用水泥即是指硅酸盐水泥和五种掺混合材料的硅酸盐水泥，它们矿物成分比例不同，性能特点各异，适用于不同要求的混凝土和钢筋混凝土工程。使用时，应加强养护。

特性水泥和专用水泥中，快硬水泥和铝酸盐水泥适用于要求早强快硬的紧急抢修工程。要注意的是，铝酸盐水泥不适合用蒸汽护养，且后期强度不增长，甚至会下降。但硅酸盐水泥可配制耐热混凝土。白水泥和彩色水泥更适合有装饰要求的易受潮的结构或部位。中热水泥、低热水泥、低热矿渣水泥及掺混合材料的硅酸盐水泥均适合用于大体积混凝土工程。膨胀水泥如使用恰当，不会引起水泥水化硬化后收缩，可避免混凝土出现收缩裂缝。砌筑水泥强度低，不适合用于钢筋混凝土结构工程。

## 能力训练题

1. 试述硅酸盐水泥熟料的主要矿物组成及其对水泥性能的影响。

2. 硅酸盐水泥的主要水化产物是什么？硬化水泥石的结构怎样？影响水泥石强度的因素有哪些？

3. 试说明下列三种情况是否合适，为什么？

（1）磨细水泥熟料时掺入适量的石膏。

（2）水泥混凝土工程长期处于含硫酸盐的地下水环境中。

（3）工地现场施工时，在水泥中掺入一定量的石膏。

4. 硅酸盐水泥的技术性质包括哪些？如何测定？

5. 何为水泥体积安定性？引起安定性不良的原因是什么？安定性不良的水泥为什么不能用于工程中？

6. 什么是混合材料？在硅酸盐水泥中掺入混合材料有何作用？

7. 硅酸盐水泥、普通水泥、矿渣水泥、火山灰水泥、粉煤灰水泥、复合水泥各有哪些性能特点？各适用于哪些工程？

8. 仓库内有三种白色胶凝材料，分别是生石灰粉、建筑石膏和白水泥，请用简易方法加以辨别。

9. 现有下列工程和构件的生产任务，试优先选用水泥品种，并说明理由。

（1）现浇楼板、梁、柱工程，且为冬季施工。

（2）采用蒸汽养护的预制构件。

（3）紧急抢修工程。

（4）大体积工程。

（5）有硫酸盐腐蚀的地下混凝土工程。

（6）高温车间及其他有耐热要求的混凝土工程。

（7）有抗冻、抗渗要求的混凝土工程。

（8）修补建筑物裂缝。

（9）制作输水管道。

（10）路面混凝土工程。

10. 下列强度等级的水泥品种中，属于早强型水泥的是（ ）。【2019 年二级建造师真题】

    A. P·O 42.5　　　　　　　　　　　B. P·O 42.5R

    C. P·Ⅰ 42.5　　　　　　　　　　　D. P·Ⅱ 42.5

11. 据国家的有关规定，终凝时间不得长于 6.5h 的水泥是（ ）。【2018 年二级建造师真题】

    A. 硅酸盐水泥　　　　　　　　　　B. 普通硅酸盐水泥

    C. 矿渣硅酸盐水泥　　　　　　　　D. 火山硅酸盐水泥

12. 代号为 P·O 的通用硅酸盐水泥是（ ）。【2015 年一级建造师真题】

    A. 硅酸盐水泥　　　　　　　　　　B. 普通硅酸盐水泥

    C. 粉煤灰硅酸盐水泥　　　　　　　D. 复合硅酸盐水泥

13. 水泥的初凝时间指（ ）。【2019 年一级建造师真题】

    A. 从水泥加水拌和起至水泥浆失去可塑性所需的时间

    B. 从水泥加水拌和起至水泥浆开始失去可塑性所需的时间

    C. 从水泥加水拌和起至水泥浆完全失去可塑性所需的时间

    D. 从水泥加水拌和起至水泥浆开始产生强度所需的时间

14.（多选）高性能混凝土不宜采用（ ）。【2019 年一级建造师真题】

    A. 强度等级 32.5 级的硅酸盐水泥　　B. 强度等级 42.5 级的硅酸盐水泥

    C. 强度等级 52.5 级的普通硅酸盐水泥　D. 矿渣硅酸盐水泥

    E. 粉煤灰硅酸盐水泥

# 学习情境四
# 混凝土的检测与配制

▶▶ 知识目标

● 掌握普通混凝土的组成及其原材料的质量控制
● 掌握普通混凝土拌合物的主要技术性质、要求及影响因素
● 掌握硬化后水泥混凝土的主要技术性质、要求及影响因素
● 掌握普通混凝土的配合比设计步骤
● 了解普通混凝土的质量控制
● 了解其他品种混凝土的特点及应用

▶▶ 能力目标

● 会检测混凝土拌合物的和易性
● 能做混凝土标准试块，会检测混凝土强度，并根据混凝土抗压强度，判定混凝土强度等级
● 能按要求进行混凝土配合比设计、试配与调整
● 能根据施工单位给出的混凝土强度历史资料，对混凝土质量进行合格性判定

二维码 4.1

✳ 【引例】

1. 某小学建设砖混结构校舍，11月中旬气温已达零下十几度。因人工搅拌振荡，故把混凝土拌得很稀，木模板缝隙又较大，漏浆严重；同年12月9日，施工者准备内粉刷，拆去支柱，在屋面上用手推车推卸白灰炉渣以铺设保温层，大梁突然断裂，屋面塌落，并砸死屋内两名取暖的小学生。请分析原因。

2. 某住宅一层砖混结构，1月15日浇注，同年3月7日拆模时突然梁断倒塌。施工队队长介绍，混凝土配合比是根据当地经验配制的，体积比 1.5 : 3.5 : 6，即质量比 1 : 2.33 : 4，水灰比为 0.68。现场未粉碎混凝土用回弹仪测试，读数最高仅 13.5MPa，最低为 0。请分析原因。

混凝土是由胶凝材料、粗细骨料、水和外加剂，按适当比例配合，拌制、浇筑、成型后，经一定时间养护，硬化而成的一种人造石材。混凝土是目前世界上用量最大的人工建筑材料，广泛应用于建筑、水利、水电、道路和国防等工程。

混凝土按表观密度大小分类，通常可分为以下几种。

(1) 重混凝土　重混凝土是指表观密度大于 2800kg/m³ 的混凝土。重混凝土常用重晶石、铁矿石、铁屑等作骨料。由于厚重密实，具有不透 X 射线和 γ 射线的性能，故主要用

作防辐射的屏蔽材料。

（2）普通混凝土 普通混凝土的表观密度在 $2000\sim2800kg/m^3$ 之间，一般采用普通的天然砂、石作骨料配制而成，是建筑工程中最常用的混凝土，主要用于各种承重结构。

（3）轻混凝土 轻混凝土是表观密度小于 $1950kg/m^3$ 的混凝土。它可以分为三种：轻骨料混凝土（用膨胀珍珠岩、浮石、陶粒、煤渣等轻质材料作骨料）、多孔混凝土（泡沫混凝土、加气混凝土等）和无砂大孔混凝土（组成材料中不加细骨料）。该混凝土主要用于保温隔热和一些轻质结构。

混凝土按强度等级分类，通常可分为以下几种。

（1）普通混凝土 其抗压强度一般在 60MPa（C60 等级）以下。其中，抗压强度小于 30MPa 的混凝土为低强度等级混凝土，抗压强度为 30～60MPa（C30～C60 等级）的混凝土为中强度混凝土。

（2）高强度混凝土 高强度混凝土抗压强度在 60～100MPa 之间。

（3）超高强混凝土 超高强混凝土抗压强度在 100MPa 以上。

混凝土按所用胶凝材料分类，通常可分为水泥混凝土、沥青混凝土、石膏混凝土、水玻璃混凝土、聚合物混凝土等。其中，水泥混凝土在建筑工程中用量最大、用途最广。

混凝土按生产和施工方法分类，可分为现场浇注混凝土、商品混凝土、泵送混凝土、喷射混凝土、碾压混凝土、真空脱水混凝土和离心密实混凝土。

混凝土按用途分类，可分为结构用混凝土、装饰混凝土、防水混凝土、道路混凝土、防辐射混凝土、耐热混凝土和耐酸混凝土等。

混凝土，特别是水泥混凝土之所以得到广泛应用，是因为其有许多独特的性能特点，这些特点主要反映在以下几个方面。

（1）原材料来源广泛 混凝土组成材料中，砂、石等地方材料占 80% 以上，可就地取材，大大降低了材料生产成本。

（2）拌合物具有良好的可塑性 混凝土可根据工程设计需要，浇筑成任何形状和大小尺寸的构件或结构物。

（3）能与钢筋共同工作 钢筋与混凝土虽为性能迥异的两种材料，但两者却有近乎相等的线膨胀系数，黏结力强，从而使它们各取所长，互相配合，共同工作。

（4）有较高的强度和耐久性 随着科学技术的发展，我国混凝土生产技术也取得了很大进步。在外加剂作用下，可配置出抗压强度达 100MPa 以上的高强和超高强混凝土，并具有较高的抗渗、抗冻、抗腐蚀及抗碳化性能，其使用年限可达数百年之久。

（5）易于施工 混凝土既可进行人工浇注，也可根据不同的工程环境特点灵活采用泵送、喷射等方式施工，必要时可配制自流平混凝土（浇筑后不必人工振动密实，依靠自身大流动性能，自动密实成型，大大减轻了工人的劳动强度）。

混凝土除了以上性能特点外，也存在着自重大、养护周期长、抗拉强度低、热导率大、不耐高温、拆除后再生利用性差等缺点。随着混凝土新功能、新品种的不断开发，这些缺点正在不断被改进或克服。

鉴于建筑工程中，用量最大、用途最广泛的是以水泥为胶凝材料的普通水泥混凝土（简称为普通混凝土），故本情境着重讲述普通混凝土。根据建筑工程项目材料质量控制的相关规定，对进场的预拌混凝土，需检查出场合格证及配套的水泥、砂、石子、外加剂、掺合料等原材料复试报告和合格证、混凝土配合比单、混凝土试件强度报告。

# 任务一  普通混凝土组成材料的验收

 **任务描述**

对配制普通混凝土的各组成材料进行验收，对混凝土用砂、石、水合格与否做出正确判定。普通混凝土是由水泥、砂、石子、水以及外加剂组成。各组成材料性质的优劣，对混凝土各项性质的影响很大。在配制普通混凝土前，需要对各组成材料进行性能测定，将测定结果对照国家标准《建设用砂》（GB/T 14684—2011）、《建设用卵石、碎石》（GB/T 14685—2011）做出合格性判定。测定过程严格按照材料检测的相关步骤和注意事项，细致认真地做好检测工作。通过完成此任务，掌握普通混凝土的组成及其原材料的质量控制，为配制和使用混凝土奠定基础。

 **知识链接**

## 一、混凝土中各组成材料的作用

在混凝土组成材料中，砂、石是骨料，对混凝土起骨架作用，其中小颗粒填充大颗粒的空隙。水泥和水形成水泥浆，包裹在砂粒表面，并填充砂子之间的空隙。水泥浆和砂子形成水泥砂浆，又包裹在石子表面，并填充石子间的空隙。混凝土硬化前，水泥浆起着润滑作用，赋予拌合物一定的流动性，便于施工。混凝土浇筑成型后，水泥水化生成的水化产物将砂石等骨料胶结成整体，渐渐成为坚硬的人造石材，并产生力学强度。混凝土的组织结构见图 4-1。

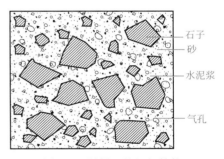

图 4-1  混凝土的组织结构

## 二、混凝土组成材料的技术性质

（一）水泥

水泥在混凝土中起着胶结作用，是混凝土最为重要的组分，直接影响混凝土的强度、耐久性和经济性。所以，在混凝土中要合理选择水泥的品种和强度等级。

**1. 水泥品种的选择**

配制混凝土用的水泥，应根据混凝土工程特点和所处环境，结合各种水泥的不同特性进行选用。常用的水泥品种的选用详见学习情境三的内容。

**2. 水泥强度等级的选择**

配制混凝土所用水泥的强度等级应与混凝土的设计强度等级相适应。原则上，配制高强度等级的混凝土，应选用高强度等级水泥；配制低强度等级的混凝土，应选用低强度等级水泥。对于一般强度混凝土，水泥强度等级宜为混凝土强度等级的 1.5~2.0 倍，对于较高强度等级的混凝土，水泥强度宜为混凝土强度的 0.9~1.5 倍。

若采用高强度等级水泥配制低强度等级混凝土，只需少量的水泥或较大的水灰比就可满足强度要求，但却满足不了施工要求的良好的和易性，使施工困难，并且硬化后的混凝土耐久性较差。因而不宜用高强度等级水泥配制低强度等级的混凝土。若用低强度等级水泥配制高强度等级的混凝土，一是很难达到要求的强度，二是需采用很小的水灰比或者说水泥用量很大，因而硬化后混凝土的干缩变形和徐变变形大，对混凝土结构不利，易于干裂。同时由于水泥用量大，水化放热量也大，对大体积或较大体积的工程也极为不利。此外经济上也不合理。所以不宜用低强度等级水泥配制高强度等级的混凝土。

（二）细骨料——砂

粒径在 0.15～4.75mm 之间的骨料称为细骨料或细集料（砂子）。砂子分为天然砂和人造砂两类。天然砂是岩石自然风化后所形成的大小不等的颗粒，包括河砂、山砂及海砂；人工砂包括机制砂和混合砂。河砂和海砂由于长期受水流的冲刷，颗粒表面比较圆滑、洁净，但海砂中常含有贝壳碎片及可溶性盐等有害杂质。山砂多具棱角，表面粗糙，含泥量及一些有害的有机杂质可能较多。人工砂颗粒尖锐，有棱角，也较洁净，但片状及细粉含量可能较多，成本也高。因此，一般混凝土用砂多采用天然砂较合适。

砂子和石子一样，在混凝土中主要起骨架作用，并抑制水泥硬化后收缩，减少收缩裂缝。砂子和水泥、石子一起共同抵抗荷载。因此，砂和水泥浆，包裹在石子表面，填充石子间的空隙。

根据我国标准《建设用砂》（GB/T 14684—2011）的规定，砂按细度模数（$M_x$）大小分为粗、中、细三种规格；按技术要求分为Ⅰ类、Ⅱ类、Ⅲ类三种类别。

对砂的质量要求主要有以下几个方面。

**1. 有害杂质的含量**

用来配制混凝土的砂，要求清洁不含杂质，以保证混凝土的质量。但实际上砂中常含有云母、硫酸盐、黏土、淤泥等有害杂质，这些杂质黏附在砂的表面，妨碍水泥与砂的黏结，降低混凝土的强度，同时还增加了混凝土的用水量，从而加大了混凝土的收缩，降低了混凝土的耐久性。氯化物容易加剧钢筋混凝土中的钢筋锈蚀，一些硫酸盐、硫化物，对水泥石也有腐蚀作用。因此，应对有害杂质含量加以限制。《建设用砂》（GB/T 14684—2011）对砂中有害杂质含量做了具体规定，见表 4-1。

表 4-1　混凝土用砂有害杂质及坚固性要求

| 项　　目 | | 指标 | | |
| --- | --- | --- | --- | --- |
| | | Ⅰ类 | Ⅱ类 | Ⅲ类 |
| 云母(按质量计)/% | < | 1.0 | 2.0 | 2.0 |
| 轻物质(按质量计)/% | < | 1.0 | 1.0 | 1.0 |
| 有机物(比色法) | | 合格 | 合格 | 合格 |
| 硫化物及硫酸盐(按 $SO_3$ 质量计)/% | < | 0.5 | 0.5 | 0.5 |
| 氯化物(按质量计)/% | < | 0.01 | 0.02 | 0.06 |
| 含泥量(按质量计)/% | < | 1.0 | 3.0 | 5.0 |
| 泥块含量(按质量计)/% | < | 0 | 1.0 | 2.0 |
| 硫酸钠溶液 5 次干湿循环后的质量损失/% | < | 8 | 8 | 8 |

**2. 砂子的坚固性与碱活性**

砂子的坚固性，是指砂子抵抗自然环境对其腐蚀或风化的能力。通常用硫酸钠溶液 5 次干湿循环后的质量损失来表示砂子坚固性的好坏。对砂子的坚固性要求见表 4-1。

砂子若含有活性氧化硅时，可能与水泥中的碱分起作用，产生碱-骨料反应，并使混凝土发生膨胀开裂。因此，通常应选用无活性氧化硅的骨料。

**3. 砂的粗细程度与颗粒级配**

砂的粗细程度和颗粒级配应使所配置混凝土达到设计强度等级和节约水泥的目的。

在砂用量相同的条件下，若砂子过细，则砂子的总表面积较大，需要包裹砂粒表面的水泥浆的数量较多，水泥用量就多；若砂子过粗，虽能少用水泥，但混凝土拌合物黏聚性较差。所以，用于拌制混凝土的砂不宜过粗也不宜过细，应讲究一定的颗粒级配。

由于混凝土中的砂粒之间的空隙是由水泥浆填充的，所以，为了节约水泥，提高混凝土强度，就应尽量减少砂粒之间的空隙。从图4-2可以看出：如果是相同粒径的砂，空隙就大 [图4-2（a）]；用两种不同粒径的砂搭配起来空隙就小了 [图4-2（b）]；用三种以上不同粒径的砂搭配，空隙就更小了 [图4-2（c）]。由此可见，想要减少砂粒的空隙，不宜使用单一粒级的砂，而应使用大小不同颗粒的砂子相互搭配，即选用颗粒级配良好的砂。

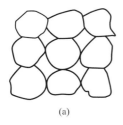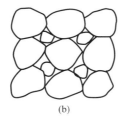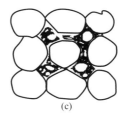

(a)　　　　　　　　　　(b)　　　　　　　　　　(c)

图4-2　砂的不同级配情况

根据国家标准《建设用砂》（GB/T 14684—2011）规定，普通混凝土用砂的细度模数，一般控制在2.0～3.5之间较为适宜。混凝土用砂的颗粒级配，应处于表1-6或图1-3的任何一个级配区，否则认为该砂的颗粒级配不合格。

一般认为，处于Ⅱ区级配的砂，其粗细适中，级配较好；Ⅰ区砂含粗粒较多，属于粗砂，拌制混凝土保水性差；Ⅲ区砂颗粒较细，属于细砂，拌制的混凝土保水性好、黏聚性好，但水泥用量多，干缩大，容易产生微裂缝。

混凝土用砂的级配必须合理。否则难以配置出性能良好的混凝土，当现有的砂级配不良时，可采用人工级配方法加以改善，采取的最简单措施是将粗、细砂按适当比例进行适配，掺和使用。

**（三）粗骨料——石子**

粗骨料一般是指粒径大于4.75mm的岩石颗粒，有卵石和碎石两大类。卵石是由自然破碎、筛分而得。卵石多为圆形，表面光滑，与水泥黏结较差；碎石多棱角，表面粗糙，与水泥黏结较好。当采用相同混凝土配合比时，用卵石拌制的混凝土拌合物流动性较好，但硬化后强度较低；而用碎石拌制的混凝土拌合物流动性较差，但硬化后强度较高。

配制混凝土选用碎石还是卵石要根据工程性质、当地材料的供应情况、成本等各方面综合考虑。

为了保证混凝土的强度和耐久度，《建设用卵石、碎石》（GB/T 14685—2011）对卵石和碎石的各项指标做了具体规定，主要有以下几个方面。

**1. 有害杂质含量**

粗骨料中的有害杂质主要有：黏土、淤泥、硫酸盐及硫化物和一些有机杂质等，这些有害物质对混凝土的危害作用与细骨料中的相同。另外，粗骨料中还可能含有针状（颗粒长度大于相应颗粒平均粒径的2.4倍）和片状（颗粒厚度小于平均粒径的0.4倍），针、片状颗粒易折断，其含量多时，会降低新拌混凝土的流动性和硬化后混凝土的强度。粗骨料中有害杂质及针片状颗粒的允许含量应符合表4-2的规定。

表 4-2　粗骨料中有害杂质及针片状颗粒限制值

| 项　目 | | 指　标 | | |
| --- | --- | --- | --- | --- |
| | | Ⅰ类 | Ⅱ类 | Ⅲ类 |
| 含泥量(按质量计)/% | ≤ | 0.5 | 1.0 | 1.5 |
| 泥块含量(按质量计)/% | ≤ | 0 | 0.5 | 0.7 |
| 有机物 | | 合格 | 合格 | 合格 |
| 硫化物及硫酸盐(按 $SO_3$ 质量计)/% | < | 0.5 | 1.0 | 1.0 |
| 针片状颗粒含量(按质量计)/% | < | 5 | 15 | 25 |

### 2. 强度和坚固性

(1) 强度　粗骨料应质地致密,具有足够的强度。碎石或卵石的强度,可用岩石立方体抗压强度和压碎指标两种方法表示。

岩石立方体抗压强度是用母岩制成 50mm×50mm×50mm 的立方体(或直径与高度均为 50mm 的圆柱体)试件,浸泡水中 48h,待吸水饱和后测其极限抗压强度。岩石立方体抗压强度与设计要求的混凝土强度等级之比,不应低于 1.5。根据标准规定,火成岩试件的强度不应低于 80MPa,变质岩不应低于 60MPa,水成岩不应低于 30MPa。

压碎指标是将一定质量气干状态下粒径为 9.5~19.0mm 的石子装入一定规格的圆桶(图 4-3)内,在压力机(图 4-4)上均匀加荷至 200kN,卸荷后称取试样质量($m_0$),再用孔径 2.36mm 的筛筛除被压碎的碎粒,称取试样的筛余量($m_1$)。压碎指标可用式(4-1)计算:

$$压碎指标 = \frac{m_0 - m_1}{m_0} \times 100\%$$ (4-1)

压碎指标值越小,说明石子的强度越高。对不同强度等级的混凝土,所用石子的压碎指标应满足表 4-3 的要求。

表 4-3　碎石及卵石压碎指标和坚固性指标 (GB/T 14685—2011)

| 项　目 | | 指　标 | | |
| --- | --- | --- | --- | --- |
| | | Ⅰ类 | Ⅱ类 | Ⅲ类 |
| 碎石压碎指标/% | ≤ | 10 | 20 | 30 |
| 卵石压碎指标/% | ≤ | 12 | 14 | 16 |
| 硫酸钠溶液 5 次干湿循环后的质量损失/% | ≤ | 5 | 8 | 12 |

图 4-3　受压试模

图 4-4　压力试验机

对经常性的生产质量控制常用压碎指标值来检验石子的强度。但当在选择石子场，或对粗骨料强度有严格要求，或对质量有争议时，宜用岩石立方体强度进行检验。

（2）坚固性　石子的坚固性是石子在气候、环境变化和其他物理力学因素作用下，抵抗碎裂的能力。为保证混凝土的耐久性，用作混凝土的粗骨料应具有足够的坚固性，以抵抗冻融和自然因素的风化作用。《建设用卵石、碎石》（GB/T 14685—2011）规定：用硫酸钠溶液浸泡法进行坚固性检验，试样经 5 次干湿循环后测其质量损失。具体规定见表 4-3。

**3. 最大粒径和颗粒级配**

（1）最大粒径　粗骨料最大粒径增大时，其表面积减小，有利于节约水泥。因此，应尽可能选用较大粒径的粗骨料。但研究表明，粗骨料最大粒径超过 80mm 后节约水泥的效果就不明显了，同时，选用粒径过大，会给混凝土搅拌、运输、振捣等带来困难，所以需要综合考虑各种因素来确定石子的最大粒径。《混凝土结构工程施工质量验收规范》（GB 50204—2015）从结构和施工的角度，对粗骨料最大粒径做了以下规定：粗骨料的最大粒径不得超过结构截面最小尺寸的 1/4，同时不得超过钢筋间最小净距的 3/4；对混凝土实心板，粗骨料最大粒径允许用板厚的 1/2，但最大粒径不得超过 5mm。对于泵送混凝土，骨料采用连续级配为好，且泵送高度在 50m 以下时，粗骨料最大粒径与输送管内径之比要求碎石不宜大于 1∶3，卵石不宜大于 1∶2.5。泵送高度在 50～100m 时，对碎石不宜大于 1∶4，对卵石不宜大于 1∶3。泵送高度大于 100m 时，对碎石不宜大于 1∶5，对卵石不宜大于 1∶4。

（2）颗粒级配　与细骨料要求一样，粗骨料也应具有良好的颗粒级配，以减少空隙率，节约水泥，提高混凝土的密实度和强度。

粗骨料的颗粒级配分为连续级配和单粒级配，混凝土用粗骨料的颗粒级配应符合表 1-9 的规定。

连续级配是石子粒级呈连续性，即颗粒由大到小，每级石子占一定的比例。连续级配的石子颗粒间粒差小，配制的混凝土和易性好，不易发生离析现象（骨料颗粒下沉，水泥浆上浮）。连续级配是粗骨料最理想的级配形式，目前在建筑中最常用。

单粒级配是人为剔除某些粒级颗粒，从而使粗骨料的级配不连续，又称间断级配。单粒级配中，较大粒径骨料之间的空隙，直接由比它小许多的小颗粒填充，使空隙率达到最小，密度增加，可以节约水泥。但由于颗粒粒径相差较大，混凝土拌合物容易产生离析现象，导致施工困难，一般工程中较少使用，单粒级骨料一般不单独使用，常用两种或两种以上的单粒级组合成连续粒级，也可与连续粒级配合使用。

**（四）拌和及养护用水**

对拌和及养护混凝土用水的质量要求是：不影响混凝土的凝结和硬化，无损于混凝土的强度发展和耐久性，不加快钢筋的锈蚀，不引起应力钢筋脆断，不污染混凝土表面等。《混凝土结构工程施工质量验收规范》（GB 50204—2015）规定，混凝土用水宜优先采用符合国家标准的饮用水。若采用其他水源时，水质要求符合《混凝土用水标准》（JGJ 63—2006）规定，水中各种杂质的含量应符合表 4-4 的规定。

表 4-4　混凝土用水中各种杂质含量限制值

| 项　　目 | | 预应力混凝土 | 钢筋混凝土 | 素混凝土 | 项　　目 | | 预应力混凝土 | 钢筋混凝土 | 素混凝土 |
|---|---|---|---|---|---|---|---|---|---|
| pH 值 | ≥ | 5.0 | 4.5 | 4.5 | 氯化物（按 $Cl^-$ 计）/(mg/L)，≤ | | 500 | 1000 | 3500 |
| 不溶物/(mg/L) | ≤ | 2000 | 2000 | 5000 | 硫酸盐（按 $SO_4^{2-}$ 计）/(mg/L)，≤ | | 600 | 2000 | 2700 |
| 可溶物/(mg/L) | ≤ | 2000 | 5000 | 10000 | 碱含量/(rag/L)，≤ | | 1500 | 1500 | 1500 |

注：1. 碱含量按 $Na_2O+0.658K_2O$ 计算值来表示。采用非碱活性骨料时，可不检验碱含量。

2. 混凝土养护用水可不检测不溶物和可溶物。

（五）混凝土外加剂

混凝土外加剂是指在搅拌过程中掺入的、用以改善混凝土性能的物质，其掺量一般不超过胶凝材料用量的 5％（特殊情况例外）。混凝土外加剂是现代混凝土的一个重要组成部分，它在混凝土中虽然掺量很小，但却能使混凝土的性能得到很大的改善。可以说，正是由于混凝土外加剂的应用和发展，推动了现代混凝土的技术进步，进而推动建筑业的发展。比如：高效减水剂的出现，推动了高强度混凝土的发展，也使得混凝土实现泵送化、自密实化成为可能；引气剂的使用，大大提高了混凝土的抗冻性，以至于现在配制 F300（抗冻融循环达300 次）以上的混凝土不再是一件困难的事；膨胀剂的使用，大大增强了混凝土防裂抗渗性能；防冻剂的使用，大大延长了我国北方地区基本建设可施工期等。随着我国经济建设的快速发展，大力推广和使用外加剂，有着重要的技术和经济意义。

**1. 常用的混凝土外加剂**

（1）减水剂　减水剂是指在保证混凝土坍落度不变的条件下，能减少拌和用水量的外加剂。目前国内使用的减水剂种类繁多。按减水效果差异，可分为普通型和高效型；按凝结时间不同，分标准型、早强型和缓凝型；按是否引气，可分为引气型和非引气型。

① 减水剂的作用机理。常用的减水剂属表面活性物质，其分子结构由亲水基团和憎水基团两部分组成。

水泥加水拌和后，由于水泥颗粒间具有分子引力作用，使水泥浆形成絮凝结构，这种絮凝结构，使 10％～30％的拌合水（游离水）被包裹在其中，如图 4-5（a）所示，从而降低了混凝土拌合物的流动性。当加入适量减水剂后，减水剂分子定向吸附于水泥颗粒表面，使水泥颗粒表面带上电性相同的电荷而产生静电斥力，迫使水泥颗粒分开，絮凝结构解体，被包裹的游离水释放出来，从而有效地增加混凝土拌合物的流动性，如图 4-5（b）所示。当水泥颗粒表面吸附足够的减水剂后，在水泥颗粒表面形成一层稳定的溶剂化水膜，如图 4-5（c）所示，增大了水泥水化面积，促使水泥充分水化，从而提高了混凝土强度。同时，这层膜也是很好的润滑剂，有助于水泥颗粒的滑动，从而使混凝土的流动性进一步提高。

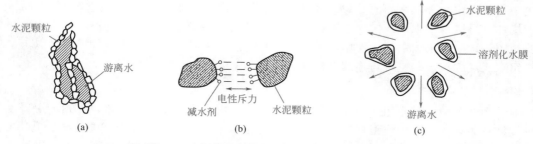

图 4-5　水泥浆的絮凝结构和减水剂作用示意图

② 普通减水剂。普通减水剂是减水率在 5％～10％的减水剂。常用的普通减水剂有木质素磺酸钙（木钙）、木质素磺酸钠（木钠）、木质素磺酸镁（木镁）等。木钙、木钠、木镁统称为木质素系减水剂，它们是以生产纸浆或纤维浆剩余下来的亚硫酸浆废液为原料，采用石灰乳中和，经生物发酵除糖、蒸发浓缩、喷雾干燥而制得的棕黄色粉末，掺量约为胶凝材料质量的 0.2％～0.3％。其技术性能特点见表 4-5。

木质素系减水剂具有缓凝作用。掺和到混凝土中，能降低水灰比，减少单位用水量，提高混凝土的抗渗性、抗冻性、改善混凝土和易性。木质素减水剂的缓凝性和引气性，决定了其只能低掺量使用（适宜掺量一般不超过胶凝材料质量的 0.25％）。否则，缓凝作用过大，有可能使混凝土后期强度降低。

表 4-5　木质素磺酸盐性能比较

| 项　目 | | 木钙 | 木钠 | 木镁 |
|---|---|---|---|---|
| pH 值 | | 4～6 | 9～9.5 | |
| 减水率/% | | 5～8 | 8～10 | 5～8 |
| 引气性/% | | 约 3 | 约 2.5 | 约 2.5 |
| 抗压强度比/% | 3d | 90～100 | 95～105 | 约 100 |
| | 28d | 100～110 | 100～120 | 约 110 |
| 凝结时间/min | 初凝 | 270 | 30 | 0 |
| | 终凝 | 275 | 60 | 30 |

多年来，许多学者致力于对木质素磺酸钙进行改性研究。改性后的木钙其掺量可提高到胶凝材料质量的 0.5%～0.6%，减水率可达 15% 以上，且没有其他不良效果。木质素系减水剂适用于一般混凝土工程，尤其适用于大体积混凝土浇筑、滑模施工、泵送混凝土及夏季施工的混凝土等。在日最低气温低于 5℃ 时，应与早强剂或防冻剂复合使用。

③ 高效减水剂。同普通减水剂相比，高效减水剂具有高减水率、低引气性等特点。自 20 世纪 60 年代初期日本开始应用高效减水剂以来，高效减水剂取得了很大的发展，在世界各国获得了广泛应用。常用的高效减水剂有萘系、蜜胺系、脂肪族系、氨基磺酸盐系和聚羧酸系等。目前，在我国外加剂市场中，相对来说，萘系高效减水剂成本较低、工艺较成熟、对水泥的适应性好，因此用量最大（掺量为水泥质量的 0.5%～1.0%，减水率为 12%～20%），但萘系高效减水剂生产过程易造成环境污染，单纯掺和萘系高效减水剂的混凝土流动性损失加快。聚羧酸系高效减水剂对环境无污染，其掺量小，减水率高（减水率可达 30% 以上，水灰比可降低到 0.25 左右，混凝土抗压强度可达 100MPa 以上），在混凝土流动性损失控制上优于其他高效减水剂，是很有发展前景的一种超塑化剂，在国内发展很快，应用也越来越广。

（2）早强剂　早强剂是指能提高混凝土早期强度，并对后期强度无显著影响的外加剂。根据我国现行规范，混凝土早期强度主要是指龄期为 1d、3d、7d 的强度。早强剂按其化学成分不同，可分为无机盐类、有机物类及复合型早强剂三大类。

1）无机盐类早强剂。这类早强剂中，以氯化物、硫酸盐最为常用。氯化物主要是氯化钠和氯化钙，掺量一般为水泥质量的 0.5%～1.0%，3d 强度可提高 50%～100%，7d 强度可提高 20%～40%；硫酸盐主要有硫酸钠、硫代硫酸钠和硫酸铝等。硫酸盐类早强剂掺量一般为水泥质量的 0.5%～2.0%，掺量为水泥质量的 1.5% 时，达到设计强度 70% 的时间可缩短一半。此外，硝酸盐、碳酸盐、氟硅酸盐和铬酸盐等也均有较明显的早强作用。

2）有机物类早强剂。这类早强剂主要是低级的有机酸盐（甲酸盐、草酸钙等）、三乙醇胺、三异丙醇胺以及尿素等。如使用三乙醇胺作早强剂，其适宜掺量为水泥质量的 0.02%～0.05%，一般不单独使用，常与其他早强剂复合使用。典型的复合型早强剂是三乙醇胺与无机盐类的复合。

3）复合型早强剂。主要是指无机盐类与有机物类，或无机盐类与无机盐类，或有机物类与有机物类之间的复合。复合型早强剂往往比单组分早强剂早强效果好，并能改善单组分早强剂不足，掺量也比单组分早强剂低。

早强剂多用于冬季低温和负温（温度不低于 −5℃）混凝土施工和抢修工程。需要注意以下几点。

① 氯盐类早强剂对钢筋有腐蚀性。因此，在干燥情况下，钢筋混凝土氯离子量不宜大于水泥质量的 0.6%，素混凝土中氯离子量不宜大于水泥质量的 1.8%。预应力混凝土结构、

相对湿度大于 80％环境的钢筋混凝土、使用冷拉钢丝或冷拔低碳钢丝的混凝土，不得使用氯盐类早强剂。

② 硫酸盐类早强剂掺量大时，表面会出现明显的"白霜"，影响混凝土外观。为减轻或避免这种现象，应加强混凝土早期养护，且掺量一般小于水泥质量的 2％。

③ 三乙醇胺也是常用的早强剂之一。掺量过大（＞水泥质量的 0.05％）时，不仅不经济，而且严重影响混凝土凝结时间，甚至发生快凝、后期强度降低等异常现象。

（3）防冻剂　防冻剂是能降低水的冰点，使混凝土在负温下硬化，并在规定养护条件下达到足够防冻强度的外加剂。常用的防冻剂有氯盐（氯化钠、氯化钾）、氯盐阻锈类（以氯盐与亚硝酸钠复合）、无氯盐类（硝酸盐、亚硝酸盐、碳酸盐、乙酸钠或尿素复合）三大类型。

氯盐类防冻剂适用于无筋混凝土；氯盐阻锈类防冻剂可用于钢筋混凝土；无氯盐类防冻剂可用于钢筋混凝土工程和预应力钢筋混凝土工程。使用时，应注意以下几点。

1）混凝土拌合物中冰点的降低与防冻剂液相浓度有关。因此，气温越低，防冻剂的掺量应适当加大。

2）在混凝土中掺加防冻剂的同时，还应注意混凝土其他组成材料的选择及养护措施等。如水泥品种尽可能选择硅酸盐水泥或普通硅酸盐水泥；当防冻剂中含有较多的 $Na^+$、$K^+$ 时，不得使用活性骨料；负温下混凝土表面不得浇水等。

3）在日最低气温为 $-5℃$ 时，可不用防冻剂，采用早强剂或早强减水剂即可。浇筑后的混凝土应采用一层塑料薄膜和两层草袋或其他代用品覆盖养护。

此外，冬季复配防冻剂时，如配比不当，易出现结晶或沉淀，堵塞管道泵而影响混凝土生产或浇筑；某些防冻剂（如尿素）掺量过多时，混凝土会缓慢向外释放出刺激性气体（氨气），使竣工后的建筑室内有害气体含量超标；还有一些防冻剂（如碳酸钾）掺后，混凝土后期强度损失较大。这些现象均应在生产和使用防冻剂时加以注意。

（4）引气剂　引气剂是指在混凝土拌合物搅拌过程中，能引入大量均匀、稳定而封闭的微小气泡（直径在 $10\sim100\mu m$ 之间）的外加剂。引气剂的掺量十分微小，适合掺量仅为水泥质量的 0.005％～0.012％。

目前常用的引气剂主要有松香热聚物、松香皂和烷基苯硫酸盐等。其中，以松香热聚物的效果较好、用得最多，松香热聚物是由松香与硫酸、石碳酸起聚合反应，再经氢氧化钾中和而成。

引气剂属憎水性表面活性剂，由于能显著降低水的表面张力和界面能，使水溶解液在搅拌过程中极易产生许多微小的封闭气泡。同时，因引气剂定向吸附在气泡表面，形成较为牢固的液膜，使气泡稳定而不宜破裂。正是由于大量微小、封闭并均匀分布的气泡存在，使混凝土的某些性能得到明显改善或改变。

1）改善混凝土拌合物的和易性。混凝土内大量微小封闭球状气泡，如同滚珠一样，减少了颗粒间的摩擦阻力，使混凝土拌合物流动性增加。同时，由于水分均匀分布在大量气泡的表面，使能自由移动的水量减少，混凝土拌合物的泌水量大大减少，保水性、黏聚性也随之提高。

2）显著提高混凝土的抗渗性、抗冻性。大量均匀分布的封闭气泡切断了混凝土中的毛细管渗水通道，改变了混凝土的孔结构，使混凝土的抗渗性显著提高。同时，封闭气泡有较大的弹性变形能力，对有水结冰所产生的膨胀应力有一定的缓冲作用，因而混凝土抗冻性也得到提高。

3）降低混凝土强度。由于大量气泡，减少了混凝土有效受力面积，使混凝土强度有所降低。一般的，混凝土含气量每增加 1％，其抗压强度将下降 4％～6％。

引气剂主要用于抗渗混凝土、抗冻混凝土、泌水严重的混凝土、抗硫酸盐混凝土及饰面有要求的混凝土等，不宜用于蒸汽养护的混凝土和预应力混凝土。

（5）缓凝剂　缓凝剂是指能延缓混凝土凝结时间，并对混凝土后期发展无不利影响的外加剂。缓凝剂的品种很多，可以分为有机物和无机物两大类。

常用的有机缓凝剂类如下：

① 木质素类。

② 多羟基化合物、羟基羧酸及其盐类，如蔗糖、糖蜜、葡萄糖、葡萄糖酸钠、柠檬酸、柠檬酸钠、酒石酸、酒石酸钠等。

③ 多元醇及其衍生物，如三乙醇胺、丙三醇、聚乙烯醇、山梨醇等。

常用的无机缓凝剂类有：硼砂、硫酸锌、磷酸三钠、磷酸五钠、六偏磷酸钠、氯化锌等。

缓凝剂主要用于大体积混凝土、炎热气候条件下施工的混凝土、长时间停放及远距离运输的商品混凝土。但要注意的是，无机盐缓凝剂的特点是掺量大，一般为胶凝材料质量的千分之几；而有机物缓凝剂的掺量小，一般为胶凝材料质量的万分之几到十万分之几。不论是无机类还是有机类缓凝剂，如使用不当，均会引起混凝土或水泥砂浆的最终强度降低。此外，不同的缓凝剂与水泥存在适应性问题。实践中，应通过实验选择缓凝剂品种、确定缓凝剂最佳掺量。

有些缓凝剂兼有缓凝、减水功能，如木钠、木钙、糖钙等，称为缓凝型减水剂。

（6）泵送剂　随着商品混凝土的推广，混凝土采用泵送施工越来越普遍。对泵送施工的混凝土必须具有良好的可泵性。泵送剂即是改善混凝土拌合物泵送性能的外加剂。

混凝土泵送剂应具备以下特点。

1）减水率高。多采用高效减水剂，以便降低水灰比的同时，增加混凝土的流动性，减少泵送压力。

2）坍落度损失小。坍落度是反映混凝土拌合物稀稠程度的物理量。坍落度值大，说明混凝土拌合物稀，流动性好。混凝土拌合物从搅拌机出来到施工现场浇筑，这一时间段的坍落度差值，为坍落度损失。混凝土拌合料坍落度的损失应满足输送、泵送、浇筑要求，防止阻塞管道。

3）具有一定引气性。在保证强度不受影响条件下，适当的引气性可减少拌合料与管壁的摩擦阻力，增加拌合料的黏聚性。

4）与水泥有着良好的相容性。混凝土泵送剂一般不是单一组分，而是由功能各异的多种组分（或外加剂）组成。

① 减水组分。可以采用普通型减水剂（主要用于混凝土强度等级较低、坍落度要求不高，且现场拌制和浇筑的混凝土）和高效减水剂（主要用于配制强度等级较高、流动度大、输送距离远的混凝土）。试验表明，在泵送剂中，采用两种或两种以上减水剂复合，可取得超叠加效应，有利于降低成本和改善混凝土的可泵性。

② 缓凝组分。延缓初、终凝时间，降低水化放热速率，降低坍落度损失。主要品种有磷酸盐类、羟基羧基盐类、糖类及多元醇类等。

③ 引气组分。改善和易性，减少泵送阻力，增加黏聚性，提高混凝土抗渗性和抗冻性。主要品种有：松香皂类、松香热聚物类及引气性减水剂等。

④ 保水组分。减少混凝土水分的蒸发，增加混凝土拌合物均匀性和稳定性，控制混凝土坍落度损失。主要品种有：聚乙烯醇、甲基纤维素、羧甲基纤维素等。

以上是泵送剂的基本组成，根据混凝土施工环境及使用目的，其组成成分及各成分比例也应做适当调整。如有早强要求时，应复合早强组分，有抗渗要求时，应掺加防水组分，有抗冻要求时，应复合防冻组分等。

**2. 使用外加剂的注意事项**

（1）外加剂品种的选择　混凝土外加剂的品种很多，效果各异。在选择外加剂时，要特别注意与所用水泥的适应性。使用前，必须先了解外加剂的性能，再根据工程需要、现场施工条件及所用的材料等条件，通过试验验证后选择合适的外加剂品种。

（2）外加剂掺量　不同外加剂，掺量也不同。即使是同一种外加剂，使用不同品牌的水泥或在不同季节使用时，掺量也可能不一样，有时相差还很大。掺量过小，往往达不到预期效果；掺量过大，会影响混凝土质量，甚至造成严重事故。因此，使用外加剂必须严格控制掺量，并准确计量。在没有可靠的资料为依据时，应通过试验来确定最佳掺量。

（3）外加剂的掺入方法　常用的外加剂掺加方法有以下几种。

1）先掺法。先掺法是将粉状外加剂先与水泥混合后，再加入集料与水搅拌。这种方法有利于外加剂的分散，能减少集料对外加剂的吸附量，但实际工程中使用不便，常在试验室或混凝土方量较小的现场施工时采用。

2）同掺法。同掺法是将粉状或液体外加剂与混凝土组成材料一起投入搅拌机拌和，或将液体外加剂与水混合，然后与其他材料一起拌和。这种方法简单易行，在实际工程中大多采用该方法。

3）后掺法。后掺法是在混凝土加水搅拌了一段时间后（有时在浇筑前），再加入外加剂进一步搅拌，即水泥水化反应进行了一段时间后，再加入外加剂。这种办法可避免拌合物流动性损失过快而影响混凝土拌合物浇筑困难的现象。

4）分次加入法。分次加入法是在混凝土搅拌或运输过程中分几次将外加剂加入混凝土拌合物中，使混凝土拌合物中的外加剂浓度始终保持在一定的水平。

在相同条件下，后掺法、分次加入对减小拌合物的坍落度损失效果很好，并可减少外加剂量，特别是对水泥矿物中 $C_3A$ 及 $C_4AF$ 含量高且新鲜水泥效果最明显。但同样因使用不便，在实际工程中用得不多。

 **任务实施**

### 一、材料准备

砂、石的检验报告；《建设用砂》（GB/T 14684—2011）、《建设用卵石、碎石》（GB/T 14685—2011）、《混凝土用水标准》（JGJ 63—2006）。

### 二、建设用砂、石的验收

#### 1. 建设用砂的验收

查看砂的检验报告，对于天然砂，检验项目为：颗粒级配、细度模数、松散堆积密度、含泥量、泥块含量、云母含量。机制砂的检验项目为：颗粒级配、细度模数、松散堆积密度、石粉含量（含亚甲蓝试验）、泥块含量、坚固性。检测结果各项性能指标都符合国家标准的相应类别时，可判为该产品合格。

#### 2. 建设用石的验收

查看石的检测报告，检测项目为：颗粒级配、含泥量、泥块含量、针片状颗粒含量。检测结果各项性能指标都符合国家标准的相应类别时，可判为该产品合格。

# 任务二　混凝土拌合物的性能检测

 **任务描述**

检测混凝土拌合物的表观密度、和易性，判定混凝土拌合物的质量。混凝土在未凝结硬化以前，称为混凝土拌合物，亦称新拌混凝土。为了便于施工，保证能获得良好的浇灌质量，混凝土拌合物必须具有良好的工作性（或称和易性），因此，在水泥混凝土浇灌前必须对其和易性进行检测，保证各种施工工序（拌和、运输、浇筑、振捣等）易于操作并能获得质量均匀、密实的混凝土。检测时严格按照材料检测相关步骤和注意事项，细致认真地做好检测工作。混凝土拌合物的表观密度及和易性检测，是按照《普通混凝土拌合物性能试验方法标准》（GB/T 50080—2016），测定混凝土拌合物的表观密度、坍落度，观察其黏聚性和保水性，评定其和易性。

 **知识链接**

### 一、和易性的概念

和易性是指混凝土拌合物易于各种施工工序（拌和、运输、浇筑、振捣等）操作并能获得质量均匀、密实的性能，也叫混凝土工作性。它是一项综合技术性质，包括流动性、黏聚性和保水性三方面含义。

**1. 流动性**

流动性是指混凝土拌合物在自重或机械振捣作用下能产生流动，并均匀密实地填满模板的性能。流动性反应混凝土拌合物的稀稠。若混凝土拌合物太稠，流动性差，难以振捣密实，易造成内部或表面孔洞等缺陷；若拌合物过稀，流动性好，但容易出现分层、离析现象（水泥上浮、石子颗粒下沉），从而影响混凝土的质量。

**2. 黏聚性**

黏聚性是指混凝土拌合物颗粒间具有一定的黏聚力，在施工过程中能够抵抗分层离析，使混凝土保持整体均匀的性能。黏聚性反映混凝土拌合物的均匀性。若混凝土拌合物黏聚性不好，混凝土中骨料与水泥浆容易分离，造成混凝土不均匀，振捣后会出现蜂窝、空洞等现象。

**3. 保水性**

保水性是指混凝土拌合物保持水分的能力，在施工过程中不产生严重泌水（图 4-6）的性能。保水性反映混凝土拌合物的稳定性。保水性差的混凝土内部容易形成透水通道，影响混凝土的密实性，并降低混凝土的强度和耐久性。

混凝土拌合物的和易性是以上三方面的综合体现，它们之间既相互联系，又相互矛盾。提高水灰比，可使流动性增大，但黏聚性和保水性往往较差；要保证拌合物具有良好的黏聚性和保水性，则流动性会受到影响。不同的工程对混凝土拌合物和

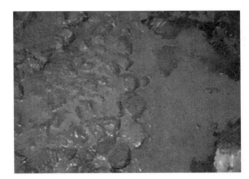

图 4-6 混凝土泌水

易性的要求也不同，应根据工程具体情况对和易性三方面既要有所侧重，又要相互照顾。

### 二、和易性的测定

由于混凝土拌合物的和易性是一项综合的技术性质，目前还很难用一个单一的指标来全面衡量混凝土拌合物的和易性。通常以坍落度试验和维勃稠度试验来评定混凝土拌合物的和易性。先测定其流动性，再以直观经验观察其黏聚性和保水性。

**1. 坍落度**

在平整、湿润且不吸水的操作面上放落坍落筒，将混凝土拌合物分三次（每次装料 1/3

筒高）装入坍落度桶内，每次装料后，用插捣棒从周围向中间插捣 25 次，以使拌合物密实。待第三次装料、插捣密实后，表面刮平，然后垂直提起坍落度筒。拌合物在自重作用下会向下坍落，坍落的高度（以 mm 计）就是该混凝土拌合物的坍落度，如图 4-7（a）所示。

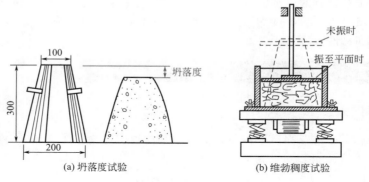

图 4-7　坍落度及维勃稠度试验

坍落度数值越大，表示混凝土拌合物的流动性越好。根据混凝土拌合物坍落度大小，可分为：干硬性混凝土，坍落度小于 10mm；低塑性混凝土，坍落度 10～40mm；塑性混凝土，坍落度 50～90mm；流动性混凝土，坍落度 100～150mm；大流动性混凝土，坍落度大于 160mm。

在进行坍落度试验过程中，同时观察拌合物的黏聚性和保水性。用捣棒在已坍落的拌合物锥体侧面轻轻打击，如果锥体逐渐下沉，表示拌合物黏聚性良好；如果锥体突然倒塌或部分崩裂或出现离析现象，表示拌合物黏聚性较差。若有较多的稀浆从锥体底部析出，锥体部分的拌合物也因失浆而骨料外露，表明混凝土拌合物保水性不好；如无这种现象，表明保水性良好。

施工中，选择混凝土拌合物的坍落度，一般根据构件截面的大小，钢筋分布的密疏、混凝土成型方式等因素来确定。若构件截面尺寸较小，钢筋分布较密，且为人工捣实，坍落度可选择大一些；反之，坍落度可选择小一些。

坍落度试验受操作技术及人为因素影响较大，但因其操作简便，故应用很广。该方法一般仅适用于骨料最大粒径不大于 40mm，坍落度不小于 10mm 的混凝土拌合物流动性的测定。

**2. 维勃稠度试验**

对于干硬性混凝土，若采用坍落度试验，测出的坍落度值过小，不易准确反映其工作性，这时需要维勃稠度试验测定，见图 4-7（b）。其方法是：将坍落度筒置于维勃稠度仪上的圆形容器内，并固定在规定的振动台上。把拌制好的混凝土拌合物按坍落度试验方法，分三次装入坍落度筒内，表面刮平后提起坍落度筒，将维勃稠度仪上的透明圆盘转至试体顶面，使之与试体轻轻接触。开启振动台，同时用秒表计时，振动至透明圆盘底面被水泥浆布满的瞬间关闭振动台并停止计时，由秒表读出的时间，即是该拌合物的维勃稠度值（s）。维勃稠度值小，表示拌合物的流动性大。

维勃稠度试验主要用于测定干硬性混凝土的流动性。适用于粗骨料最大粒径不超过40mm，维勃稠度在 5～30s 之间的混凝土拌合物。

### 三、影响混凝土拌合物和易性的主要因素

**1. 水泥浆的数量**

在混凝土拌合物中，水泥浆除了起胶结作用外，还起着润滑骨料、提高拌合物流动性的

作用。在水灰比不变的情况下，单位体积拌合物内，水泥浆数量越多，拌合物流动性越大。但若水泥浆数量过多，不仅水泥用量大，而且会出现流浆现象，使拌合物的黏聚性变差，同时会降低混凝土的强度和耐久性；若水泥浆数量过少，则水泥浆不能填满骨料空隙或不能很好包裹骨料表面，会出现混凝土拌合物崩坍现象，使黏聚性变差。因此，混凝土拌合物中水泥浆的数量应以满足流动性和强度要求为度，不宜过多或过少。

**2. 水泥浆的稠度（水灰比）**

水泥浆的稀稠是由水灰比决定的。水灰比是指混凝土拌合物中用水量与水泥用量的比值。当水泥用量一定时，水灰比越小，水泥浆越稠，拌合物的流动性就越小。当水灰比过小时，水泥浆过于干稠，拌合物的流动性过低，影响施工，且不能保证混凝土的密实性。水灰比增大会使流动性加大，但水灰比过大，又会造成混凝土拌合物的黏聚性和保水性较差，产生流浆、离析现象，并严重影响混凝土的强度和耐久性。所以水泥浆的稠度（水灰比）不宜过大或过小，应根据混凝土强度和耐久性要求合理选用。混凝土常用水灰比在 0.40～0.75 之间。

无论是水泥浆数量的多少，还是水泥浆的稀稠，实际上对混凝土拌合物流动性起决定作用的是用水量的多少。当使用确定的材料拌制混凝土时，为使混凝土拌合物达到一定的流动性，所需的单位用水量是一个定值。当使用确定的骨料，如果单位体积用水量一定，单位体积水泥用量增减不超过 50～100kg，混凝土拌合物的坍落度大体可以保持不变。应当指出的是，不能单独采取增减用水量（即改变水灰比）的办法来改善混凝土拌合物的流动性，而应在保持水灰比不变的条件下，用增减水泥浆数量的办法来改善拌合物的流动性。

**3. 砂率**

砂率是指混凝土中的砂的质量占砂、石总质量的百分率。砂率的变动会使骨料的空隙率和总面积有显著改变，因而对混凝土拌合物的和易性产生显著的影响。砂率过大时，骨料的总面积和空隙率都将增大，则水泥浆数量相对不足，拌合物的流动性就降低。若砂率过小，又不能保证粗骨料之间有足够的砂浆层，会降低拌合物的流动性，且黏聚性和保水性也将变差。当砂率值适宜时，砂不但能够填满石子间的空隙，而且还能保证粗骨料间有一定厚度的砂浆层，以减小粗骨料间的摩擦阻力，使混凝土拌合物有较好的流动性。这个适宜的砂率，称为合理砂率。当采用合理砂率时，在用水量和水泥用量一定的情况下，能使混凝土拌合物获得最大的流动性且能保持良好的流动性和保水性，如图 4-8 所示；如要达到一定的坍落度，选择合理砂率，如图 4-9 所示，将使水泥用量最少，这对降低成本是非常有利的。

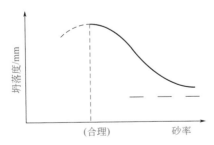

图 4-8　砂率与坍落度的关系
（水与水泥用量一定）

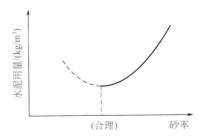

图 4-9　砂率与水泥用量的关系
（达到相同的坍落度）

**4. 组成材料的性质**

水泥的品种、骨料种类及形状、外加剂等，都对混凝土的和易性有一定的影响。水泥的标准稠度用水量大，则拌合物的流动性小。骨料的颗粒较大，外形圆滑及级配良好时，则拌合物的流动性较大。此外，在混凝土拌合物中掺入外加剂（如减水剂），能显著改善和易性。

### 5. 时间及环境的温度、湿度

混凝土拌合物随时间的延长，因水泥水化及水分蒸发而变得干稠，和易性变差；环境温度上升，水分容易蒸发，水泥水化速度也会加快，混凝土拌合物流动性将减小；空气湿度小，拌合物水分蒸发较快，坍落度损失也会加快。夏季施工或较长距离运输的混凝土，上述现象更加明显。

### 6. 施工工艺

采用机械拌和的混凝土比同等条件下人工拌和的混凝土坍落度大，采用同一拌和方式，其坍落度随着有效拌和时间的增长而增大。搅拌机类型不同，拌和时间不同，获得坍落度也不同。

## 四、改善和易性的措施

掌握了混凝土拌合物和易性的变化规律，就可运用这些规律去能动地调整拌合物的和易性，以满足工程需要。在实际工程中，可采用以下措施调整混凝土拌合物的和易性。

① 采用合理砂率，并尽可能采用较低的砂率，以提高混凝土的质量和节约水泥。

② 改善砂、石的级配。

③ 在可能条件下，尽可能采用较粗的砂、石。

④ 当混凝土拌合物坍落度太小时，保持水灰比不变，适量增加水泥浆数量；当坍落度太大时，保持砂率不变，适量增加砂、石。

⑤ 有条件时，尽量掺加外加剂，如减水剂、引气剂等。

 **任务实施**

## 一、混凝土拌合物取样

混凝土施工过程中，进行混凝土试验时，其取样方法和原则应按现行《普通混凝土拌合物性能试验方法标准》（GB/T 50080—2016）、《混凝土结构工程施工质量验收规范》（GB 50204—2015）及《混凝土强度检验评定标准》（GB/T 50107—2010）有关规定进行。

① 同一组混凝土拌合物的取样应从同一盘混凝土或同一车混凝土中取样。取样量应多于试验所需量的 1.5 倍，且宜不小于 20L。

② 混凝土拌合物的取样应具有代表性，宜采用多次采样的方法。一般在同一盘或同一车混凝土中约 1/4 处、1/2 处和 3/4 处之间分别取样，从第一次取样到最后一次取样不宜超过 15min，然后人工搅拌均匀。从取样完毕到开始做各项性能试验不宜超过 5min。

## 二、混凝土拌合物的和易性检测

### 1. 坍落度法

（1）仪器设备

二维码 4.2

① 坍落度筒。由薄钢板或其他金属制成的圆台形筒，其内壁应光滑、无凹凸部位。底面和顶面应相互平行并与锥体的轴线垂直，在坍落度筒外部 2/3 高度处安装两个把手，下端应焊上脚踏板。筒的内部尺寸为：底部直径 200mm ± 2mm，顶部直径 100mm ± 2mm，高度 300mm ± 2mm，筒壁厚度不小于 1.5mm，如图 4-10（a）所示。

② 捣棒。直径 16mm、长 600mm 的钢棒，端部应磨圆，如图 4-10（b）所示。

③ 小铲、钢尺、喂料斗等。

（2）检测步骤

① 湿润坍落度筒及其他用具，并把筒放在不吸水的刚性水平底板上，然后用脚踩住两个脚踏板，使坍落度筒在装料时保持位置固定。

② 把按要求取得的混凝土试样用小铲分三层均匀地装入桶内，使捣实后每层高度为筒高的 1/3 左右。每层用捣棒沿螺旋方向在截面上由外向中心均匀插捣 25 次。插捣筒边混凝土时，捣棒可以稍稍倾斜。插捣底层时，捣棒应贯穿整个深度。插捣第二层和顶层时，捣棒应插透本层至下一层的表面。

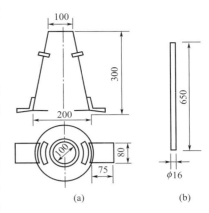

图 4-10　标准坍落度筒和捣棒
（单位：mm）

③ 装顶层混凝土时应高出筒口。插捣过程中，如混凝土下沉后低于筒口，则应随时添加。顶层插捣完后，刮出多余的混凝土，并用抹刀抹平。

④ 清除筒边底板上的混凝土后，垂直平稳地提起坍落度筒。坍落度筒的提离过程宜在 3~7s 内完成。从开始装料到提起坍落度筒的整个过程，应不间断地进行，并应在 150s 内完成。

⑤ 提起坍落筒后，两侧筒高与坍落后混凝土试体最高点之间的高度差，即为混凝土拌合物的坍落度值，如图 4-7（a）所示。

（3）结果评定

① 坍落筒提离后，如混凝土发生崩塌或一边剪坏现象，则应重新取样另行测定。如第二次试验仍出现上述现象，则表示该混凝土拌合物和易性差，应予记录备查。

② 观察坍落度测定后混凝土试体的黏聚性和保水性。

用捣棒在已坍落的混凝土锥体侧面轻轻敲打，如果锥体逐渐下沉，表示黏聚性良好；如果锥体倒塌、部分崩裂或出现离析现象，表示黏聚性差。提起坍落筒后，如有较多的稀浆从底部析出，锥体部分的拌合物也因失浆而集料外露，表明其保水性差。如提起坍落度筒体后，无稀浆或仅有少量稀浆自底部析出，表明其保水性良好。

③ 混凝土拌合物坍落度以 mm 为单位，结果精确至 5mm。

**2. 维勃稠度**

（1）仪器设备

① 维勃稠度仪。其组成如下：振动台面长 380mm、宽 260mm，支承在四个减振器上。振动频率 50Hz±3Hz。容器空时台面振幅为 0.5mm±0.1mm。如图 4-11 所示。

② 容器。用钢板制成，内径为 240mm±3mm，高为 200mm±2mm，筒壁厚 3mm，筒底厚 7.5mm。

③ 坍落度筒同标准圆锥坍落筒，但应去掉两侧的脚踏板。

④ 旋转架 11，连接测杆 9 及喂料斗 4。测杆下端安装透明且水平的圆盘 3，并用螺钉 12 把测杆 9 固定在套筒 5 中，坍落度筒在容器中心安放好后，把喂料斗的底部套在坍落度筒口上，旋转架安装在支柱 10 上，通过十字凹槽来固定方向，并用螺钉 6 来固定其位置。就位后，测杆或漏斗的轴线应与容器的轴线重合。

⑤ 透明圆盘 3。直径为 230mm±2mm，厚度为 10mm±2mm，荷载（$P$）直接放在圆盘上，由测杆、圆盘及荷重组成的滑动部分之质量调至 2750g±50g。测杆上应有刻度以读

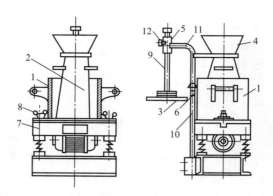

图 4-11　维勃稠度仪

1—容器；2—坍落度筒；3—透明圆盘；4—喂料斗；5—套筒；6，8，12—螺钉；
7—振动台；9—测杆；10—支柱；11—旋转架

出混凝土的坍落度值。

⑥ 捣棒、小铲、秒表（精度为 0.5s）。

（2）检测步骤

① 把维勃稠度仪放置在坚实水平的基础面上，用湿布把容器、坍落度筒、喂料斗内壁及其他用具擦湿。

② 将喂料斗提到坍落度筒的上方扣紧，校正容器位置，使其中心与喂料斗中心重合，然后拧紧螺钉。

③ 把混凝土拌合物经喂料斗分层装入坍落度筒。装料及插捣的方法同坍落度测定中的规定。

④ 把圆盘、喂料斗都转离坍落度筒，小心并垂直地提起坍落度筒，此时应注意不使混凝土试体产生横向的扭动。

⑤ 把透明圆盘转到混凝土锥体顶面，放松螺钉，使圆盘轻轻落到混凝土顶面，此时应防止坍落的混凝土倒下与容器内壁相碰。如有需要可记录坍落度值。

⑥ 拧紧螺钉，并检查螺钉是否已经放松。同时开启振动台和秒表，在透明盘的底面被水泥浆所布满的瞬间停下秒表，并关闭振动态。

**3. 结果评定**

记录秒表上的时间，读数精确到 1s。由秒表读出的时间秒数表示所测定的混凝土拌合物的维勃稠度值。如维勃稠度值小于 5s 或大于 30s，则此种混凝土所具有的稠度已超出本仪器的适用范围。

## 三、混凝土拌合物的表观密度检测

**1. 仪器设备**

① 容量筒。金属制成的圆筒，两旁装有把手。对骨料最大粒径不大于 40mm 的拌合物采用容积为 5L 的容量筒，其内径与筒高均为 186mm±2mm，筒壁厚为 3mm；集料最大粒径大于 40mm 时，容量筒的内径与筒高均应大于集料最大粒径的 4 倍。容量筒上缘及内壁应光滑平整，顶面与底面应平行，并与圆柱体的轴垂直。

② 磅秤。称量 100kg，感量 50g。

③ 振动台。频率应为 50Hz±3Hz，空载时的振幅应为 0.5mm±0.1mm。

④ 捣棒。直径 16mm、长 600mm 的钢棒，端部应磨圆。

⑤ 小铲、抹刀、刮尺等。

**2. 检测步骤**

（1）用湿布把容量筒内外擦干净，称出质量（$m_1$），精确至50g。

（2）混凝土的装料及捣实方法应视拌合物的稠度而定。一般来说，坍落度不大于70mm的混凝土，用振动台振实，大于70mm的用捣棒捣实。

① 采用捣棒捣实时，应根据容量筒的大小决定分层与插捣次数：用5L容量筒时，混凝土拌合物分两层装入，每层插捣次数为25次；用大于5L的容量筒时，每层混凝土的高度不应大于100mm，每层插捣次数应按每100cm² 截面不少于12次计算。各次插捣应均匀地分布在每层截面上，插捣底层时捣棒应贯穿整个深度。插捣顶层时，捣棒应插透本层，并使之刚刚插入下面一层。每一层捣完后可把捣棒垫在筒底，将筒按住，左右交替地颠击地面各15次。插捣后如有棒坑留下，可用捣棒刮平。

② 采用振动台振实时应一次将混凝土拌合物装满到稍高出容量筒口。装料时允许用捣棒稍加插捣。在振实过程中，如混凝土高度沉落到低于筒口，则应随时添加混凝土。振动直至表面出浆为止。

③ 用刮尺将筒口多余的混凝土拌合物刮去，表面如有凹陷应予填平。将容量筒外壁擦净，称出混凝土与容量筒总重（$m_2$），精确至50g。

**3. 结果评定**

混凝土拌合物的表观密度（$\rho_h$）按式（4-2）计算，精确至10kg/m²：

$$\rho_h = \frac{m_2 - m_1}{V} \times 1000 \tag{4-2}$$

式中　$\rho_h$——表观密度，kg/m³；

　　　$m_1$——空容量筒质量，kg；

　　　$m_2$——混凝土拌合物与空容量筒质量，kg；

　　　$V$——空容量筒容积，L。

# 任务三　混凝土强度的检测与评定

**任务描述**

测定混凝土立方体抗压强度、抗弯拉强度，并根据测定结果评定水泥混凝土的强度等级。按照国家标准《混凝土物理力学性能试验方法标准》（GB/T 50081—2019）规定，制作、养护混凝土试件，测定试件的抗压强度，将检测结果对照国家标准，评定水泥混凝土的强度等级。检测时严格按照材料的相关步骤和注意事项，细致、认真地做好检测工作。要完成此任务，需要掌握有关水泥混凝土的强度等级知识及熟悉国家标准，掌握水泥混凝土强度的检测方法。

**知识链接**

强度是混凝土最重要的力学性质。因为混凝土主要用于承受荷载或抵抗各种作用力。混凝土的强度有立方体强度、轴心抗压强度、抗拉强度、黏结强度、抗弯强度等。混凝土的抗压强度最大，抗拉强度最小，因此在建筑工程中主要是利用混凝土来承受压力作用。混凝土的抗压强度是混凝土结构设计的主要参数，也是混凝土质量评定的重要指标。工程中提到的混凝土强度一般指的是混凝土的抗压强度。

## 一、混凝土受压破坏过程

混凝土是由水泥石和粗、细骨料组成的复合材料，它是一种不十分密实的非匀质多相分散体。混凝土在未受力之前，其水泥浆与骨料之间及水泥浆内部，就已存在着随机分布的不规则微细原生界面裂缝。当混凝土受荷载时，这些界面微裂缝会逐渐扩大、延长并汇合联通起来，形成可见的裂缝，致使混凝土结构丧失连续性而遭到完全破坏。

试验表明，当混凝土试件单向静力受压，而荷载不超过极限应力的30％时，这些裂缝无明显变化，此时荷载（应力）与形变（应变）接近直线关系。当荷载达到30％～50％极限应力时，裂缝数量有所增加，且稳定地缓慢伸展，因此，在这一阶段，应力-应变曲线不再成直线关系。当荷载超过50％极限应力时，界面裂缝将不稳定。而且逐渐延伸至砂浆基体中。当超过75％极限应力，在界面裂缝继续发展的同时，砂浆基体中的裂缝也逐渐增生，并与邻近的界面裂缝连接起来，成为连续裂缝，变形加速增大，荷载曲线明显地弯向水平应变轴。超过极限载荷后，连续裂缝急剧扩展，混凝土的承载能力迅速下降，变形急剧增大而导致试件完全破坏。

## 二、混凝土的抗压强度与强度等级

### 1. 立方体抗压强度

混凝土抗压强度是指其标准试件在压力作用下直至破坏时，单位面积所能承受的最大压力。按照标准的制作方法制成边长为150mm×150mm×150mm的正立方体试件，在标准养护条件（温度20℃±2℃，相对湿度95％以上）下或者在$Ca(OH)_2$饱和溶液中养护，养护至28d龄期，按照标准的测定方法测定其抗压强度值，即为混凝土立方体抗压强度$f_{cu}$，按式(4-3) 计算，以MPa计。

$$f_{cu} = \frac{F}{A} \tag{4-3}$$

式中　$f_{cu}$——立方体抗压强度，MPa；

　　　$F$——试件破坏荷载，N；

　　　$A$——试件承压面积，$mm^2$。

当采用非标准试件测定立方体抗压强度时，须乘以换算系数，见表4-6，折算为标准试件的立方体抗压强度。

表 4-6　试件尺寸换算系数

| 试件尺寸/mm | 100×100×100 | 150×150×150 | 200×200×200 |
| --- | --- | --- | --- |
| 换算系数 | 0.95 | 1.00 | 1.05 |

### 2. 立方体抗压强度标准值

按照标准方法制作和养护的边长为150mm的立方体试件，在28d龄期，用标准试验方法测定的抗压强度总体分布中的一个值，以MPa计，强度低于该值的百分率不超过5％（即具有95％保证率的抗压强度），将该值作为立方体抗压强度标准值，以$f_{cu,k}$表示。

可见，立方体抗压强度只是一组混凝土试件抗压强度的算术平均值，并未涉及数理统计和保证率的概念。而立方体抗压强度标准值是按数理统计方法确定，具有不低于95％保证率的立方体抗压强度。

### 3. 强度等级

混凝土的强度等级是根据立方体抗压强度标准值来确定的。强度等级以符号"C"和

"立方体抗压强度标准值（$f_{cu,k}$）"两项内容来表示，如"C25"即表示混凝土立方体抗压强度标准值为 25MPa≤$f_{cu,k}$<30MPa。

普通混凝土按立方体抗压强度标准值划分为 C15、C20、C25、C30、C35、C40、C45、C50、C55、C60、C65、C70、C75、C80 共 14 个等级。

### 三、混凝土轴心抗压强度

混凝土的强度等级是采用立方体试件来确定的。但在实际工程中，混凝土结构构件的形式极少是立方体，大部分是棱柱体或圆柱体。为了能更好地反映混凝土的实际抗压性能，在计算钢筋混凝土构件承载力时，常采用混凝土轴心抗压强度（图 4-12）作为设计依据。

根据国家标准《混凝土物理力学性能试验方法标准》（GB/T 50081—2019）规定，测定轴心抗压强度采用 150mm×150mm×300mm 的棱柱体作为标准试件，在标准养护条件下养护至 28d 龄期后按照标准试验方法测得，用 $f_{cp}$ 表示。混凝土轴心抗压强度 $f_{cp}$ 约为立方体抗压强度 $f_{cu}$ 的 70%～80%。

图 4-12 混凝土轴心抗压强度测定

### 四、混凝土抗拉强度

混凝土的抗拉强度很低，只有抗压强度的 1/20～1/10，且随着混凝土强度等级的提高，比值有所降低。测定混凝土抗拉强度的试验方法有直接轴心受拉试验和劈裂试验，直接轴心受拉试验时试件对中比较困难，因此我国目前常采用劈裂试验方法（图 4-13）测定。劈裂试验方法是采用边长为 150mm 的立方体标准试件，按规定的劈裂抗拉试验方法测定混凝土的劈裂抗拉强度 $f_{ts}$。混凝土劈裂抗拉强度按式（4-4）计算：

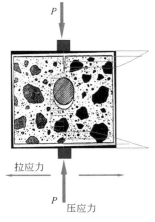

拉应力

压应力

图 4-13 采用劈裂试验测定混凝土抗拉强度

$$f_{ts} = \frac{2F}{\pi A} = 0.637\frac{F}{A} \tag{4-4}$$

式中 $f_{ts}$——混凝土的劈裂抗拉强度，MPa；

$F$——破坏荷载，N；

$A$——试件劈裂面面积，$mm^2$。

### 五、混凝土抗弯强度

道路路面或机场跑道用混凝土，是以抗弯强度（或称抗折强度，图 4-14）为主要设计指标。水泥混凝土的抗弯强度试验是以标准方法制备成 150mm×150mm×550mm 的梁型试件，在标准条件下养护 28d 后，按三分点加荷，测定其抗弯强度（$f_{cf}$），按式（4-5）计算：

$$f_{cf} = \frac{FL}{bh^2} \tag{4-5}$$

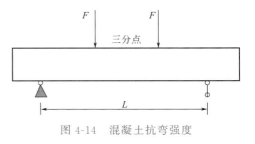

图 4-14 混凝土抗弯强度

式中 $f_{cf}$——混凝土抗弯强度，MPa；

$F$——破坏荷载，N；

$L$——支座间距，mm；

$b$——试件截面宽度，mm；

$h$——试件截面高度，mm。

如为跨中单点加荷得到的抗折强度，按断裂力学推导应乘以折算系数 0.85。

### 六、混凝土与钢筋的黏结强度

在钢筋混凝土结构中，要使钢筋和混凝土能共同承受荷载，它们之间必须要有一定的黏结强度。这种黏结强度主要来源于混凝土和钢筋之间的摩擦力、钢筋与水泥石之间的黏接力及变形钢筋的表面与混凝土之间的机械啮合力。

黏结强度与混凝土质量、混凝土强度、钢筋尺寸及变形钢筋种类、钢筋在混凝土中的位置（水平钢筋或垂直钢筋）、加荷类型（使钢筋受拉或受压）、混凝土温湿度变化等因素有关。

目前，还没有一种较适当的标准试验能准确测定混凝土与钢筋的黏结强度。美国材料试验学会（ASTMC234）提出了一种拔出试验方法：将 $\phi19$ 的标准变形钢筋，埋入边长为 150mm 立方体混凝土试件，标准养护 28d 后，进行拉伸试验，试验时以不超过 34MPa/min 的加荷速度对钢筋施加拉力，直到钢筋发生屈服，或混凝土开裂，或加荷端钢筋滑移超过 25mm。记录出现上述三种中任一情况时的荷载值 $P$，用式（4-6）计算混凝土与钢筋的黏结强度：

$$f_N = \frac{P}{\pi dl} \tag{4-6}$$

式中　$f_N$——黏结强度，MPa；

$d$——钢筋直径，mm；

$l$——钢筋埋入混凝土中的长度，mm；

$P$——测定的荷载值，N。

### 七、影响混凝土强度的因素

#### 1. 水泥强度等级与水灰比

水泥是混凝土中的活性组分，其强度大小直接影响着混凝土强度的高低。在配合比相同的条件下，所用的水泥标号越高，制成的混凝土强度也越高。当用同一品种同一标号的水泥时，混凝土的强度主要取决于水灰比。因为水泥水化时所需的结合水，一般只占水泥重量的 23% 左右，但在拌制混凝土混合物时，为了获得必要的流动性，常需用较多的水（约占水泥重量的 40%～70%）。混凝土硬化后，多余的水分蒸发或残存在混凝土中，形成毛细管、气孔或水泡，它们减少了混凝土的有效断面，并可能在受力时于气孔或水泡周围产生应力集中，使混凝土强度下降。

在保证施工质量的条件下，水灰比愈小，混凝土的强度就愈高。但是，如果水灰比太小，拌合物过于干涩，在一定的施工条件下，无法保证浇灌质量，混凝土中将出现较多的蜂窝、孔洞，也将显著降低混凝土的强度和耐久性。试验证明，混凝土强度，随水灰比增大而降低，呈曲线关系，而混凝土强度与灰水比呈直线关系，如图 4-15 所示。

水泥石与骨料的黏结情况与骨料种类和骨料表面性质有关，表面粗糙的碎石比表面光滑的卵石（砾石）的黏接力大，硅质集料与钙质集料也有差别。在其他条件相同的情况下，碎石混凝土的强度比卵石混凝土的强度高。

根据大量试验建立的混凝土强度经验公式：

$$f_{cu,0} = \alpha_a f_{ce}(C/W - \alpha_b) \tag{4-7}$$

式中　$f_{cu,0}$——混凝土 28d 立方体抗压强度，MPa；

　　　$f_{ce}$——水泥的实际强度，MPa；

　　$C/W$——灰水比；

　　　$C$——每立方米混凝土中水泥用量，kg；

　　　$W$——每立方米混凝土中用水量，kg；

　$\alpha_a$，$\alpha_b$——回归系数，与骨料品种、水泥品种有关，其数值可通过试验求得。《普通混
　　　　凝土配合比设计规程》（JGJ 55—2011）提供的 $\alpha_a$、$\alpha_b$ 经验值为：
　　　　采用碎石：$\alpha_a = 0.46$；$\alpha_b = 0.07$。
　　　　采用卵石：$\alpha_a = 0.48$；$\alpha_b = 0.33$。

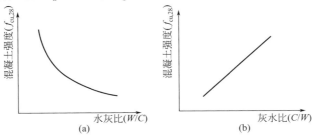

图 4-15　混凝土强度与水灰比及灰水比的关系

### 2. 骨料的影响

当骨料中含有杂质较多，或骨料材质低劣（强度较低）时，会降低混凝土的强度。表面粗糙并有棱角的骨料，与水泥石的黏接力较强，可提高混凝土的强度。所以在相同混凝土比的条件下，用碎石拌制的混凝土强度比用卵石拌制的混凝土强度高。骨料粒形以三围长度相等或相近的球形或立方体形为好，若含有较多针片状颗粒，则会增加混凝土孔隙率，增加混凝土结构缺陷，导致混凝土强度降低。

### 3. 养护的温度和湿度

混凝土强度的增长，是水泥的水化、凝结和硬化的过程，必须在一定的温度和湿度条件下进行。在保证足够湿度情况下，不同养护温度，其结果也不相同。温度高，水泥凝结硬化速度快，早期强度高，所以在混凝土制品厂常采用蒸汽养护的方法提高构件的早期强度，以提高模板和场地周转率。低温时水泥混凝土硬化比较缓慢，当温度低至 0℃ 以下时，硬化不但停止，且具有冰冻破坏的危险。养护温度对混凝土强度发展的影响如图 4-16 所示。

水是水泥的水化反应的必要条件，只有周围环境有足够的湿度，水泥水化才能正常进行，混凝土强度才能得到充分发展。如果湿度不够，水泥难以水化，甚至停止水化。混凝土强度与保湿养护时间的关系如图 4-17 所示。因此，混凝土浇筑完毕后，必须加强养护。

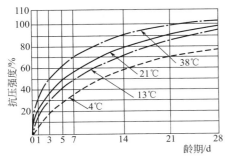

图 4-16　养护温度对混凝土强度发展的影响

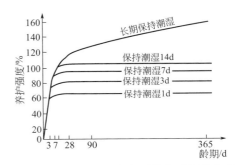

图 4-17　混凝土强度与保湿养护时间的关系

为了保证混凝土的强度持续增长，在混凝土浇筑完毕后应在 12h 内进行覆盖，以防水分蒸发。冬天施工的混凝土，要注意采取保温措施；夏季施工的混凝土，要特别注意浇水保湿。使用硅酸盐水泥、普通硅酸盐水泥和矿渣水泥，浇水保湿应不少于 7d；使用火山灰和粉煤灰水泥，或在施工中掺用缓凝型外加剂，或混凝土有抗渗要求时，保湿养护不应少于 14d。

### 4. 养护时间（龄期）

混凝土在正常养护条件下，强度将随龄期的增长而增加。混凝土的强度在最初的 3～7d 内增长较快，28d 后强度增长逐渐变慢，但只要保持适当的温度和湿度，其强度会一直有所增长，如图 4-17 所示。所以，一般以混凝土 28d 的强度作为设计强度值。

普通水泥混凝土，在标准混凝土养护条件下，混凝土强度大致与龄期的对数成正比，计算如下：

$$f_n = \frac{f_{28} \lg n}{\lg 28} \tag{4-8}$$

式中   $f_n$——$n$d 龄期混凝土的抗压程度，MPa；

$f_{28}$——28d 龄期混凝土的抗压强度，MPa；

$n$——养护龄期，$n \geqslant 3$d。

式（4-8）适用于在标准条件下养护的不同水泥拌制的中等强度的混凝土。根据此式，可由所测混凝土早期强度，或者由混凝土 28d 强度推算 28d 前混凝土达到某一强度值需要养护的天数，由于影响混凝土强度的因素很多，强度发展也很难一致，因此该公式仅供参考。

### 5. 施工质量

施工质量的好坏对混凝土强度有非常重要的影响。施工质量包括配料准确，搅拌均匀，振捣密实，养护适宜等。任何一道工序忽视了规范管理和操作，都会导致混凝土强度的降低。

### 6. 试验条件的影响

同一批混凝土试件，在不同试验条件下，所测抗压强度值会有差异，其中最主要的因素是加荷速度的影响。加荷速度越快，测得的强度值越大，反之则小。

## 八、提高混凝土强度的措施

### 1. 采用高强度等级水泥

在相同的配合比情况下，水泥的强度等级越高，混凝土强度越高，但由于水泥强度等级的提高，受原料、生产工艺等因素制约，故单纯靠提高水泥强度来提高混凝土强度，往往不现实，也不经济。

### 2. 降低水灰比

这是提高混凝土强度的有效措施。降低混凝土拌合物水灰比，即可降低硬化混凝土的孔隙率，提高混凝土的密实度，增加水泥与骨料之间的黏接力，从而提高混凝土强度。但降低水灰比，会使混凝土拌合物的工作性下降，因此，施工时必须有相应的技术措施配合，如采用机械强力振动、掺加外加剂等。

### 3. 采用湿热养护

湿热养护分蒸汽养护和蒸压养护两类。

蒸汽养护是将混凝土放在温度低于 100℃ 常压蒸汽中进行养护。混凝土经过 16～20h 蒸汽养护，其强度可达正常条件下养护 28d 强度的 70%～80%。蒸汽养护最适合于掺混合材的矿渣水泥、火山灰水泥及粉煤灰水泥混凝土。而对普通水泥和硅酸盐水泥混凝土，因在水泥颗粒表面过早形成水化产物凝胶膜层，阻碍水分子继续深入水泥颗粒内部。使其后期强度增长速度减缓，其 28d 强度比标准养护 28d 强度低 10%～15%。

蒸压养护是将混凝土置于 175℃、0.8MPa 蒸压釜中进行养护，这种养护方式能大大促进水泥的水化，明显提高混凝土强度，特别适用于掺混合材料硅酸盐水泥。

**4. 采用机械搅拌和振捣**

混凝土采用机械搅拌不仅比人工搅拌效率高，而且搅拌更均匀，故能提高混凝土的密实度和强度。采用机械振捣混凝土，可使混凝土拌合物的颗粒产生振动，降低水泥浆的黏度及骨料之间的摩擦力，使混凝土拌合物转入流体状态，提高流动性。同时，混凝土拌合物被振捣后，其颗粒互相靠近，使混凝土内部孔隙大大减少，从而使混凝土的密实度和强度提高。

**5. 掺加混凝土外加剂、掺合料**

在混凝土中掺入早强剂可提高混凝土早期强度；掺入减水剂可减少用水量，降低水灰比，提高混凝土强度。此外，在混凝土中掺入减水剂的同时，掺入磨细的矿物掺合料（如硅灰、优质粉煤灰、超细矿粉），可显著提高混凝土强度，配制出超高强度混凝土。

## 九、水泥混凝土的质量控制与强度评定

### （一）混凝土的质量控制

加强质量控制是现代化科学管理生产的重要环节。混凝土质量控制的目标，是要生产出质量合格的混凝土，即所生产的混凝土应能按规定的保证率满足设计要求的技术性质。混凝土质量控制包括以下三个过程。

（1）混凝土生产前的初步控制　主要包括人员配备、设备调试、组成材料的检验及配合比的确定与调整等内容。

（2）混凝土生产过程中的控制　包括控制称量、搅拌、运输、浇筑、振捣及养护等项内容。

（3）混凝土生产后的合格性控制　包括批量划分、确定批取样数、确定检测方法和验收界限等项内容。

在以上过程的任一步骤中（如原材料质量、施工操作、试验条件等）都存在着质量的随机波动，故进行混凝土质量控制时，如要做出质量评定就必须用数理统计方法。在混凝土生产质量管理中，由于混凝土的抗压强度与其他性能有较好的相关性，能较好地反映混凝土整体质量情况，因此，工程中通常以混凝土抗压强度作为评定和控制其质量的主要指标。

### （二）混凝土强度的评定

在正常连续生产的情况下，可用数理统计方法来检验混凝土强度或其他技术指标是否达到质量要求。统计方法可用算术平均值、标准差、变异系数和保证率等参数综合地评定混凝土强度。

**1. 混凝土强度的波动规律**

实践结果证明，同一等级的混凝土，在施工条件基本一致的情况下，其强度波动服从正态分布规律。正态分布是一形状如钟形的曲线，以平均强度为对称轴，距离对称轴越远，强度概率值越小。对称轴两侧曲线上轴的水平距离等于标准差（$\sigma$）。曲线与横坐标之间的面积为概率的总和，等于 100%。在数理统计中，常用强度平均值、标准差、变异系数和强度保证率等统计参数来评定混凝土质量。

**2. 强度平均值、标准差、变异系数**

（1）混凝土抗压强度平均值（$\bar{f}_{cu}$）

它代表混凝土抗压强度总体的平均水平，其值按式（4-9）计算：

$$\bar{f}_{cu} = \frac{1}{n}\sum_{i=1}^{n} f_{cu,i} \tag{4-9}$$

式中　$n$——试件的组数；

$f_{cu,i}$——第 $i$ 组试件抗压强度试验值。

抗压强度平均值反映了混凝土总体抗压强度的平均值，但并不反映混凝土强度的波动情况。

（2）标准差（$\sigma$）

标准差又称均方差，反映混凝土强度的离散程度，即波动程度，用 $\sigma$ 表示，其值可按式（4-10）计算：

$$\sigma = \sqrt{\dfrac{\sum\limits_{i=1}^{n} f_{cu,i}^2 - n\bar{f}_{cu}^2}{n-1}} \tag{4-10}$$

式中　$n$——试件的组数（$n \geqslant 25$）；

　　$f_{cu,i}$——第 $i$ 组试件的抗压强度试验值，MPa；

　　$\bar{f}_{cu}$——$n$ 组试件抗压强度算术平均值，MPa；

　　$\sigma$——$n$ 组试件抗压强度的标准差，MPa。

$\sigma$ 是评定混凝土质量均匀性的重要指标。$\sigma$ 值越大，强度分布曲线就越宽而矮，离散程度越大，则混凝土质量越不稳定。

（3）变异系数（$C_v$）

混凝土的标准差与抗压强度平均值之比，称为变异系数，又称离差系数，即：

$$C_v = \dfrac{\sigma}{\bar{f}_{cu}} \tag{4-11}$$

$C_v$ 也是说明混凝土质量均匀性的指标。在相同生产管理水平下，混凝土抗压强度标准差会随抗压强度平均值的提高或降低而增大或减小，它反映绝对波动量的大小，有量纲；而变异系数 $C_v$ 反映的是抗压强度平均值水平不同的混凝土之间质量相对波动的大小，无量纲，其值越小，说明混凝土质量越稳定，混凝土生产的质量水平越高。

**3. 混凝土强度保证率（$P$）**

强度保证率是指混凝土抗压强度总体分布中，不小于设计要求的抗压强度标准值（$f_{cu,k}$）

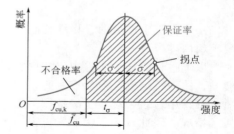

图 4-18　混凝土强度正态分布曲线及保证率

的概率。以正态分布曲线下的阴影部分来表示，如图 4-18 所示。强度正态分布曲线下的面积为概率的总和，等于 100%。强度保证率可按如下方法计算。

首先，计算出概率 $t$，即：

$$t = \dfrac{\bar{f}_{cu} - f_{cu,k}}{\sigma} = \dfrac{\bar{f}_{cu} - f_{cu,k}}{C_v \bar{f}_{cu}} \tag{4-12}$$

根据标准正态分布的曲线方程，可求出概率 $t$ 与强度保证率 $P(\%)$ 的关系，见表 4-7。根据以上数值，按表 4-8 确定混凝土生产质量水平。

表 4-7　不同 $t$ 值的保证率 $P$

| $t$ | 0.00 | 0.50 | 0.84 | 1.00 | 1.20 | 1.28 | 1.40 | 1.60 |
|---|---|---|---|---|---|---|---|---|
| $P/\%$ | 50.0 | 69.2 | 80.0 | 84.1 | 88.5 | 90.0 | 91.9 | 94.5 |
| $t$ | 1.645 | 1.70 | 1.81 | 1.88 | 2.00 | 2.05 | 2.33 | 3.00 |
| $P/\%$ | 95.0 | 95.5 | 96.5 | 97.0 | 97.7 | 99.0 | 99.4 | 99.87 |

表 4-8　混凝土生产质量水平

| 生产水平 | | | 优 良 | | 一 般 | | 差 | |
|---|---|---|---|---|---|---|---|---|
| 混凝土抗压强度等级 | | | <C20 | ≥C20 | <C20 | ≥C20 | <C20 | ≥C20 |
| 评定指标 | 混凝土抗压强度标准差 σ/MPa | 商品混凝土厂 预制混凝土构件厂 | ≤3.0 | ≤3.5 | ≤4.0 | ≤5.0 | >4.0 | >5.0 |
| | | 集中搅拌混凝土的施工现场 | ≤3.5 | ≤4.0 | ≤4.5 | ≤5.5 | >4.5 | >5.5 |
| | 混凝土抗压强度不低于规定抗压强度标准值的百分率 P/% | 商品混凝土厂 预制混凝土构件厂 集中搅拌混凝土的施工现场 | ≥95 | | >85 | | ≤85 | |

#### 4. 混凝土强度评定

根据《混凝土强度检验评定标准》（GB/T 50107—2010）规定，混凝土强度评定分为统计方法评定和非统计方法评定。

（1）统计方法评定　这种方法适用于预拌混凝土厂、预制混凝土构件厂或采用现场集中搅拌的混凝土施工单位，根据混凝土强度的稳定性，统计方法评定又分为以下两种情况。

1）已知标准差方法。当混凝土生产条件在较长时间内能保持一致，且同一品种混凝土的强度变异性能保持稳定时，应由连续的三组试件组成一个验收组，其强度应同时满足下列要求。

$$\bar{f}_{cu} \geq f_{cu,k} + 0.7\sigma \tag{4-13}$$

$$f_{cu,min} \geq f_{cu,k} - 0.7\sigma \tag{4-14}$$

当混凝土强度等级高于 C20 时，其强度的最小值尚应满足式（4-15）的要求。

$$f_{cu,min} \geq 0.9 f_{cu,k} \tag{4-15}$$

式中　$\bar{f}_{cu}$——同一验收批混凝土立方体抗压强度平均值，N/mm²；

$f_{cu,k}$——混凝土立方体抗压强度标准值，N/mm²；

$\sigma$——验收批混凝土立方体抗压强度标准差，N/mm²；

$f_{cu,min}$——同一验收批混凝土立方体抗压强度最小值，N/mm²。

2）未知标准差方法。当混凝土生产条件不能满足前述规定，或在前一个检验期内的同一品种混凝土没有足够的数据用以确定验收批混凝土强度的标准差时，应由不少于 10 组试件组成一个验收批，其强度应同时满足式（4-16）和式（4-17）的要求。

$$\bar{f}_{cu} - \lambda_1 S_{f_{cu}} \geq 0.9 f_{cu,i} \tag{4-16}$$

$$f_{cu,min} \geq \lambda_2 f_{cu,i} \tag{4-17}$$

式中　$S_{f_{cu}}$——同一验收批混凝土立方体抗压强度标准差，MPa；当 $S_{f_{cu}}$ 计算值小于 0.06$f_{cu,k}$ 时，取 0.06$f_{cu,k}$；

$\lambda_1$、$\lambda_2$——合格判定系数，按表 4-9 取用。

表 4-9　混凝土强度的合格判定系数

| 试件组数/组 | 10~14 | 15~24 | >24 |
|---|---|---|---|
| $\lambda_1$ | 1.70 | 1.65 | 1.60 |
| $\lambda_2$ | 0.9 | 0.85 | |

混凝土立方体抗压强度的标准差可按式（4-18）计算。

$$S_{f_{cu}} = \sqrt{\frac{\sum_{i=1}^{n} f_{cu,i}^2 - n\bar{f}_{cu}^2}{n-1}}$$

(4-18)

式中　$f_{cu,i}$——第 $i$ 组混凝土立方体抗压强度值，$N/mm^2$；

　　　　$n$——一个验收批混凝土试件的组数。

（2）非统计方法评定　该种方法适用于零星生产的预制构件混凝土或现场搅拌批量不大的混凝土。这种情况下，因试件数量有限（试件组少于 10 组），不具备按统计方法评定混凝土强度的条件。因而采用非统计方法。按非统计方法评定混凝土强度时，其强度应同时满足下列要求：

$$\bar{f}_{cu} \geqslant 1.15 f_{cu,k}$$

(4-19)

$$f_{cu,min} \geqslant 0.95 f_{cu,k}$$

(4-20)

（3）混凝土强度的合格性判定　混凝土强度应分批进行检验评定，当检验结果能满足上述规定时，则该混凝土强度判定为合格；当不满足上述规定时，则该批混凝土强度判定为不合格。

对不合格批混凝土制成的结构或构件，应进行鉴定。对不合格的结构或构件必须及时处理。

当对混凝土试件强度的代表性有怀疑时，可采用从结构或构件中钻取试件的方法或采用非破损检验方法，按有关标准的规定对结构或构件中混凝土的强度进行推定。

结构或构件拆模、出池、出厂、吊装、预应力筋张拉或放张，以及施工期间需短暂负荷时的混凝土强度，应满足设计要求或现行国家标准的有关规定。

**任务实施**

## 一、水泥混凝土立方体抗压强度的检测

**1. 仪器设备**

① 压力试验机。精度（标示的相对误差）至少为 ±2%，其量程应能使试件的预期破坏荷载值不小于全量程的 20%，也不大于全量程的 80%。

② 钢尺。量程 300mm，最小刻度 1mm。

二维码 4.3

③ 试模。有铸铁或钢制成，应具有足够的刚度并便于拆装。试模内应抛光，其不平度应不大于试件边长的 0.05%。组装后跟相邻面的不垂直度应不超过 ±0.5°。

④ 振动台。试验用振动台的振动频率应为 50Hz±3Hz，空载时振幅应约为 0.5mm。

⑤ 钢制捣棒。直径 16mm、长 600mm，一端为弹头。

⑥ 小铁铲，镘刀。

**2. 试件的制作**

（1）混凝土抗压强度实验一般以三个组件为一组。每一组试件所用的拌合物应从同一盘或同一车运送的混凝土中取出，或在实验时用机械或人工单独拌制。用以检验现浇混凝土工程或预制构件质量的试件分组及取样原则，应按《混凝土结构工程施工质量验收规范》（GB 50204—2015）及其他有关标准的规定执行。

（2）制作前，应将试模擦拭干净，并在试模内表面涂一层矿物油脂。

（3）所有试件应在取样后立即制作。试件成型方法应视混凝土稠度而定。一般坍落度小于 70mm 的混凝土，用振动台振实。大于 70mm 的则用捣棒人工捣实。

① 采用振动台成型时，应将混凝土拌合物一次装入试模，装料时应用抹刀沿试模内壁人工插捣，并使混凝土拌合物高出试模上口。振动时，应防止试模在振动台上自由跳动。振动应持续到混凝土表面出浆为止，刮去多余的混凝土，并用抹刀抹平。

② 采用人工插捣时，混凝土拌合物应分为两层装入试模，每层的装料厚度大致相等，插捣应按螺旋方向从边缘向中心均匀进行。插捣底层时，捣棒应达到试模表面，插捣上层时，捣棒传入下层深度为 20～30mm，插捣时捣棒应保持垂直，不得倾斜。同时，还应用抹刀沿试模内壁插入数次。每层的插捣次数应根据实际的界面而定，一般每 100cm² 截面积不应少于 12 次，见表 4-10。插捣完毕后，刮除多余的混凝土，并用抹刀抹平。

表 4-10 混凝土试件尺寸与每层振捣次数选用表及强度换算系数

| 试件尺寸 | 允许骨料最大粒径/mm | 每层插捣次数 | 强度换算系数 |
| --- | --- | --- | --- |
| 100mm×100mm×100mm | 30 | 12 | 0.95 |
| 150mm×150mm×150mm | 40 | 25 | 1.00 |
| 200mm×200mm×200mm | 60 | 50 | 1.05 |

### 3. 试件的养护

试件成型后，应覆盖表面，以防止水分蒸发，并应在温度为 20℃±5℃ 的情况下静停一昼夜（不得超过两昼夜），然后拆模。

（1）标准养护　拆模后的试件应立即放在温度为 20℃±5℃，湿度为 90％以上的标准养护室中养护。试件放在架上，彼此间隔为 10～20mm，应避免用水直接淋冲试件。当无标准养护室时，试件可在温度为 20℃±5℃ 的不流动水中养护。水的 pH 值不应小于 7。

（2）同条件养护　试件成型后，应覆盖表面。试件的拆模时间可与实际构件的拆模时间相同，拆模后，试件仍需同条件养护。

### 4. 抗压强度检测

① 试件从养护地点取出后，应尽快进行试验，以免试件内部的温度和湿度发生显著变化。

② 先将试件擦拭干净，测量尺寸，并检查外观，试件尺寸测量精确至 1mm，并据此计算试件的承压面积。如实测尺寸与公称尺寸之差不超过 1mm，可按公称尺寸进行计算。

③ 将试件安放在试验机的下压板上。试件的承压面应与成型的顶面垂直。试件的中心应与试验机下压板中心对准。开动试验机，当上板与试件接近时，调整球座，使接触均衡。

混凝土试件的试验应连续而均匀地加荷，混凝土强度等级低于 C30 时，其加荷速度为 0.3～0.5MPa/s；若混凝土强度等级高于或等于 C30 时，则为 0.5～0.8MPa/s。当试件接近破坏而开始迅速变形时，停止调整试验机油门，直至试件破坏。然后记录破坏荷载。

### 5. 结果计算与评定

① 混凝土试件立方体抗压强度（$f_{cu}$）为：

$$f_{cu} = \frac{F}{A} \tag{4-21}$$

② 以三个试件测量的算术平均值作为该组试件的抗压强度值。三个测值中的最大或最小值中如有一个与中间值的差值超过中间值的 15％时，则把最大值与最小值一并舍去，取中间值作为该组试件的抗压强度。如有两个测值与中间值的差超过中间值的 15％，则该组试件的试验结果无效。

③ 取 150mm×150mm×150mm 试件的抗压强度值为标准数值，用其他尺寸试件测得

的强度值均乘以尺寸换算系数，换算系数见表 4-10。

### 二、混凝土强度非破损检测——回弹法检验

混凝土非破损检验又称无损检验，它可用同一试件进行多次重复试验而不损坏试件，可以直接而迅速地测定混凝土的强度、内部缺陷的位置和大小。还可以判断混凝土遭受破坏或损伤的程度，因而无损检验在工程中得到了普遍重视的应用。

用于混凝土非破坏检验的方法很多，通常有回弹法、电测法、谐振法和取芯法等，还可以采用两种或两种以上的方法使用，以便更加综合地、准确地判断混凝土的强度和耐久性等。

回弹仪测定混凝土的强度，是采用附有拉力弹簧和一定尺寸的金属弹击杆的中型回弹仪，以一定的能量弹击后回弹混凝土表面，以弹击后回弹的距离值，表示被测混凝土表面的硬度。根据混凝土表面硬度与强度的关系，估算混凝土的抗压强度。

#### 1. 仪器设备

（1）回弹仪 中型回弹仪（图 4-19），主要由弹击系统、示值系统和仪壳部件等组成，冲击功为 2.207J。

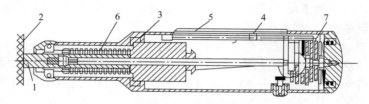

图 4-19 中型回弹仪构造图

1—弹击杆；2—混凝土试件；3—冲锤；4—指针；5—刻度尺；6—拉力弹簧；7—压力弹簧

（2）钢砧 洛氏硬度 $RHC$ 为 $60\pm2$。

#### 2. 检测步骤

（1）回弹仪率定 将回弹仪垂直向下在钢砧上弹击，取三次稳定回弹值进行平均，弹击杆应分四次旋转，每次旋转 $90°$，弹击杆每旋转一次的率定平均值应符合 $80\pm2$ 的要求。不然不能使用。

（2）混凝土构件测区与测面布置 每一构件至少应选用 10 个测区，相邻两测区间距不超过 2m，测区应均匀分布，并且具有代表性（测区宜选在侧面为好）。每个测区宜有两个相对的测面，每个测面约为 20cm×20cm。

（3）检测面的处理 测面应该平整光滑，必要时可用砂轮做表面加工，测面应自然干燥。每个测面上布置 8 个测点，若一个测区只有一个测面，应选 16 个测点，测点应平均分布。

（4）回弹值测定 将回弹仪垂直对准混凝土表面并轻压回弹仪，使弹击杆伸出、挂钩挂上冲锤；将回弹仪弹击杆垂直对准测试点，缓慢均匀的施压，待冲锤脱钩冲击弹击杆后，冲锤即带动指针向后移动直至到达一定位置时，即读出回弹值（精确至 1N）。

#### 3. 实验结果处理

① 回弹值计算 从测区的 16 个回弹值中分别剔除 3 个最大值和 3 个最小值，取其余 10 个回弹值的算术平均值，计算至 0.1N，作为该测区水平方向测试的混凝土平均回弹值（$N$）。

② 回弹值测试角度及浇筑面修正。若为非水平方向和浇筑面或底面时按有关规定先进行角度修正，然后再进行浇筑修正。

③ 混凝土表面碳化后其硬度会提高，测出的回弹值将随之增大，故当碳化深度大于或等于 0.5mm 时，其回弹值应按有关规定进行修正。

④ 根据室内实验建立的强度（$f$）与回弹值（$N$）关系曲线，查得构件测区混凝土强度值。

⑤ 计算混凝土构件强度平均值（精确至 0.1MPa）和强度标准差（精确至 0.01MPa），最后计算出混凝土构件强度推定制（MPa），精确至 0.1MPa。

 **知识拓展**

混凝土超声波检验和超声——回弹综合法的简介请扫描二维码 4.4 查看。

二维码 4.4

# 任务四　混凝土的长期性与耐久性检测

**任务描述**

测定混凝土的收缩值和徐变系数，评价混凝土的长期性；混凝土的长期性能包括收缩和徐变，通过完成混凝土的收缩和受压徐变试验，熟悉混凝土的变形形式和徐变的特点，评定混凝土的长期性；评定水泥混凝土的耐久性，是按照《普通混凝土长期性能和耐久性能试验方法标准》（GB/T 50082—2009）规定，制作、养护水泥混凝土试件，测定水泥混凝土抗冻性、抗渗性等指标，并将测定结果对照国家标准，评定水泥混凝土的耐久性。检测时严格按照相关检测步骤和注意事项，细致、认真地做好检测工作。通过完成此任务，掌握混凝土的变形、影响混凝土耐久性的因素以及如何提高混凝土的耐久性，同时掌握混凝土耐久性的检测方法。

 **知识链接**

## 一、混凝土的变形

混凝土在硬化期间和使用过程中，会受到各种因素作用而产生变形。混凝土的变形直接影响到混凝土的强度和耐久性，特别是对裂缝的产生有直接影响。引起混凝土变形的因素很多，归纳起来可分为两大类，即非荷载作用下的变形和荷载作用下的变形。

**1. 非荷载作用下的变形**

（1）化学收缩　一般水泥水化生成物的体积比水化反应前物质的总体积要小，导致水化过程的体积收缩，这种收缩称为化学收缩。化学收缩随混凝土的硬化龄期的延长而增加，在40d 内收缩值极快，以后逐渐稳定。化学收缩是不能恢复的，它对结构物不会产生明显的破坏作用，但在混凝土中可产生微细裂缝。

（2）干湿变形　由于周围环境的湿度变化引起混凝土变形，称为干湿变形。干湿变形的特点是干缩湿胀。当混凝土在水中硬化时，水泥凝胶体中胶体粒子的吸附水膜增厚，胶体粒子间距增长，使混凝土产生微小膨胀。当混凝土在干燥空气中硬化时，混凝土中水分子逐渐蒸发，水泥凝胶或水泥石毛细管失水，使混凝土产生收缩。若把已收缩的混凝土再置于水中养护，原收缩变形一部分可以恢复，但仍有一部分（占 30%～50%）不可恢复。

　　混凝土的湿胀变形量很小，对结构一般无破坏作用。但干缩变形对混凝土危害较大，干缩可能使混凝土表面出现拉应力而开裂，严重影响混凝土的耐久性。一般条件下，混凝土的极限收缩值达 $(50\sim90)\times10^{-5}$ mm/mm。工程设计时，混凝土线收缩采用 $(15\sim20)\times10^{-5}$ mm/mm，即每 1m 胀缩 $0.15\sim0.20$ mm。为了防止发生干缩，应采取加强养护、减少水灰比、减少水泥用量、加强振捣等措施。

　　(3) 温度变形　混凝土的热胀冷缩变形称为温度变形。混凝土的温度线膨胀系数为 $(1\sim1.5)\times10^{-5}$/℃，即温度每升降 1℃，每 1m 胀缩 $0.01\sim0.015$ mm。温度变形对大体积混凝土非常不利。在混凝土硬化初期，水泥水化放出较多的热量，而混凝土散热缓慢，使大体积混凝土内外产生较大的温差，从而在混凝土表面产生很大的拉应力，严重时会产生裂缝。因此，对大体积混凝土工程，应设法降低混凝土的发热量，如使用低热水泥，减少水泥用量，掺加缓凝剂及采取人工降温措施等，以减少内外温差，防止裂缝的产生和发展。

　　对纵向较长的混凝土结构和大面积混凝土工程，为防止其受大气温度影响而产生开裂，常每隔一定距离设置温度伸缩缝，以及在结构中设置温度钢筋等措施。

**2. 荷载作用下的变形**

　　(1) 短期荷载作用下的变形　混凝土是由水泥石、砂、石子等组成的不均匀复合材料，是一种弹性塑性体。混凝土受力后既会产生可以恢复的弹性形变，又会产生不可恢复的塑性变形。全部应变 $(\varepsilon)$ 由弹性应变 $(\varepsilon_e)$ 与塑性应变 $(\varepsilon_p)$ 组成，如图 4-20 所示。

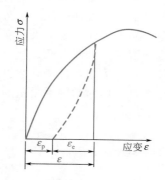

图 4-20　混凝土受力应力-应变图

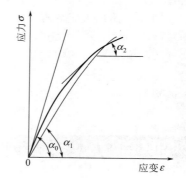

图 4-21　$\alpha_0$、$\alpha_1$、$\alpha_2$ 示意图

　　混凝土应力与应变曲线上任一点的 $\sigma$ 与其应变 $\varepsilon$ 的比值，称作混凝土在该应力下的变形模量。它反映了混凝土所受应力与所产生应变之间的关系，混凝土应力与应变之间的关系不是直线而是曲线，因此混凝土的变形模量不是定值。

　　根据《混凝土物理力学性能试验方法标准》(GB/T 50081—2019) 规定，采用 150mm×150mm×300mm 的棱柱体试件，取测定点的应力等于试件轴心抗压强度的 40%，经四次以上反复加荷与卸荷后，所得的应力-应变曲线与初始切线大致平行时测得的变形模量值，即为该混凝土的弹性模量。混凝土变形模量有三种表示方法，即初始弹性模量 $E_0=\tan\alpha_0$、割线弹性模量 $E_c=\tan\alpha_1$ 和切线弹性模量 $E_h=\tan\alpha_2$。$\alpha_0$、$\alpha_1$、$\alpha_2$ 表示如图 4-21 所示。在计算钢筋混凝土结构的变形、裂缝以及大体积混凝土的温度应力时，都需要混凝土弹性模量。

　　影响混凝土弹性模量的因素主要有混凝土的强度、骨料的性质以及养护等。混凝土的强度等级越高，弹性模量也越高。当混凝土的强度等级由 C15 增加到 C80 时，其弹性模量大致由 $2.20\times10^4$ MPa 增至 $3.80\times10^4$ MPa；骨料的含量越多，混凝土的弹性模量也越高；混凝土的水灰比小，养护较好及龄期较长，混凝土的弹性模量也较大。

（2）长期荷载作用下的变形　混凝土在长期荷载作用下会产生徐变现象。混凝土在长期荷载作用下，随着时间的延长，沿着作用力的方向发生的变形，一般要延续2～3年才逐渐趋向稳定。这种随时间而发展的变形性质，称为混凝土的徐变。混凝土无论是受压、受拉、受弯时，都会产生徐变。混凝土在长期荷载作用下，其变形与持荷作用时间的关系如图4-22所示。

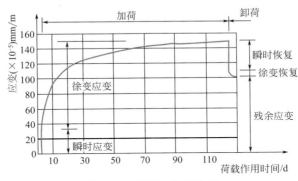

图 4-22　混凝土徐变曲线

当混凝土开始加荷时产生瞬时应变，随着荷载持续作用时间的延长，产生徐变变形。徐变变形初期增长较快，以后逐渐变慢，一般在延续2～3年才稳定下来，最终徐变应变可达 $(3\sim15)\times10^{-4}$ mm/m，即 0.3～1.5mm/m。当变形稳定以后卸荷，一部分变形瞬时恢复，其值小于在加荷瞬间产生的瞬时变形。在卸荷后的一段时间内，变形还会继续恢复，称为徐变恢复。最后残留下来的不能恢复的应变，称为残余应变。

混凝土的徐变，一般认为是由于水泥石中的凝胶体在长期荷载作用下的黏性流动，并向毛细孔中移动的结果。在混凝土的较早龄期加荷，水泥尚未充分水化，所含凝胶体较多，且水泥石中毛细孔较多，凝胶体易于流动，所以徐变发展较快。随着水泥继续硬化，凝胶体含量相对减少，毛细孔亦少，徐变发展缓慢。

影响混凝土徐变的因素很多，混凝土水灰比较小或在水中养护时，徐变较小，同等水灰比的混凝土，其水泥用量越多，徐变越大；混凝土所用骨料的弹性模量较大时，徐变较小；所受应力越大，徐变也越大。

混凝土的徐变对混凝土结构物的影响有利也有弊。有利的是，徐变能消除混凝土内的应力集中，使应力较均匀地重新分布。对大体积混凝土，则能消除一部分由于温度变形所产生的破坏应力。但是，徐变会使结构的变形增加；在预应力钢筋混凝土结构中，徐变会使钢筋混凝土的预应力受到损失，从而降低结构的承载能力。

## 二、混凝土的耐久性

在建筑工程中，不仅要求混凝土具有足够的强度来安全地承受载荷，还要求混凝土具有与环境相适应的耐久性来延长建筑物的使用寿命。例如，受水压作用的混凝土，要求具有抗渗性；要与水接触并遭受冰冻作用的混凝土，要求具有抗冻性；处于侵蚀性环境中的混凝土，要求具有相应的抗侵蚀性等。因此，把混凝土抵抗环境介质作用并长期保持其良好的使用性能和外观完整性，从而维持混凝土结构的安全、正常使用的能力，称为耐久性。

混凝土的耐久性是一项综合技术指标，包括抗渗性、抗冻性、抗侵蚀性、抗碳化、抗碱-骨料反应等。

**1. 混凝土的抗渗性**

混凝土的抗渗性是指混凝土抵抗液体（水、油等）渗透的能力。抗渗性是混凝土耐久性的一项重要指标。它直接影响混凝土抗冻性和抗腐蚀性。当混凝土的抗渗性较差时，不但容易渗水，而且由于水分渗入内部，当有冰冻作用或水中含腐蚀性介质时，混凝土易受到冰冻或腐蚀作用而破坏，对钢筋混凝土还可能引起钢筋的腐蚀以及保护层开裂和剥落。

混凝土的抗渗性用抗渗等级表示。抗渗等级是以 28d 龄期的标准混凝土抗渗试件，按照规定的实验方法，以不渗水时所能承受的最大水压（MPa）确定，用代号 P 表示，共有 P4、P6、P8、P10、P12 五个等级，分别表示能抵抗 0.4MPa、0.6MPa、0.8MPa、1.0MPa、1.2MPa 的静止水压力而不出现渗透现象。

混凝土渗水主要原因是由于内部的孔隙形成连通的渗水通道。这些孔道除产生于施工振捣不密实外，主要来源于水泥浆中多余水分蒸发留下的气孔、水泥浆泌水所形成的毛细孔以及粗骨料下部界面水富集所形成的孔穴。这些渗水通道的多少，主要与水灰比大小有关。因此，水灰比是影响抗渗性的主要因素之一。实验表明，随着水灰比的增大，抗渗性逐渐变差，当水灰比大于 0.6 时，抗渗性急剧下降。

提高混凝土抗渗性的重要措施有：提高混凝土密实度、改善混凝土孔隙结构、减少连通孔隙。这些可以通过降低水灰比、选择好的骨料级配、充分振捣和养护、掺加引气剂等方法来实现。

**2. 混凝土的抗冻性**

混凝土的抗冻性是指混凝土在水饱和状态下，能经受多次冻融循环作用而不破坏，同时不严重降低强度的性能。

混凝土的抗冻性用抗冻等级表示，抗冻等级是以 28d 龄期的混凝土标准试件，在浸水饱和状态下，进行冻融循环试验，以同时满足强度损失率不超过 25%，质量损失率不超过 5% 时最大循环次数来表示。混凝土的抗冻等级分为 F10、F15、F25、F50、F150、F200、F250 和 F300 八个等级，分别表示混凝土能承受冻融循环次数不少于 10 次、15 次、25 次、50 次、100 次、150 次、200 次、250 次和 300 次。

混凝土受冻破坏的主要原因是由于混凝土内部孔隙中的水在负温下结冰，体积膨胀（水结成冰后体积膨胀约 8% 左右）产生膨胀压力，当这种压力产生的内应力超过混凝土的极限抗拉强度时，混凝土就会产生裂缝，经多次冻融循环，裂缝不断扩展直至混凝土破坏。

混凝土的抗冻性与混凝土的密实程度、孔隙率和孔隙特征、孔的充水程度等因素有关。密实的或具有封闭孔隙的混凝土，抗冻性较好；水灰比越小，混凝土的密实度越高抗冻性也越高；在混凝土中加入引气剂或减水剂，能有效提高混凝土的抗冻性。

**3. 混凝土的抗侵蚀性**

混凝土的抗侵蚀性是指混凝土抵抗外界侵蚀性介质破坏作用的能力。通常有软水侵蚀、硫酸盐侵蚀、一般酸侵蚀和强碱侵蚀等。地下、码头、海底等混凝土工程易受环境介质侵蚀、其混凝土应有较高的抗侵蚀性。

混凝土的抗侵蚀性与所用的水泥品种、混凝土密实程度、孔隙特征等因素有关。密实性好的或具有封闭孔隙的混凝土，抗侵蚀性好。提高混凝土的抗侵蚀性应根据工程所处环境合理选择水泥品种，常用的水泥品种的选择详见学习情境三的内容。

**4. 混凝土的抗碳化**

混凝土的碳化是指混凝土中的 $Ca(OH)_2$ 与空气中 $CO_2$ 作用生成 $CaCO_3$ 和 $H_2O$ 的过

程。混凝土碳化是 $CO_2$ 由表及里逐渐向混凝土内部扩散的过程。碳化引起水泥石化学组成及组织结构变化，降低了混凝土的碱度。对混凝土的强度和收缩均能产生影响。

影响碳化速率与混凝土的密实度、水泥品种、环境中 $CO_2$ 浓度及环境湿度等因素有关。当水灰比较小，混凝土较密实时，$CO_2$ 和水不易进入，碳化速度减慢；掺混合材的水泥碱度较低，碳化速度随混合材掺量的增多而加快（在常用水泥中，火山灰水泥碳化速率最快，普通硅酸盐水泥碳化速率最慢）；空气中 $CO_2$ 浓度高时，碳化速率快；在相对湿度为 $50\%\sim75\%$ 的环境中，碳化速率最快，相对湿度达 $100\%$ 或相对湿度小于 $25\%$ 时碳化作用停止。

碳化对混凝土的作用有利也有弊。由于水泥水化产生大量氢氧化钙，使钢筋处在碱性环境中而在表面生成一层钝化膜，保护钢筋不锈蚀。碳化使混凝土碱性降低，当碳化深度穿透混凝土保护层而达到钢筋表面时，钢筋钝化膜被破坏而发生锈蚀，锈蚀的钢筋体积膨胀，致使混凝土保护层开裂，开裂后的混凝土更有利于 $CO_2$ 和水的渗入，加剧了碳化的进行和钢筋的锈蚀，最后导致混凝土顺着钢筋开裂而破坏。另外，碳化作用会增加混凝土的收缩，引起混凝土表面产生拉应力而出现微细裂缝，从而降低混凝土的抗拉、抗折强度及抗渗能力。不过碳化产生的碳酸钙填充了水泥石的空隙，以及碳化时产生的水分有助于未水化水泥的继续水化，从而可提高混凝土的碳化层的密实度，这对提高混凝土抗压强度有利。如混凝土预制桩往往利用碳化作用来提高桩的表面硬度。但总的来说，碳化对混凝土是利多弊少，因此应设法提高混凝土的抗碳化能力。

在实际工程中，为减少或避免碳化作用，可根据钢筋混凝土所处环境下去选择合适的水泥品种、设置足够的混凝土保护层、减小水灰比、加强振捣密实、掺加外加剂、在混凝土表面涂刷保护层等措施。

**5. 混凝土的抗碱-骨料反应**

碱-骨料反应是指水泥中的碱（$Na_2O$、$K_2O$）与骨料中的活性二氧化硅发生化学反应，在骨料表面生成复杂的碱——硅酸凝胶，其吸水后体积膨胀（体积可增加 3 倍以上），从而导致混凝土开裂而破坏的现象。

混凝土发生碱-骨料反应必须具备以下三个条件。

① 水泥中碱含量高。水泥中碱含量按（$Na_2O+0.658K_2O$）％计算大于 $0.6\%$。

② 砂、石骨料中含有活性二氧化硅成分。含活性二氧化硅的矿物有蛋白石、玉髓、鳞石英等。

③ 有水存在。在无水情况下，混凝土不可能发生碱-骨料反应。

在实际工程中，为抑制碱-骨料反应，常采取控制水泥总含碱量不超过 $0.6\%$；选用非活性骨料；降低混凝土单位水泥用量，以降低混凝土含碱量；在混凝土中掺入火山灰质混合材，以减少膨胀值；防止水分浸入，设法使混凝土处于干燥状态等措施。

**6. 提高混凝土耐久性的措施**

混凝土所处的环境和使用条件不同，对其耐久性要求也不相同。提高混凝土耐久性常采取以下措施。

① 合理选择水泥品种。水泥品种的选择应与工程结构所处环境条件相适应，可参照学习情境三的内容选用合适的水泥品种。

② 控制混凝土的最大水灰比及最小水泥用量。在一定的工艺条件下，混凝土的密实度与水灰比有直接关系，与水泥用量有间接关系。所以混凝土中水泥用量和水灰比，不能仅满足于混凝土对强度的要求，还必须满足耐久性要求。《普通混凝土配合比设计规程》（JGJ 55—2011）对建筑工程所用混凝土的最大水灰比和最小水泥用量做了规定，见表4-11。

③ 选用较好的砂、石骨料。尽可能选用级配良好、技术条件合格的砂、石骨料，在允许的最大粒径范围内，尽量选用较大粒径的粗骨料，以减少骨料的孔隙率和总表面积，节约水泥，提高混凝土的密实度和耐久性。

④ 掺加引气剂或减水剂，提高混凝土抗冻性、抗渗性。

⑤ 改善混凝土施工条件，保证施工质量。

表 4-11　混凝土的最大水灰比和最小水泥用量

| 环境条件 | | 结构类别 | 最大水灰比 | | | 最小水泥用量/kg | | |
| --- | --- | --- | --- | --- | --- | --- | --- | --- |
| | | | 素混凝土 | 钢筋混凝土 | 预应力混凝土 | 素混凝土 | 钢筋混凝土 | 预应力混凝土 |
| 干燥环境 | | 正常居住或办公用房室内部件 | 不做规定 | 0.65 | 0.60 | 200 | 260 | 300 |
| 潮湿环境 | 无冻害 | 高湿度的室内部件，室外部件，在非侵蚀性土和(或)水中部件 | 0.70 | 0.60 | 0.60 | 225 | 280 | 300 |
| | 有冻害 | 经受冻害的室外部件在非侵蚀性土和(或)水中且经受冻害的部件，高湿度且经受冻害的室内部件 | 0.55 | 0.55 | 0.55 | 250 | 280 | 300 |
| 有冻害和除冰剂的潮湿环境 | | 经受冻害和除冰剂作用的室内和室外部件 | 0.50 | 0.50 | 0.50 | 300 | 300 | 300 |

 **任务实施**

## 一、混凝土抗渗性检测

**1. 仪器设备**

① 混凝土抗渗仪。应能使水压按规定的程度稳定地作用在试件上的装置。

② 加压装置。螺旋或其他形式，其压力以能把试件压入试件套内为宜。

**2. 试样制备**

① 根据抗渗设备要求，制作抗渗试件，以 6 个为一组。

② 试件成型后 24h 拆模，用钢丝刷刷去两端面水泥浆膜，然后送入标准养护室养护。试件一般养护至 28d 龄期进行试验，如有特殊要求，可在其他龄期进行。

**3. 检测步骤**

① 试件养护至试验前一天取出，将表面晾干，然后在其侧面涂一层熔化的密封材料，随即在螺旋或其他加压装置上，将试件压入经烘箱预热过的试件套中，稍冷却后，即可解除压力，连同试件套装在抗渗仪上进行试验。

② 试验从水压为 0.1MPa 开始。以后每隔 8h 增加水压 0.1MPa，并且要随时注意观察试件端面的渗水情况。

③ 当 6 个试件中有 3 个试件端面呈有渗水现象时，即可停止试验，记下当时的水压。

④ 在试验过程中，如发现水从试件周边渗出，则应停止试验，重新密封。

**4. 结果整理**

混凝土的抗渗标号以每组 6 个试件中 4 个试件未出现渗水时的最大水压力计算，其计算式为：

$$P = 10H - 1 \qquad\qquad (4\text{-}22)$$

式中　$P$——抗渗标号；

　　　$H$——6 个试件中 3 个渗水时的水压力，MPa。

## 二、混凝土抗冻性检测（慢冻法）

### 1. 仪器设备

① 冷冻箱（室）。装有试件后能使箱（室）内温度保持在 $-15 \sim -20℃$ 内。

② 融解水槽。装有试件后能使水温保持在 $15 \sim 20℃$ 内。

③ 框篮。用钢筋焊成，其尺寸应与所装的试件相适应。

④ 案秤。称量 10kg，感量为 5g。

⑤ 压力试验机。精度至少为 $\pm 2\%$，其量程应能使试件的预期破坏荷载值不小于全量程的 20%，也不大于全量程的 80%。试验机上、下压板及试件之间可各垫以钢垫板，钢垫板两受压面均为机械加工。与试件接触的压板或垫板的尺寸应大于试件承压面，其不平度应为每 100mm 不超过 0.02mm。

### 2. 试样制备

① 慢冻法混凝土抗冻性能试验应采用立方体试件。试件的尺寸与制作方法同混凝土立方体抗压强度试验，每次试验所需的试件组数应符合表 4-12 的规定，每组试件应为 3 块。

② 如无特殊要求，试件应在 28d 龄期时进行冻融试验。试验前 4d 应把冻融试件从养护地点取出，进行外观检查，随后放在 $15 \sim 20℃$ 水中浸泡，浸泡时水面至少应高出试件顶面 20mm，冻融试件浸泡 4d 后进行冻融试验。对比试件则应保留在标准养护室内，直到完成冻融循环后，与抗冻试件同时试压。

表 4-12　慢冻法试验所需的试件组数

| 设计抗冻标号 | F25 | F50 | F100 | F150 | F200 | F250 | F300 |
|---|---|---|---|---|---|---|---|
| 检查强度时的冻融循环次数/次 | 25 | 50 | 50~100 | 100~150 | 150~200 | 200~250 | 250~300 |
| 鉴定 28d 强度所需试件组数/组 | 1 | 1 | 1 | 1 | 1 | 1 | 1 |
| 冻融试件组数/组 | 1 | 2 | 2 | 2 | 2 | 2 | 2 |
| 对比试件组数/组 | 1 | 1 | 2 | 2 | 2 | 2 | 2 |
| 总计试件组数/组 | 3 | 3 | 5 | 5 | 5 | 5 | |

### 3. 检测步骤

① 浸泡完毕后，取出试件，用布擦除表面水分、称重、按编号置入框篮后即可放入冷冻箱（室）开始冻融试验。在箱（室）内，框篮应架空，试件与框篮接触处应垫以垫条，并保证至少留 20mm 的空隙，框篮中各试件之间至少保持 20mm 的空隙。

② 抗冻试验冻结时温度应保持在 $-15 \sim -20℃$。试件在箱内温度到达 $-2℃$ 时放入，装完试件如温度有较大升高，则以温度重新降至 $-15℃$ 时起算冻结时间。每次从装完试件到重新降至 $-15℃$ 所需的时间不应超过 2h。冷冻箱（室）内温度均以其中心处温度为准。

③ 每次循环中试件的冻结时间应按其尺寸而定，对 $100\text{mm} \times 100\text{mm} \times 100\text{mm}$ 及 $150\text{mm} \times 150\text{mm} \times 150\text{mm}$ 试件的冻结时间不应小于 4h，对 $200\text{mm} \times 200\text{mm} \times 200\text{mm}$ 试件不应小于 6h。如果在冷冻箱（室）内同时进行不同规格尺寸试件的冻结试验，其冻结时间应按最大尺寸试件计。

④ 冻结试验结束后，试件即可取出并应立即放入能使水温保持在 $15 \sim 20℃$ 的水槽中进

行融化。此时，槽中水面应至少高出试件表面 20mm，试件在水中融化的时间不应小于 4h。融化完毕即为该次冻融循环结束，取出试件送入冷冻箱（室）进行下一次循环试验。

⑤ 应经常对冻融试件进行外观检查。发现有严重破坏时应进行称重，如试件的平均失重率超过 5%，即可停止其冻融循环试验。

⑥ 混凝土试件达到表 4-12 规定的冻融循环次数后，即应进行抗压强度试验。抗压试验前应称重并进行外观检查，详细记录试件表面破损、裂缝及边缘缺损情况。如果试件表面破损严重，则应用石膏找平后再进行试压。

⑦ 在冻融过程中，如因故需中断试验，为避免失水和影响强度，应将冻融试件移入标准养护室保存，直至恢复冻融试验为止。此时应将故障原因及暂停时间在试验结果中注明。

**4. 结果整理**

① 混凝土冻融试验后应按式（4-23）计算其强度损失率：

$$\Delta f_c = \frac{f_{c0} - f_{cn}}{f_{c0}} \times 100 \tag{4-23}$$

式中　$\Delta f_c$——$n$ 次冻融循环后的混凝土强度损失率，以 3 个试件的平均值计算，%；

　　　　$f_{c0}$——对比试件的抗压强度平均值，MPa；

　　　　$f_{cn}$——经 $n$ 次冻融循环后的 3 个试件抗压强度平均值，MPa。

② 混凝土试件冻融后的质量损失率可按式（4-24）计算：

$$\Delta \omega_n = \frac{G_0 - G_n}{G_0} \times 100 \tag{4-24}$$

式中　$\Delta \omega_n$——$n$ 次冻融循环后的质量损失率，以 3 个试件的平均值计算，%；

　　　　$G_0$——冻融循环试验前的试件质量，kg；

　　　　$G_n$——$n$ 次冻融循环后的试件质量，kg。

混凝土的抗冻标号，以同时满足强度损失率不超过 25%，质量损失率不超过 5% 时的最大循环次数来表示。

# 任务五　普通混凝土的配制

## 📁 任务描述

配制某办公楼现浇钢筋混凝土柱用混凝土。要求混凝土设计强度等级为 C30。施工采用机械拌和及振捣，选择的混凝土拌合物坍落度为 30～50mm。施工单位无混凝土强度统计资料。按照《普通混凝土配合比设计规程》（JGJ 55—2011）进行混凝土的配合比设计，即根据工程所需的水泥混凝土各项性能要求确定混凝土中各组成材料数量之间的比例关系。首先，根据原材料的性能和混凝土技术要求进行初步计算，得出初步计算配合比；再经过试验室试拌调整，得出基准配合比；然后，经过强度检验（如有抗渗、抗冻等其他性能要求，应进行相应的检验），定出满足设计和施工要求并比较经济的试验配合比。最后，根据现场砂、石的实际含水率，对试验室配合比进行调整，得出施工配合比。

##  知识链接

### 一、混凝土配合比表示方法

水泥混凝土配合比表示方法，有下列两种。

**1. 单位用量表示法**

以每 $1m^3$ 混凝土中各种材料的用量表示，例如：水泥 310kg、水 155kg、砂 750kg、石子 1116kg。

**2. 相对用量表示法**

以混凝土各项材料的质量比来表示（以水泥质量为1），例如，水泥：水：砂：石子＝1：0.5：2.4：3.6。

## 二、混凝土配合比设计的基本要求

配合比设计的任务，就是根据原材料的技术性能及施工条件，确定能满足工程要求的技术经济指标的各项组成材料的用量。其基本要求如下。

① 满足施工条件所需要的和易性。

② 满足混凝土结构设计的强度等级。

③ 满足工程所处环境和设计规定的耐久性。

④ 在满足上述要求的前提下，尽可能节约水泥，降低成本。

## 三、混凝土配合比设计的资料准备

在设计混凝土配合比之前，应掌握以下基本资料。

① 了解工程设计所要求的混凝土强度等级和质量稳定性的强度标准差，以便确定混凝土配制强度。

② 了解工程所处环境对混凝土耐久性的要求，以便确定所配制混凝土最大水灰比和最小水泥用量。

③ 了解结构构件断面尺寸及钢筋配置情况，以便确定混凝土骨料的最大粒径。

④ 了解混凝土施工方法及管理水平，以便选择混凝土拌合物坍落度及骨料最大粒径。

⑤ 掌握原材料的性能指标，包括：水泥的品种、强度等级、密度；砂、石骨料的种类、表观密度、级配、最大粒径；拌和用水的水质情况；外加剂的品种、性能、掺量等。

## 四、混凝土配合比设计中的三个重要参数

混凝土配合比设计，实际上就是确定水泥、水、砂与石子四种基本组成材料用量之间的三个比例关系。即：水与水泥用量的比值（水灰比）；砂子质量占砂石总质量的百分率（砂率）；单位用水量。在配合比设计中正确地确定这三个参数，就能使混凝土满足配合比设计的四项基本要求。

水灰比是影响混凝土强度和耐久性的主要因素，其确定原则是在满足强度和耐久性要求前提下，尽量选择较大值，以节约水泥。砂率是影响混凝土拌合物和易性的重要指标，选用原则是在保证混凝土拌合物黏聚性和保水性的前提下，尽量取较小值。单位用水量是指 $1m^3$ 混凝土用水量，它反应混凝土拌合物中水泥浆与骨料之间的比例关系，其确定原则是在达到流动性要求的前提下取较小值。

## 五、混凝土配合比设计的步骤

（一）初步配合比的计算

**1. 确定配制强度 $f_{cu,0}$**

考虑到实际施工条件与实验室条件的差别，为了保证混凝土能够达到设计要求的强

度等级，在混凝土配合比设计时，必须使混凝土的配制强度高于设计强度等级。根据《普通混凝土配合比设计规程》（JGJ 55—2011）规定，配制强度 $f_{cu,0}$ 可按式（4-25）计算：

$$f_{cu,0} = f_{cu,k} + 1.645\sigma \tag{4-25}$$

式中　$f_{cu,0}$——混凝土配制强度，MPa；

$f_{cu,k}$——混凝土设计强度等级，MPa；

$\sigma$——混凝土强度标准差，MPa。强度标准差 $\sigma$ 可根据施工单位以往的生产质量水平进行测算，如施工单位无历史统计资料时，可按表 4-13 选取。

表 4-13　$\sigma$ 取值表

| 混凝土强度等级 | <C20 | C20～C35 | >C35 |
|---|---|---|---|
| $\sigma$/MPa | 4.0 | 5.0 | 6.0 |

### 2. 初步确定水灰比（$W/C$）

根据已算出的混凝土配制强度（$f_{cu,0}$）及所用水泥的实际强度（$f_{ce}$）或水泥强度等级，按式（4-26）计算出所要求的水灰比值（混凝土强度等级小于 C60 级）：

$$\frac{W}{C} = \frac{m_w}{m_c} = \frac{\alpha_a f_{ce}}{f_{cu,0} + \alpha_a \alpha_b f_{ce}} \tag{4-26}$$

式中　$f_{ce}$——水泥 28d 抗压强度实测值，MPa；

$\alpha_a$，$\alpha_b$——回归系数；应根据工程所用的水泥、集料，通过试验由建立的水灰比与混凝土强度关系式确定；当不具备上述试验统计资料时，可取碎石混凝土 $\alpha_a = 0.46$，$\alpha_b = 0.07$；卵石混凝土 $\alpha_a = 0.48$，$\alpha_b = 0.33$。

为了保证混凝土耐久性，计算出的水灰比不得大于表 4-11 中规定的最大水灰比值。如计算出的水灰比值大于规定的最大水灰比值，应取表 4-11 中规定的最大水灰比进行设计。

### 3. 确定 1m³ 混凝土的用水量（$m_{w0}$）

根据混凝土施工要求的坍落度及所用骨料的品种、最大粒径等因素，对干硬性混凝土用水量可参考表 4-14 选用；对塑性混凝土的用水量可参考表 4-15 选用。如果是流动性大或大流动性混凝土，以表 4-15 中坍落度为 90mm 的用水量为基础，按坍落度每增大 20mm，用水量增加 5kg。如果混凝土掺加外加剂，其用水量按式（4-27）计算：

$$m_{wa} = m_{w0}(1-\beta) \tag{4-27}$$

式中　$m_{wa}$——掺外加剂时混凝土的单位用水量，kg；

$m_{w0}$——未掺外加剂时混凝土的单位用水量，kg；

$\beta$——外加剂的减水率，应经试验确定。

表 4-14　干硬性混凝土的单位用水量选用表　　　　　　　　　　单位：kg/m³

| 维勃稠度/s | 卵石最大粒径/mm | | | 碎石最大粒径/mm | | |
|---|---|---|---|---|---|---|
| | 10 | 20 | 40 | 16 | 20 | 40 |
| 16～20 | 175 | 160 | 145 | 180 | 170 | 155 |
| 11～15 | 180 | 165 | 150 | 185 | 175 | 160 |
| 5～10 | 185 | 170 | 155 | 190 | 180 | 165 |

表 4-15 塑性混凝土的单位用水量选用表 单位：kg/m³

| 坍落度 /mm | 卵石最大粒径/mm | | | | 碎石最大粒径/mm | | | |
|---|---|---|---|---|---|---|---|---|
| | 10 | 20 | 31.5 | 40 | 16 | 20 | 31.5 | 40 |
| 10～30 | 190 | 170 | 160 | 150 | 200 | 185 | 175 | 165 |
| 35～50 | 200 | 180 | 170 | 160 | 210 | 195 | 185 | 175 |
| 55～70 | 210 | 190 | 180 | 170 | 220 | 205 | 195 | 185 |
| 75～90 | 215 | 195 | 185 | 175 | 230 | 215 | 205 | 195 |

注：1. 本表不宜用于水灰比小于 0.4 或大于 0.8 的混凝土。

2. 本表用水量系采用中砂时的平均值，若用细（粗）砂，每立方米混凝土用水量可增加（减少）5～10kg。

3. 掺用外加剂或掺合料时，用水量应作相应调整。

### 4. 确定 1m³ 混凝土用水泥用量（$m_{c0}$）

根据确定出的水灰比和 1m³ 混凝土的用水量，可求出 1m³ 混凝土的水泥用量（$m_{c0}$）：

$$m_{c0} = \frac{m_{w0}}{W/C} \tag{4-28}$$

为了保证混凝土的耐久性，由式(4-28) 计算得出的水泥用量还要满足表 4-11 中规定的最小水泥用量的要求，如果算得的水泥用量小于表 4-11 规定的最小水泥用量，应取表 4-11 规定的最小水泥用量。

### 5. 选取合理的砂率（$\beta_s$）

一般应通过试验找出合理的砂率。如无试验经验，可根据骨料种类、规格及混凝土的水灰比，参考表 4-16 选用合理砂率。

表 4-16 混凝土砂率选用表 单位:%

| 水灰比 W/C | 卵石最大粒径/mm | | | 碎石最大粒径/mm | | |
|---|---|---|---|---|---|---|
| | 10 | 20 | 40 | 10 | 20 | 40 |
| 0.40 | 26～32 | 25～31 | 24～30 | 30～35 | 29～34 | 27～32 |
| 0.50 | 30～35 | 29～34 | 28～33 | 33～38 | 32～37 | 30～35 |
| 0.60 | 33～38 | 32～37 | 31～36 | 36～41 | 35～40 | 33～38 |
| 0.70 | 36～41 | 35～40 | 34～39 | 39～44 | 38～43 | 36～41 |

注：1. 本表适用于坍落度为 10～60mm 的混凝土。坍落度大于 60mm 时，应在上表的基础上，按坍落度每增大 20mm，砂率增大 1% 的幅度予以调整；坍落度小于 10mm 的混凝土，其砂率应经试验确定。

2. 本表数值系采用中砂时的选用砂率，若用细（粗）砂，可相应减少（增加）砂率。

3. 只用一个单粒级粗骨料配制的混凝土，砂率应适当增加。

4. 对薄壁构件砂率取偏大值。

### 6. 计算 1m³ 混凝土粗、细骨料的用量（$m_{g0}$）及（$m_{s0}$）

确定砂子、石子用量的方法很多，最常用的是假定表观密度法和绝对体积法。

（1）假定表观密度法 如果混凝土所用原料的情况比较稳定，所配制混凝土的表观密度将接近一个固定值，这样就可以先假定 1m³ 混凝土拌合物的表观密度。列出以下方程。

$$m_{c0} + m_{s0} + m_{g0} + m_{w0} = m_{cp} \tag{4-29}$$

$$\beta_s = \frac{m_{s0}}{m_{s0} + m_{g0}} \times 100\% \tag{4-30}$$

式中 $m_{c0}$，$m_{s0}$，$m_{g0}$，$m_{w0}$——分别为 1m³ 混凝土中水泥、砂、石子、水的用量，kg；

$m_{cp}$——1m³ 混凝土拌合物的假定质量，kg，可取 2350～2450kg/m³；

$\beta_s$——砂率，%。

（2）绝对体积法　假定混凝土拌合物的体积等于各组成材料的绝对体积和拌合物中空气的体积之和。因此，在计算混凝土拌合物的各材料用量时，可列出下式：

$$\frac{m_{c0}}{\rho_c}+\frac{m_{s0}}{\rho_s}+\frac{m_{g0}}{\rho_g}+\frac{m_{w0}}{\rho_w}+0.01\alpha=1 \tag{4-31}$$

式中　$\rho_c$，$\rho_s$，$\rho_g$，$\rho_w$——分别为水泥的密度、砂的表观密度、石子的表观密度、水的密度，$kg/m^3$，水泥的密度可取 $2900\sim3100kg/m^3$；

$\alpha$——混凝土的含气量百分数，在不使用引气型外加剂时，可取 $\alpha=1$。

联立求解式(4-29)、式(4-30) 或式(4-30)、式(4-31)，即可求解出 $m_{g0}$ 和 $m_{s0}$。

通过以上六个步骤便可将混凝土中水泥、水、砂子和石子的用量全部求出，得到混凝土的初步配合比。

**（二）确定基准配合比和实验室配合比**

混凝土的初步配合比是根据经验公式估算而得出的，不一定符合工程需要，必须通过实验进行配合比调整。配合比调整的目的有两个：一是使混凝土拌合物的和易性满足施工要求；二是使水灰比满足混凝土强度和耐久性的要求。

**1.调整和易性，确定基准配合比**

按初步配合比称取一定量原材料进行试拌。当所有骨料最大粒径 $D_{max}\leqslant31.5mm$ 时，试配的最小拌合量为 15L。当 $D_{max}=40mm$ 时，试配的最小拌合量为 25L。试拌时的搅拌方法应与生产时使用的方法相同。拌和均匀后，先测定拌合物的坍落度，并检验黏聚性和保水性。如果和易性不符合要求，应进行调整。调整的原则如下：若坍落度过大，应保持砂率不变，增加砂、石的用量；若坍落度过小，应保持水灰比不变，增加用水量及相应的水泥用量；如拌合物黏聚性和保水性不良，应适当增加砂率（保持砂、石总重量不变，提高砂用量，减少石子用量）；如拌合物砂浆过多，应适当降低砂率（保持砂、石总重量不变，减少砂用量，增加石子用量）。每次调整后再试拌，评定其和易性，直到和易性满足设计要求为止，并记录好调整后各种材料用量，测定实际体积密度。

假定调整后混凝土拌合物的体积密度为 $\rho_{0h}(kg/m^3)$，调整和易性后的混凝土试样总质量为：

$$m_{Qb}=m_{cb}+m_{wb}+m_{sb}+m_{gb} \tag{4-32}$$

由此得出基准配合比（调整和易性后 $1m^3$ 混凝土中各材料用量）：

$$m_{cj}=\frac{m_{cb}}{m_{Qb}}\rho_{0h}$$

$$m_{wj}=\frac{m_{wb}}{m_{Qb}}\rho_{0h}$$

$$m_{sj}=\frac{m_{sb}}{m_{Qb}}\rho_{0h} \tag{4-33}$$

$$m_{gj}=\frac{m_{gb}}{m_{Qb}}\rho_{0h}$$

式中　　　　$m_{Qb}$——调整和易性后的混凝土试样总质量，kg；

$m_{cb}$，$m_{wb}$，$m_{sb}$，$m_{gb}$——调整和易性后的混凝土试样中水泥、水、砂、石用量，kg；

$m_{cj}$，$m_{wj}$，$m_{sj}$，$m_{gj}$——调整和易性后，$1m^3$ 混凝土中水泥、水、砂、石用量，$kg/m^3$。

**2. 检验强度和耐久性，确定实验室配合比**

经过和易性调整后得到的基准配合比，其水灰比选择不一定恰当，即混凝土强度和耐久性有可能不符合要求，应检验强度和耐久性。强度检验一般采用三组不同的水灰比，其中一组为基准配合比中的水灰比，另外两组配合比的水灰比值，应较基准配合比中的水灰比值分别增加和减少 0.05，其用水量应与基准配合比相同，砂率值可分别适当增加或减少，调整好和易性，测定其体积密度，制作三个水灰比下的混凝土标准试块，并经标准养护 28d，进行抗压试验（如对混凝土还有抗渗、抗冻等耐久性要求，还应增加相应的项目试验）。由试验所测得的混凝土强度与相应的水灰比作图，求出与混凝土配制强度相对应的水灰比，并按以下原则确定 1m³ 混凝土拌合物的各材料用量，及实验室配合比。

① 用水量（$m_w$）应在基准配合比用水量的基础上，根据制作强度试件时测的坍落度或维勃稠度进行调整确定；

② 水泥用量（$m_c$）应以用水量乘以选定出来的灰水比计算确定；

③ 粗、细骨料用量（$m_g$，$m_s$）应在基准配合比的粗、细骨料用量基础上，按选定的灰水比进行调整后确定。

经试配确定配合比后，还应按下列步骤进行校正（$\rho_{c,c}$）

$$\rho_{c,c}=(m_c+m_w+m_s+m_g)/(1m^3) \tag{4-34}$$

再按式(4-35)计算混凝土配合比校正系数 $\delta$：

$$\delta=\frac{\rho_{c,s}}{\rho_{c,c}} \tag{4-35}$$

式中　$\rho_{c,s}$——混凝土体积密度实测值，kg/m³；

　　　$\rho_{c,c}$——混凝土体积密度计算值，kg/m³。

当混凝土体积密度实测值与计算值之差的绝对值不超过计算值的 2% 时，按以前的配合比即为确定的实验室配合比；当两者之差超过 2% 时，应将配合比中每项材料用量乘以校正系数 $\delta$，即为实验室配合比。

根据本单位常用的材料，可设计出常用的混凝土配合比备用。在使用过程中，应根据原材料情况及混凝土质量检验的结果予以调整。但遇有下列情况之一时，应重新进行配合比设计：

① 对混凝土性能指标有特殊要求时；

② 水泥、外加剂或矿物掺合料品种、质量有显著变化时；

③ 该配合比的生产间断半年以上时。

**3. 确定施工配合比**

以上混凝土配合比是以干燥骨料为基准得出的，而工地存放的砂石一般都含有水分。假定现场砂、石子的含水率分别为 $a\%$ 和 $b\%$，则施工配合比中 1m³ 混凝土的各组成材料用量分别如下。

水泥用量：$m_c'=m_c$

砂用量：$m_s'=m_s(1+a\%)$

石子用量：$m_g'=m_g(1+b\%)$

用水量：$m_w'=m_w-m_s a\%-m_g b\%$

## 六、掺减水剂混凝土配合比设计

混凝土掺减水剂而不需要减水和减水泥时，其配合比设计的方法与步骤与不掺减水剂时完全相同，但当掺减水剂后需要减水或同时又需要减少水泥用量时，则其计算方法有所不同。掺减水剂混凝土配合比设计的计算原则和步骤如下。

① 首先按《普通混凝土配合比设计规程》（JGJ 55—2011）计算出不掺外加剂的混凝土的配合比。

② 在不掺外加剂的混凝土的配合比用水量和水泥用量的基础上，进行减水和减水泥，然后算出减水和减水泥后的每立方米混凝土的实际水和水泥用量。

③ 混凝土配合比中减水和减水泥后，这时相应增加砂、石骨料用量。计算砂、石用量仍可按体积法或重量法求得。

④ 计算 $1m^3$ 混凝土中减水剂的掺量，以占水泥重的百分比计。

⑤ 混凝土试拌及调整。最后即可得出正式配合比。

在设计掺减水剂混凝土的配合比时，应注意以下几点。

① 当掺用减水剂以期达到提高混凝土的强度时，不能仅仅减水而不改动砂、石骨料，而应既减水又必须增加砂、石用量，否则将造成混凝土亏方（混凝土体积减小）。

② 当掺用减水剂以期改善混凝土拌合物的和易性时，应适当增大砂率，以免引起拌合物的保水性和黏聚性变差。

③ 当掺用减水剂以达到节省水泥时，必须注意减少水泥后 $1m^3$ 混凝土中的水泥用量不得低于 GB 50204—2015 中规定的最低水泥用量值。

## 七、水泥混凝土配合比设计实例

【例 4-1】某框架结构工程现浇室内钢筋混凝土梁，混凝土设计强度等级为 C30。施工采用机械拌和及振捣，选择的混凝土拌合物坍落度为 35～50mm。施工单位无混凝土强度统计资料。所用原材料如下。

水泥：普通水泥，强度等级 42.5MPa，实测 28d 抗压强度 45.9MPa，密度 $\rho_c = 3.0g/cm^3$。

砂：中砂，级配 Ⅱ 区合格。表观密度 $\rho_s = 2.65g/cm^3$。

石子：碎石，5～31.5mm。表观密度 $\rho_g = 2.70g/cm^3$。

水：自来水，密度 $\rho_w = 1.00g/cm^3$。

外加剂：FDN 非引气高效减水剂（粉剂），适宜掺量 0.5%。

试求：

1.混凝土基准配合比。

2.混凝土掺加 FDN 减水剂的目的是为了既要使混凝土拌合物和易性有所改善，又要能节约一些水泥用量，故决定减水 8%，减水泥 5%，求此掺减水剂混凝土的配合比。

3.经试配制混凝土的和易性和强度均符合要求，无需作调整。又知现场砂子的含水率为 3%，石子含水率为 1%，试计算混凝土施工配合比。

解　（一）求混凝土基准配合比

1.计算混凝土的配制强度 $f_{cu,0}$

根据题意可得：$f_{cu,k} = 30.0MPa$，查表 4-13 取 $\sigma = 5.0MPa$，则

$$f_{cu,0} = f_{cu,k} + 1.645\sigma = 30.0 + 1.645 \times 5.0 = 38.23 (MPa)$$

2.确定混凝土水灰比 $W/C$

（1）按强度要求计算

根据题意可得：$f_{ce} = 45.9MPa$，$\alpha_a = 0.46$，$\alpha_b = 0.07$，则：

$$\frac{W}{C} = \frac{m_w}{m_c} = \frac{\alpha_a f_{ce}}{f_{cu,0} + \alpha_a \alpha_b f_{ce}} = \frac{0.46 \times 45.9}{38.23 + 0.46 \times 0.07 \times 45.9} = 0.53$$

（2）复核耐久性：由于框架结构混凝土梁处于干燥环境，经复核，耐久性合格，可取水灰比值为 0.53。

3. 确定用水量 $m_{w0}$

根据题意，骨料为中砂、碎石，碎石最大粒径为 31.5mm，查表取 $m_{w0}=185kg$。

4. 计算水泥用量 $m_{c0}$

（1）计算

$$m_{c0}=\frac{m_{w0}}{W/C}=\frac{185}{0.53}=349(kg)$$

（2）复核耐久性：经复核，耐久性合格。

5. 确定砂率 $\beta_s$

根据题意，采用中砂、碎石（最大粒径 31.5mm）、水灰比 0.53，查表取 $\beta_s=35\%$。

6. 计算砂、石子用量 $m_{s0}$、$m_{g0}$

绝对体积法。将数据代入绝对体积法的计算公式，取 $\alpha=1$，可得：

$$\begin{cases}\dfrac{m_{s0}}{2650}+\dfrac{m_{g0}}{2700}=1-\dfrac{349}{3000}-\dfrac{185}{1000}-0.01\\[3mm]\dfrac{m_{s0}}{m_{s0}+m_{g0}}\times100\%=35\%\end{cases}$$

解方程组，可得 $m_{s0}=644kg$，$m_{g0}=1198kg$。

7. 计算基准配合比

$m_{c0}:m_{w0}:m_{s0}:m_{g0}=349:185:644:1198=1:0.53:1.85:3.43$

（二）计算掺减水剂混凝土的配合比

设 $1m^3$ 掺减水剂混凝土中的水泥、水、砂、石、减水剂的用量分别为 $m_c$、$m_w$、$m_s$、$m_g$、$m_j$，则其各材料用量应计算如下。

（1）水泥：$m_c=349\times(1-5\%)=332(kg)$

（2）水：$m_w=185\times(1-8\%)=170(kg)$

（3）砂、石：用体积法计算，即

$$\begin{cases}\dfrac{332}{3.0}+\dfrac{170}{1.0}+\dfrac{m_s}{2.65}+\dfrac{m_g}{2.70}+10\times1=1000\\[3mm]\dfrac{m_s}{m_s+m_g}\times100\%=35\%\end{cases}$$

解此联立方程，则得：$m_s=664kg$，$m_g=1233kg$。

（4）减水剂 FDN：$m_j=332\times0.5\%=1.66(kg)$

（三）换算成施工配合比

设施工配合比 $1m^3$ 掺减水剂混凝土中的水泥、水、砂、石、减水剂的用量分别为 $m_c'$、$m_w'$、$m_s'$、$m_g'$、$m_j'$，则其各材料用量应为：

$m_c'=m_c=332kg$

$m_s'=m_s\times(1+a\%)=664\times(1+3\%)=684(kg)$

$m_g'=m_g\times(1+b\%)=1233\times(1+1\%)=1245(kg)$

$m_j'=m_j=1.66(kg)$

$m_w'=m_w-m_s\times a\%-m_g\times b\%=170-664\times3\%-1233\times1\%=138(kg)$

## 配制某办公楼现浇钢筋混凝土柱用混凝土

原始资料：混凝土设计强度等级为 C30。施工采用机械拌和及振捣，选择的混凝土拌合物坍落度为 30～50mm。施工单位无混凝土强度统计资料。

**1. 材料准备**

（1）普通水泥　学习情境三任务二硅酸盐水泥性能检测用水泥，强度、密度等指标见检测结果。

（2）砂　学习情境一任务实施所用砂，砂的表观密度、细度、级配情况以及含水率见检测结果。

（3）石子　学习情境一任务实施所用石，石的表观密度、最大粒径、级配情况以及含水率见检测结果。

（4）水　自来水，密度为 $1.00g/cm^3$。

**2. 仪器设备**

① 搅拌机。容量 50～100L，转速 18～22r/min。

② 磅秤。称量 100kg，感量 50g。

③ 托盘天平。称量 1000g，感量 0.5g；称量 5000g，感量 1g，各一台。

④ 量筒。1000mL。

⑤ 拌板。1.5m×2m 左右，拌后不小于 3mm。

⑥ 其他：钢抹子、铁锹、坍落度筒、刮尺和钢板尺等。

**3. 混凝土配合比设计**

参见例 4-1。

**4. 混凝土的配制**

（1）一般规定

① 试验室制备混凝土拌合物时，所用的原材料应符合技术要求，并与施工实际用料相同，拌和用的原材料应提前运入室内，使材料的温度与室温相同（应保持 20℃±5℃）。水泥如有结块，需用 0.9mm 筛孔将结块筛除，并仔细搅拌均匀装袋待用。

② 试验室拌制混凝土时，材料用量以质量计，称量的精确度：集料为 ±1%；水、水泥和外加剂均为 ±0.5%。

③ 拌制混凝土所用的各项用具（如搅拌机、拌和钢板和铁锹等），应预先用水湿润。测定时需配置拌合物约 15L。

（2）按混凝土计算配合比确定的各材料用量进行称量，然后进行拌和及稠度检测，已测定拌合物的性能。拌和可采用人工拌和或机械拌和。

1）人工拌和

① 在拌和前先将钢板、铁锹等工具洗刷干净保持湿润。将称好的砂、水泥倒在钢板上，先用铁锹翻拌至颜色均匀，再放入称好的石子与之拌匀，至少翻拌三次，然后堆成锥形。

② 将中间扒开一凹坑，加入拌和用水（外加剂一般随水一同加入），小心拌和，至少翻拌六次，每翻拌一次后，应用铁锹在全部拌合物面上压切一次。

③ 拌和时间从加水完毕时算起，应大致符合下列规定：拌合物体积 30L 以下时 4～5min；拌合物体积为 30～50L 时 5～9min；拌合物体积为 50～75L 时 9～12min。

2）机械拌和

① 在机械拌和混凝土时应在拌和混凝土前预先拌适量的混凝土进行挂浆（与正式配合比相同），避免在正式拌和时水泥浆的损失，挂浆多余的混凝土倒在拌和钢板上，使钢板也粘有一层砂浆，一次拌和的量不宜少于搅拌机容积的 20%。

② 将称好的石子、水泥、砂按顺序倒入机内，干拌均匀，然后将水徐徐加入机内一起拌和 1.5～2min。

**5. 和易性的调整**

① 在按初步计算原料用量的同时，另外还需备好两份调整坍落度用的水泥与水，备用的水泥与水的比例应符合原定的水灰比，其用量各为原来计算用量的 5% 和 10%。

② 若测得拌合物的坍落度达不到要求，或黏聚性、保水性认为不满意时，可掺入备用的 5% 或 10% 的水泥和水；但坍落度过大时，可酌情增加砂和石子的质量，尽快拌和均匀，重做坍落度测定。直到符合要求为止。从而得出检验混凝土用的基准配合比。

**6. 试件的制作**

以混凝土基准配合比中的基准 $W/C$ 和基准 $(W/C)\pm0.5$，配制三组不同的配合比，其用水量不变，砂率可增加或减少 1%。制备好拌合物，应先检验混凝土的稠度、黏聚性、保水性及拌合物的表观密度，然后每种配合比制作一组（3 块）试件，标养 28d 试压。

**7. 混凝土配合比的确定**

① 根据试验所得到的不同 $W/C$ 的混凝土强度，用作图或计算求出与配制强度相对应的灰水比值，并初步求出每立方米混凝土的材料用量，具体如下。

用水量（$m_w$）——取基准配合比中的用水值，并根据制作强度试件时的坍落度（或维勃稠度）值，加以适当调整。

水泥用量（$m_c$）——取用水量除以经试验定出的、为达到配制强度所必需的 $W/C$。

粗、细骨料用量（$m_g$ 与 $m_s$）——取基准配合比中粗、细骨料用量，并作适当调整。

② 配合比表观密度校正。混凝土体积密度计算值为 $\rho_{c,c}$（$\rho_{c,c}=m_w+m_c+m_s+m_g$），体积密度实测值为 $\rho_{c,s}$，则校正系数 $\delta$ 为：

$$\delta=\rho_{c,s}/\rho_{c,c}$$

当表观密度的实测值与计算值之差不超过计算值的 2% 时，不必校正，则上述确定的配合比即为配合比的设计值。当二者差值超过 2% 时，则须将配合比中每项材料用量均乘以校正系数 $\delta$，即为最终定出的混凝土配合比设计值。

## ⚙ 知识拓展

除了常用的普通混凝土外，其他品种的混凝土，如轻混凝土（轻骨料混凝土、大孔混凝土、多孔混凝土），高强混凝土，高性能混凝土，抗渗混凝土（普通抗渗混凝土、外加剂抗渗混凝土、膨胀水泥抗渗混凝土），流态混凝土，泵送混凝土，大体积混凝土，纤维混凝土（钢纤维混凝土、聚丙烯纤维混凝土及碳纤维增强混凝土、玻璃纤维混凝土），应用也越来越广。这些混凝土的品种不同，性能、特点各异，分别适用于不同的环境要求，在实际工程中应合理选用。它们的性能特点请扫描二维码 4.5 查看。

二维码 4.5

## 小　结

本学习情境主要讲述了普通混凝土的组成、主要技术性质和配合比设计及混凝土质量控制，另外简要介绍了轻混凝土等其他品种的混凝土。

普通混凝土的基本组成材料是水泥、砂子、石子和水，随着混凝土技术的发展，外加剂已成为现代混凝土不可缺少的第五种重要组分。各组成材料在混凝土中各自起着不同的作用。砂、石统称为骨料，在混凝土中主要起骨架作用，抑制水泥石收缩；水泥与水形成水泥浆，在混凝土硬化前主要起润滑作用，在混凝土硬化后主要起胶结作用；外加剂起着减少用水的作用，混凝土外加剂虽然掺量很少（通常情况下不超过水泥用量的5%），但却能显著改善混凝土的和易性和强度，提高混凝土的耐久性。但在使用时，要合理选择外加剂的品种，严格控制外加剂掺量。

混凝土所用的原材料必须满足国家有关规范、标准规定的质量要求，才能确保混凝土的质量。

混凝土的主要技术性质包括混凝土拌合物的和易性、硬化混凝土的强度、变形和混凝土的耐久性。混凝土拌合物的和易性包括流动性、黏聚性和保水性三方面。影响混凝土和易性的因素主要有水泥浆的数量、水泥浆的稠度、砂率值、拌合物存放时间及环境温度，同时，组成材料性质对混凝土和易性也有较大影响；混凝土的强度包括抗压强度、抗拉强度、抗剪强度和抗弯强度等，其中抗压强度较高，抗拉强度小，设计时，一般不考虑混凝土的抗拉强度。影响混凝土强度的因素主要有水泥强度等级、水灰比、骨料的性质、养护条件、龄期等。混凝土变形有非荷载作用下的变形与荷载作用下的变形（徐变）。混凝土的耐久性是一项综合的质量指标，包括抗渗性、抗冻性、抗侵蚀性、抗碳化能力及抗碱-骨料反应等。混凝土要求具有良好的和易性、较高的强度、较小的变形、良好的耐久性及合理的经济性。

混凝土配合比设计就是确定 $1m^3$ 混凝土中各组成材料的最佳用量。设计步骤是：先计算初步配合比，再通过试配与调整，确定基准配合比和实验室配合比，最后确定施工配合比。

为了保证混凝土结构的可靠性，必须进行混凝土质量评定。要对混凝土原材料及各施工环节进行质量检查和控制，另外还要用数理统计方法对混凝土强度进行检验评定。

## 能力训练题

1. 普通混凝土的组成材料有哪几种？在混凝土中各起什么作用？
2. 配制普通混凝土如何选择水泥的品种和强度等级？
3. 配制普通混凝土选择石子的最大粒径应考虑哪些方面因素？
4. 现浇钢筋混凝土柱，混凝土强度等级为C25，截面最小尺寸为120mm，钢筋间最小净距为40mm。现有普通硅酸盐水泥42.5和52.5和粒径在5～20mm之间的卵石。
   （1）选用哪一强度等级水泥最好？
   （2）卵石粒级是否合适？
   （3）将卵石烘干，称取5kg经筛分后筛余百分率见表4-17，试判断卵石级配是否合格。

表4-17 筛余百分率

| 筛孔尺寸/mm | 26.5 | 19.0 | 16.0 | 9.5 | 4.75 | 2.36 |
|---|---|---|---|---|---|---|
| 筛余百分率/% | 0 | 0.30 | 0.90 | 1.70 | 1.90 | 0.20 |

5. 什么是混凝土拌合物的和易性？它包括哪几方面含义？如何评定混凝土的和易性？
6. 影响混凝土拌合物和易性的主要因素有哪些？
7. 当混凝土拌合物流动性太大或太小，可采取什么措施进行调整？

8.什么是合理砂率？采用合理砂率有何技术和经济意义？

9.解释关于混凝土强度的几个名词：（1）立方体抗压强度；（2）立方体抗压强度标准值；（3）强度等级；（4）轴心抗压强度；（5）配制强度；（6）设计强度。

10.影响混凝土强度的主要因素有哪些？提高混凝土强度的主要措施有哪些？

11.当使用相同配合比拌制混凝土时，卵石混凝土和碎石混凝土的性质有何不同？

12.用强度等级为42.5的普通水泥、河砂及卵石配置混凝土，使用的水灰比分别为0.60和0.53，试估算混凝土28d的抗压强度分别为多少？

13.什么是混凝土的抗渗性？P8表示什么含义？

14.什么是混凝土的抗冻性？F150表示什么含义？

15.提高混凝土耐久性的措施有哪些？

16.使用外加剂应注意哪些事项？

17.混凝土配合比设计的基本要求是什么？

18.在混凝土混合比设计中，需要确定哪三个参数？

19.某教学楼的钢筋混凝土（室内干燥环境），施工要求坍落度为30～50mm。混凝土设计强度等级为C30，采用42.5级普通硅酸盐水泥（$\rho=3.1\text{g/cm}^3$）；砂子为中砂，表观密度为2.65g/cm$^3$，堆积密度为1450kg/m$^3$，石子为碎石，粒级为5～40mm，表观密度为2.70g/cm$^3$，堆积密度为1550kg/m$^3$，混凝土采用机械搅拌、振捣，施工单位无混凝土强度标准差的统计资料。

（1）根据以上条件，用绝对体积法求混凝土的初步配合比。

（2）假如计算出初步配合比拌和混凝土，经检验后混凝土的和易性、强度和耐久性均满足设计要求。又已知现场砂的含水率为2.5％，石子的含水率为1％，求该混凝土的施工配合比。

20.混凝土的表现密度为2400kg/m$^3$，1m$^3$混凝土中水泥用量为280kg，水灰比为0.5，砂率为40％。计算此混凝土的质量配合比。

21.影响混凝土和易性的主要因素是（　　）。【2018年二级建造师真题】

A.石子　　　　　　　　　　　　　B.砂子

C.水泥　　　　　　　　　　　　　D.单位体积用水量

22.下列混凝土掺合料中，属于非活性矿物掺合料的是（　　）。【2016年一级建造师真题】

A.石灰石粉　　　　　　　　　　　B.硅灰

C.沸石粉　　　　　　　　　　　　D.粒化高炉矿渣粉

23.（多选）影响混凝土拌合物和易性的主要因素包括（　　）。【2018年一级建造师真题】

A.强度　　　　　　　　　　　　　B.组成材料的性质

C.砂率　　　　　　　　　　　　　D.单位体积用水量

E.时间和温度

# 学习情境五
## 建筑砂浆的检测与配制

✳ 【引例】

1. 上海市某中学教学楼为五层内廊式砖混结构，工程交工验收时质量良好。但使用半年后，发现砖砌体有裂缝，墙面起壳。继续观察一年后，因建筑物裂缝严重，以致成为危房不能使用。该工程砂浆采用硫铁矿渣代替建筑砂。其含硫量较高，有的高达 4.6%。请分析原因。

2. 某工程采用配合比为水泥∶砂∶水＝1∶1∶0.65 的水泥砂浆，用于地面基层抹面，不久地面的抹面砂浆出现了众多裂纹。请问这是为什么？

图 5-1 抹面砂浆

建筑砂浆是由胶凝材料、细骨料、掺合料和水按适当比例搅拌而成的工程材料，习惯上简称为砂浆，在建筑工程中起粘接、衬垫和传递应力的作用，主要用于砌筑、抹面、修补、装饰工程。

砂浆的种类很多。根据用途不同，可分为砌筑砂浆（将砖、石、砖块等粘接成为砌体的砂浆）和抹面砂浆（图 5-1）；按胶结材料不同，可分为水泥砂浆、石灰砂浆、混合砂浆、聚合物水泥砂浆等。按生产砂浆方式有现场拌制砂浆和工厂预拌砂浆两种，后者是国内外生产砂浆的发展趋势，我国建设部门要求尽快实现全面推广应用预拌砂浆。

# 任务一　新拌砂浆的性能检测

 **任务描述**

测定新拌砂浆的稠度和分层度，评定砂浆在运输存放和使用过程中的流动性和保水性，控制现场拌制砂浆的质量。要生产出具有良好和易性的砂浆，就必须掌握砂浆的组成材料，以及原材料的质量控制，同时对砂浆的流动性和保水性进行检测，以保证砂浆的质量。检测时严格按照材料检测的相关步骤和注意事项，细致认真地做好检测工作。通过完成该学习任务，掌握建筑砂浆稠度、砂浆分层度的测试方法，熟悉测试所需的仪器设备。

 **知识链接**

## 一、砂浆的组成材料

### 1. 水泥

水泥是砂浆的主要胶凝材料，常用的水泥品种有普通水泥、矿渣水泥、火山灰水泥、粉煤灰水泥、复合水泥等。由于砌筑水泥有较低的强度等级且配成的砂浆具有较好的和易性，因此，砌筑水泥是专门用于配制砌筑砂浆与抹面砂浆的水泥。对于一些有特殊要求的工程，如修补裂缝、预制构件嵌缝、结构加固可采用膨胀水泥。装饰砂浆还可能用到白色水泥或彩色水泥。

水泥强度一般为砂浆强度等级的 4～5 倍较为适宜。由于砂浆的强度等级要求不高，因此在配制砂浆时，为合理利用资源，节约材料，在配制水泥砂浆时尽量选用 32.5 级水泥和砌筑水泥。水泥混合砂浆中，石灰膏掺合料会降低砂浆的强度，因此，水泥混合砂浆可用强度等级为 42.5 级的水泥。

### 2. 细骨料——砂子

砂浆所用的砂子应符合混凝土用砂的质量要求。但由于砂浆层较薄，对砂子的最大粒径应有所限制。用于砌筑石材的砂浆，砂子的最大粒径不应大于砂浆层厚度的 1/5～1/4；砌砖所用的砂浆宜采用中砂或细砂，且砂子的粒径不大于 2.5mm；用于各种构件表面的抹面砂浆及勾缝砂浆，宜采用细砂，且砂子的粒径不大于 1.2mm。

此外，为了保证砂浆的质量，对砂中的含泥量也有要求。强度等级大于等于 M5 的砂浆，砂中含泥量应不大于 5%；强度等级小于 M5 的砂浆，砂中含泥量应不大于 10%。

### 3. 掺合料

掺合料是为改善砂浆和易性、减少水泥用量、降低成本而加入的无机材料。如石灰膏、黏土膏、粉煤灰等。掺合料应符合以下规定。

（1）石灰膏　石灰膏是将石灰熟化后，应用孔径不大于 3mm×3mm 的网过滤，熟化时间不得少于 7d；磨细生石灰粉的熟化时间不得少于 2d。沉淀池中储存的石灰膏应采取防止干燥、冻结和污染的措施。严禁使用脱水硬化的石灰膏。消石灰粉不得直接用于砌筑砂浆中。

（2）黏土膏　采用黏土或亚黏土制备黏土膏时，宜用搅拌机加水搅拌，通过孔径不大于 3mm×3mm 的网过筛，用比色法鉴定黏土中的有机物含量时应浅于标准色。

（3）电石膏　制作电石膏的电石渣应用孔径不大于 3mm×3mm 的网过筛，检验时应加热至 70℃并加热保持 20min，没有乙炔气味后，方可使用。

石灰膏、黏土膏和电石膏试配时的稠度，应为 120mm±5mm。

（4）粉煤灰　粉煤灰的品质指标和磨细生石灰品质指标，应符合国家标准《用于水泥和混凝土中的粉煤灰》（GB/T 1596—2017）及行业标准《建筑生石灰》（JC/T 479—2013）的要求。

### 4. 水

砂浆拌和用水与混凝土用水的质量要求相同，应选用不含有害杂质的洁净水来拌制砂浆。

### 5. 外加剂

外加剂是在拌制砂浆过程中掺入的、用以改善砂浆性能的物质。如引气剂、缓凝剂、早强剂等。但对所选外加剂和掺量必须通过试验确定。

## 二、新拌砂浆的和易性

砂浆的和易性包括流动性和保水性两个方面。

### 1. 流动性

砂浆的流动性是指砂浆在自重或外力作用下易于流动的性能，又称为稠度。砂浆的稠度用砂浆稠度仪测定。流动性大小用沉入度（mm）表示。测定方法很简单，就是以标准圆锥体自由沉入砂浆内 10s。沉入的深度即为砂浆沉入度，沉入度越大，砂浆流动性越好。

图 5-2　加气混凝土砌块表面的砂浆

砂浆稠度的选择要考虑砌体材料的种类、气候条件等因素。一般基底为多孔吸水材料或在干热条件下施工时，砂浆的流动性应大一些，见图 5-2；而对于密实的、吸水较少的基底材料，或在湿冷条件下施工时，砂浆的流动性应小一些。砂浆流动性的选用见表 5-1。

表 5-1　**砂浆流动性选用表**（沉入度/mm）

| 砌体种类 | 干燥气候或多孔吸水材料 | 寒冷气候或密实材料 | 抹灰工程 | 机械加工 | 手工操作 |
|---|---|---|---|---|---|
| 砖砌体 | 80～100 | 60～80 | 底层 | 80～90 | 100～120 |
| 普通毛石砌体 | 60～70 | 40～50 | 中层 | 70～80 | 70～90 |
| 振捣毛石砌体 | 20～30 | 10～20 | 面层 | 70～80 | 90～100 |
| 炉渣混凝土砌体 | 70～90 | 50～70 | 灰浆面层 | — | 90～120 |

### 2. 保水性

砂浆保水性是指砂浆保持水分的能力，也指砂浆中各项组成材料不易分层离析的性质。若砂浆的保水性不好，在运输和使用过程中发生泌水、流浆现象，使砂浆的流动性下降。难以铺成均匀、密实的砂浆薄层，并且水分流失会影响胶凝材料的凝结硬化，降低砂浆强度和粘接力。

砂浆保水性，用砂浆分层度测定仪测定。搅拌均匀的砂浆，先测其沉入度，然后将其装入分层度测定仪，静置 30min 后，去掉上部 200mm 厚的砂浆，再测剩余部分砂浆的沉入度，两次沉入度的差值即为分层度，单位以 mm 计。分层度越大，砂浆保水性越差，越不便于施工。砂浆的分层度一般以 10～20mm 为宜，水泥砂浆的分层度不宜大于 30mm，水泥石灰混合砂浆的分层度不宜大于 20mm。不过，分层度也不宜过小，分层度接近于零的砂浆，不仅胶凝材料用量大，且硬化后易产生干缩裂缝。

## 三、砂浆的密度

水泥砂浆拌合物的密度不宜小于 1900kg/m$^3$；水泥混合砂浆拌合物的密度不宜小于 1800kg/m$^3$。

### 四、凝结时间

建筑砂浆凝结时间，以贯入阻力达到 0.5MPa 为评定依据。水泥砂浆不宜超过 8h，水泥混合砂浆不宜超过 10h，加入外加剂后应满足设计和施工要求。

## 任务实施

### 一、砂浆的稠度检测

二维码 5.1

**1. 仪器设备**

① 砂浆稠度测定仪。如图 5-3 所示。

② 捣棒。直径 10mm，长 350mm，一端呈半球形的钢棒。

③ 台秤。

④ 拌锅、拌板、量筒、秒表等。

**2. 检测步骤**

① 将拌好的砂浆一次装入砂浆筒 6 内，装至距筒口约 10mm 为止，用捣棒插捣 25 次，并将浆体振动 5～6 次，使表面平整，然后移置于稠度仪底座上。

② 放松圆锥体滑杆的制动螺钉 9，使试锥尖端与砂浆表面接触，拧紧制动螺钉，使齿条测杆下端刚好接触滑杆上端，并将指针对准零点。

③ 拧开制动螺钉，使圆锥体自动沉入砂浆中，同时计时间，到 10s，立即固定螺钉。从刻度盘上读出下沉深度（精确至 1mm）。

④ 圆锥筒内的砂浆，只允许测定一次稠度，重复测定时应重新取样测定。

**3. 结果评定**

以两次测定结果的平均值作为砂浆稠度测定结果，如两次测定值之差大于 20mm，应重新配料测定。

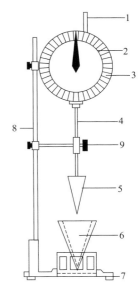

图 5-3　砂浆稠度测定仪
1—齿条测杆；2—指针；3—刻度盘；
4—滑杆；5—圆锥筒；6—砂浆筒；
7—底座；8—支架；9—制动螺钉

### 二、砂浆分层度检测

**1. 仪器设备**

① 砂浆分层度测定仪。如图 5-4 所示。

② 砂浆稠度测定仪。

③ 木锤。

**2. 检测步骤**

① 将拌和好的砂浆，经稠度试验后重新拌和均匀，一次注满分层度测定仪内。用木锤在容器周围距离大致相等的四个不同地方轻敲 1～2 次，并随时添加，然后用抹刀抹平。

② 静置 30min，去掉上层 200mm 砂浆，然后取出底层 100mm 砂浆重新拌和均匀，再测定砂浆稠度。

③ 取两次砂浆稠度的差值，即为砂浆的分层度（以 mm 计）。

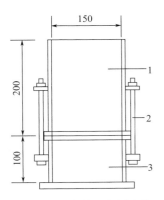

图 5-4　砂浆分层度测定仪
1—无底圆筒；2—链接螺栓；
3—有底圆筒

**3. 结果评定**

① 取两次试验结果的算术平均值作为该砂浆的分层度值。

② 两次分层度试验值之差，大于 20mm 应重做试验。

# 任务二　建筑砂浆强度的检测

 **任务描述**

　　制作砂浆标准试块，正确试压砂浆抗压强度，评定砂浆的强度等级。按照《建筑砂浆基本性能试验方法标准》(JGJ/T 70—2009)，制作砂浆标准试块，经标准养护 28d 后测定其抗压极限强度，并以一组标准砂浆试件的立方体抗压极限强度对照标准评定其强度等级。检测时严格按照材料检测的相关步骤和注意事项，细致认真地做好检测工作。通过完成本工作任务，掌握建筑砂浆抗压强度技术性能的测试方法，熟悉测试所需的仪器设备。

 **知识链接**

## 一、砂浆的强度等级

　　砂浆的强度等级，是将砂浆制成 70.7mm×70.7mm×70.7mm 的立方体标准试件，一组六块，在标准条件下养护 28d，用标准试验方法测得的平均抗压强度 ($f_m$)。根据砂浆的抗压强度，将砂浆划分为 M2.5、M5、M7.5、M10、M15、M20 六个强度等级。如 M10 表示砂浆的抗压强度为 10MPa。砌筑砂浆强度等级为 M10 及 M10 以下宜采用水泥混合砂浆。

## 二、砂浆的粘接力

　　砂浆粘接力直接影响砌体的强度、耐久性、稳定性和抗震性等。砂浆的粘接力大小与砂浆强度有密切关系，一般的砂浆的抗压强度越高，粘接力越大。此外，砂浆的粘接力还与基层材料的表面状态、润滑情况、清洁程度及施工养护等条件有关。在粗糙的、湿润的、清洁的基层上使用且养护良好的砂浆与基层的粘接力较好。因此，砌筑墙体前应将块材表面清理干净，并浇水湿润，必要时凿毛。砌筑后应加强养护，以提高砂浆与块材间的粘接力。

## 三、砂浆的变形

　　砂浆在承受荷载、温度变化或湿度变化时，均会产生变形。变形过大或变形不均匀会降低砌体的整体性，引起沉降或裂缝。砂浆中混合料掺量过多或使用轻骨料，也会产生较大的收缩变形。为了减少收缩，可在砂浆中加入适量的膨胀剂。

 **任务实施**

## 一、砌筑砂浆抗压强度测定（实验法）

**1. 仪器设备**

① 压力试验机。

② 试模。7.07cm×7.07cm×7.07cm，分无底试模与有底试模两种。

③ 捣棒。直径 10mm，长 350mm，一端呈半圆形。

二维码 5.2

④ 垫板等。

**2. 试样制备**

（1）试件制作

① 当制作多孔吸水基面的砂浆试件时，将无底试模放在预先铺上吸水性较好的湿纸的普通黏土砖上，砖的吸水率不小于 10%，含水率小于 2%。试模内壁应事先涂以机油，将拌好的砂浆一次性倒满试模，并用捣棒均匀由外向内按螺旋方向插捣 25 次，使砂浆略高于试模口 6~8mm，待砂浆表面出现麻斑后（约 15~30min），用刮刀齐模口刮平抹光。

② 当制作用于密实（不吸水）基底的砂浆试件时，用有底试模，涂油后，将拌好的砂分两层装入，每层用捣棒插捣 12 次，然后用刮刀沿试模壁插捣数次，静停 15~30min，刮去多余部分，抹光。

（2）试件养护  装模成型后，在 20℃±5℃ 环境下经 24h±2h 即可脱模，气温较低时。可适当延长时间，但不得超过 2d。然后，按下列规定进行养护。

① 自然养护  放在室内空气中养护，混合砂浆在相对湿度 60%~80%，正温条件下养护；水泥砂浆在正温并保持试件表面湿润的状态下（如湿砂堆中）养护。

② 标准养护  混合砂浆应在 20℃±3℃，相对湿度为 60%~80% 条件下养护；水泥砂浆应在温度 20℃±3℃，相对湿度为 90% 以上的潮湿条件养护。试件间隔不小于 10mm。

**3. 检测步骤**

① 经 28d 养护后的试件从养护地点取出后，应尽快进行试验，以免试件内部的温度、湿度发生显著变化。先将试件擦干净，测量尺寸，并检查其外观。试件尺寸测量精确至 1mm，并据此计算试件的承压面积。若实测尺寸与公称尺寸之差不超过 1mm，可按公称尺寸进行计算。

② 将试件置于压力机的下压板上，试件的承压面应与成型时的顶面垂直，试件中心应与下压板中心对准。

③ 开动压力机，当上压板与试件接近时，调整球座，使接触面均衡受压。加荷应均匀而连续，加荷速度应为 0.5~1.5kN/s（砂浆强度不大于 5MPa 时，取下限为宜，大于 5MPa 时，取上限为宜），当试件接近破坏而开始迅速变形时，停止调整压力机油门，直至试件破坏，记录破坏荷载。

**4. 结果评定**

单个试件的抗压强度按式(5-1)计算（精确至 0.1MPa）：

$$f_{m,cu} = \frac{F}{A} \qquad (5-1)$$

式中  $f_{m,cu}$——砂浆立方体抗压强度，MPa；

$F$——立方体破坏荷载，N；

$A$——试件承压面积，$mm^2$。

每组试件为六个，取六个试件测值的算术平均值作为该组试件的抗压强度值，平均值计算精确至 0.1MPa。

当六个试件的最大值或最小值与平均值的差超过 20% 时，以中间四个试件的平均值作为该组试件的抗压强度值。

## 二、砌筑砂浆抗压强度测定（贯入法）

说明：本测试方法适用于工业与民用建筑砌体工程中砌筑砂浆抗压强度的现场检测。

**1. 仪器设备**

① 贯入式砂浆强度检测仪。贯入力应为（800±8)N；工作行程应为（20±0.10)mm。

② 贯入深度测量表。最大量程应为（20±0.02)mm；分度值应为 0.01mm。

**2. 测点布置**

① 检测砌筑砂浆抗压强度时，应以面积不大于 25m² 的砌体构件或构筑物为一个构件。

② 按批抽样检测时，应取龄期相近的同楼层、同品种、同强度等级砌筑砂浆且不大于 250m³ 砌体为一批，抽检数量不应少于砌体总构件数的 30%，且不应少于 6 个构件。基础砌体可按一个楼层计。

③ 被检测灰缝应饱满，其厚度不应小于 7mm，并应避开竖缝位置、门窗洞口、后砌洞口和预埋件的边缘。

④ 多孔砖砌体和空斗墙砌体的水平灰缝深度应大于 30mm。

⑤ 检测范围内的饰面层、粉刷层、勾缝砂浆、浮浆以及表面损伤层等，应清除干净；应使待测灰缝砂浆暴露并经打磨平整后再进行检测。

⑥ 每一构件应测试 16 点。测点应均匀分布在构件的水平灰缝上，相邻测点水平间距不宜小于 240mm，每条灰缝测点不宜多于 2 点。

**3. 检测步骤**

① 将测钉插入贯入杆的测钉座中，测钉尖端朝外，固定好测钉。

② 用摇柄旋紧螺母，直至挂钩挂上为止，然后将螺母退至贯入杆顶端。

③ 将贯入仪扁头对准灰缝中间，并垂直贴在被测砌体灰缝砂浆的表面，握住贯入仪把手，扳动扳机，将测钉贯入被测砂浆中。

④ 将测钉拔出，用吹风器将测孔中的粉尘吹干净。

⑤ 将贯入深度测量表扁头对准灰缝，同时将测头插入测孔中，并保持测量表垂直于被测砌体灰缝砂浆的表面，从表盘中直接读取测量表显示值 $d_i'$；并记录在记录表中。

**注**：① 每次试验前，应清除测钉上附着的水泥灰渣等杂物，同时用测钉量规检验测钉的长度；测钉能够通过测钉量规槽时，应重新选用新的测钉。

② 操作过程中，当测点处的灰缝砂浆存在空洞或测孔周围砂浆不完整时，该测点应作废，另选测点补测。

**4. 结果评定**

① 贯入深度 $d_i$ 按下式计算，精确至 0.01mm。

$$d_i = 20.00 - d_i'$$

② 将 16 个贯入深度值中的 3 个较大值和 3 个较小值剔除，余下的 10 个贯入深度值取平均值。

③ 根据计算所得的构件贯入深度平均值，按不同的砂浆品种由《贯入法检测砌筑砂浆抗压强度技术规程》(JGJ/T 136—2017) 附录 D 查得其砂浆抗压强度换算值。

# 任务三 建筑砂浆的配制

 **任务描述**

配制某工程砌筑砖墙所用强度等级为 M10 的水泥石灰混合砂浆。采用强度等级为 32.5 级的矿渣水泥；砂子为中砂，含水率为 2%，干燥堆积密度为 1500kg/m³；石灰膏的稠度为 40mm。此工程施工水平优良。

根据《砌筑砂浆配合比设计规程》(JGJ/T 98—2010) 规定，进行砂浆的配合比设计，即根据工程所需的砂浆各项性能要求确定砂浆中各组成材料数量之间的比例关系。首先，根据原材料的性能和砂浆技术要求进行初步计算，得出初步计算配合比；再经过试验室试拌调整，得出基准配合比；然后，经过拌合物的沉入度和分层度以及强度检验，定出满足设计和施工要求并比较经济的试验配合比。最后，根据现场砂的实际含水率，对试验室配合比进行调整，得出施工配合比。检测时严格按照材料检测的相关步骤和注意事项，细致认真地做好检测工作。

### 知识链接

#### 一、砌筑砂浆的配合比设计

用于砌筑砖、砌块、石材等各种块材的砂浆称为砌筑砂浆。砌筑砂浆起着胶结块材、传递荷载的作用，同时还起着填实块材缝隙，提高砌体绝热、隔声等性能的作用。

常用砌筑砂浆的种类如下。

（1）水泥砂浆　由水泥、砂子和水组成。水泥砂浆和易性较差，但强度较高，适用于潮湿环境、水中以及要求砂浆强度等级较高的工程。

（2）石灰砂浆　由石灰、砂子和水组成。石灰砂浆和易性较好，但强度低。由于石灰是气硬性胶凝材料，故石灰砂浆一般用于地上部位、强度要求不高的低层建筑或临时性建筑，不适合用于潮湿环境或水中。

（3）水泥石灰混合砂浆　由水泥、石灰、砂子和水组成，其强度、和易性、耐水性介于水泥砂浆和石灰砂浆之间，应用较广，常用于地面以上的工程。

（一）砌筑砂浆配合比设计应满足的基本条件

① 砂浆拌合物的和易性应满足施工要求。

② 砌筑砂浆的强度、耐久性应满足设计要求。

③ 经济上应合理，水泥及掺合料的用量应较少。

（二）水泥混合砂浆配合比设计步骤

《砌筑砂浆配合比设计规程》(JGJ/T 98—2010) 规定，砂浆的配合比以质量比表示。按以下步骤计算。

**1. 确定砂浆试配强度**

为了保证砂浆配置强度具有 95% 的保证率，砂浆的试配强度应高于设计强度，计算公式为：

$$f_{m,0} = f_2 + 0.645\sigma \tag{5-2}$$

式中　$f_{m,0}$——砂浆的试配强度，MPa；

$f_2$——砂浆设计强度等级，即砂浆抗压强度平均值，精确至 0.1MPa；

$\sigma$——砂浆现场强度标准差，精确至 0.01MPa。当有统计资料时，统计周期内同一砂浆组数 $n \geq 25$ 时按统计方法计算；当不具有近期统计资料时，按表 5-2 选取。

表 5-2　砌筑砂浆强度标准差 $\sigma$ 选用表　　　单位：MPa

| 施工水平 | 砂浆强度等级 | | | | | |
|---|---|---|---|---|---|---|
| | M2.5 | M5 | M7.5 | M10 | M15 | M20 |
| 优良 | 0.50 | 1.00 | 1.50 | 2.00 | 3.00 | 4.00 |
| 一般 | 0.62 | 1.25 | 1.88 | 2.50 | 3.75 | 5.00 |
| 较差 | 0.75 | 1.50 | 2.25 | 3.00 | 4.50 | 6.00 |

　　根据《砌筑砂浆配合比设计规程》(JGJ/T 98—2010) 规定，一般的砖混多层住宅、多层商店、办公楼、教学楼等采用 M5～M10 的砂浆；平房宿舍、商店等采用 M2.5～M5 的砂浆；食堂、仓库、厂房等采用 M2.5～M10 的砂浆；特别重要的砌体采用 M15～M20 的砂浆，也可根据经验确定砂浆的设计强度等级。

**2. 确定每立方米砂浆中水泥的用量 $Q_c$**

$$Q_c = \frac{1000(f_{m,0} - \beta)}{\alpha f_{ce}} \tag{5-3}$$

式中　　$Q_c$——每立方米砂浆中水泥的用量，kg/m³；

　　　$\alpha, \beta$——砂浆特征系数，可参考表 5-3 选用；

　　　$f_{ce}$——水泥的实测强度，MPa；在无法取得水泥实测强度时，也可按公式：$f_{ce} = \gamma_c f_{ce}^b$ 计算，其中，$f_{ce}^b$ 为水泥强度等级；$\gamma_c$ 为水泥强度等级富余系数，该值应按实际统计资料确定，无统计资料时，$\gamma_c$ 可取 1.0。

表 5-3　砂浆特征系数 $\alpha$、$\beta$ 参考数值

| 砂浆种类 | $\alpha$ | $\beta$ |
| --- | --- | --- |
| 水泥砂浆 | 1.03 | 3.50 |
| 水泥混合砂浆 | 3.03 | —15.09 |

　　当计算出的水泥用量不足 200kg/m³ 时，应取 $Q_c = 200$kg/m³。

**3. 确定每立方米砂浆中掺合料（石灰膏）的用量 $Q_d$**

　　为保证砂浆具有良好的流动性和保水性，每立方米砂浆中胶凝材料及掺合料的总量 $Q_a$ 应控制在 300～350kg/m³ 之间，这样，砂浆中掺合料的用量为：

$$Q_d = Q_a - Q_c \tag{5-4}$$

　　石灰膏的稠度按 120mm±5mm 计。当石灰膏的稠度为其他值时，其用量应乘以换算系数，换算系数见表 5-4。

表 5-4　石灰膏不同稠度时的用量换算系数

| 石灰膏稠度/mm | 120 | 110 | 100 | 90 | 80 | 70 | 60 | 50 | 40 | 30 |
| --- | --- | --- | --- | --- | --- | --- | --- | --- | --- | --- |
| 换算系数 | 1.00 | 0.99 | 0.97 | 0.95 | 0.93 | 0.92 | 0.90 | 0.88 | 0.87 | 0.86 |

**4. 确定每立方米砂浆中砂子的用量 $Q_s$**

　　砂浆中的胶凝材料、掺合料和水是用来填充砂子间空隙的，因此，每立方米砂浆含有堆积体积为 1m³ 的砂子。砂子的用量如下：

$$Q_s = \rho_{0,干}(1 + \beta) \tag{5-5}$$

式中　　$Q_s$——每立方米砂浆中砂子的用量，kg/m³；

　　　$\rho_{0,干}$——砂子干燥状态的堆积密度，kg/m³；

　　　$\beta$——砂子的含水率，%。

**5. 确定每立方米砂浆中水的用量 $Q_w$**

　　每立方米砂浆中的用水量，根据砂浆稠度等要求，可选用 240～310kg/m³。混合砂浆中的用水量，不包括石灰膏中的水；当采用细砂或粗砂时，用水量分别取上限或下限；稠度小于 70mm 时，用水量可小于下限；施工现场气候炎热或干燥季节，可酌量增加用水量。

**6. 配合比的试配、调整**

　　试配时应采用工程中实际使用的材料。水泥砂浆、混合砂浆搅拌时间不小于 120s；掺用粉

煤灰和外加剂的砂浆，搅拌时间不小于 180s。按计算配合比进行试拌，测定拌合物的沉入度和分层度。若不满足要求，应调整材料用量，直到符合要求为止。由此得到的即为基准配合比。

检验砂浆强度时至少应采用三个不同的配合比，其中一个为基准配合比，另外两个配合比的水泥用量按基准配合比分别增加和减少 10%，在保证沉入度、分层度合格的条件下，可将用水量或掺合料用量作相应调整。三组配合比分别成型、养护，测定 28d 砂浆强度，由此确定符合试配强度要求的且水泥用量最低的配合比作为砂浆配合比。

当材料有变更时，其配合比必须重新通过试验确定。

对水泥砂浆，可按表 5-5 选取材料用量，再按上述方式进行适配与调整。

表 5-5　每立方米水泥砂浆材料用量

| 强度等级 | 水泥用量/kg | 砂用量/kg | 用水量/kg |
|---|---|---|---|
| M2.5、M5 | 200～230 | | |
| M7.5、M10 | 220～280 | 1m³ 砂的堆积密度 | 270～330 |
| M15 | 280～340 | | |
| M20 | 340～400 | | |

注：1. 此表水泥强度等级为 32.5MPa 级，大于 32.5MPa 级水泥用量宜取下限。

2. 根据施工水平合理选择水泥用量。

3. 用水量的选定在此表的基础上，结合水泥混合砂浆的规定进行适当调整。

【例 5-1】某工程砌筑砖墙，用水泥石灰混合砂浆，强度等级为 M10。使用 32.5 级的普通硅酸盐水泥；中砂，含水率为 3%，干燥堆积密度为 1450kg/m³；石灰膏的稠度为 100mm。此工程施工水平一般，试计算此砂浆的配合比。

解　（1）确定砂浆试配强度 $f_{m,0}$

$f_2 = 10\text{MPa}$，查表 5-2 得 $\sigma = 2.5\text{MPa}$，根据式（5-2）可得到砂浆的配制强度：

$$f_{m,0} = 10 + 0.645 \times 2.5 = 11.6(\text{MPa})$$

（2）计算每立方米砂浆中水泥的用量 $Q_c$

$f_{ce} = 1.0 \times 32.5 = 32.5(\text{MPa})$，查表 5-3，得 $\alpha = 3.03$，$\beta = -15.09$。则每立方米砂浆中水泥的用量为：

$$Q_c = \frac{1000(f_{m,0} - \beta)}{\alpha f_{ce}} = \frac{1000 \times (11.6 + 15.09)}{3.03 \times 32.5} = 271(\text{kg/m}^3)$$

（3）计算每立方米砂浆中石灰膏的用量 $Q_d$

取每立方米砂浆中胶凝材料和掺合料的总用量 $Q_a = 320\text{kg/m}^3$，由式（5-4）得每立方米砂浆中石灰膏的用量：

$$Q_d = Q_a - Q_c = 320 - 271 = 49(\text{kg/m}^3)$$

查表 5-4 得，稠度为 100mm 的石灰膏用量应乘以换算系数 0.97，则应掺加石灰膏的用量为 $49 \times 0.97 = 47.5(\text{kg/m}^3)$。

（4）计算每立方米砂浆中砂子的用量 $Q_s$

$$Q_s = \rho_{0,干}(1 + \beta) = 1450 \times (1 + 3\%) = 1493.5(\text{kg/m}^3)$$

（5）计算每立方米砂浆中的用水量 $Q_w$

取用水量 $Q_w = 280\text{kg/m}^3$

故，此砂浆的设计配合比为：

水泥：石灰膏：砂：水 = 271：47.5：1493.5：280 = 1：0.18：5.51：1.03

### 二、抹面砂浆的配制

抹面砂浆是指涂抹在建筑物或构件表面的砂浆，又称抹灰砂浆。

根据抹面砂浆功能不同，可将抹面砂浆分为普通抹面砂浆、装饰砂浆和具有某些特殊功能的抹面砂浆（如防水砂浆、绝热砂浆、耐酸砂浆等。）

抹面砂浆应具有良好的和易性，以便抹成均匀平整的薄层；与基层要有足够的粘接力，长期使用不致开裂和脱落。处于潮湿环境或易受外力作用的部位（如墙裙、地面等），还应具有较高的耐水性和强度。

普通抹面砂浆是建筑工程中用量最大的抹面砂浆。其功能主要是保护墙体、地面不受风雨及有害杂质的侵蚀，提高防潮、防腐蚀、抗风化能力，增加耐久性；同时，可使建筑物达到表面平整、清洁和美观的效果。

抹面砂浆通常分为两层或三层进行施工。各层砂浆要求不同，因此每层所选用的砂浆也不一样。一般底层砂浆起粘接基层的作用，要求砂浆应具有良好的和易性和较高的粘接力，因此，底层砂浆的保水性要好，否则水分易被基层材料吸收而影响砂浆的粘接力。基层表面粗糙些，有利于与砂浆的黏合。中层抹灰主要是为了找平，有时也省去不用。面层抹灰主要是为了平整美观，因此应选细沙。

用于砖墙的底层抹灰，多用水泥砂浆；用于板条墙或板条顶棚的底层抹灰多用混合砂浆或石灰砂浆；混凝土墙、梁、柱、顶板等底层抹灰多用混合砂浆、麻刀石灰浆或纸筋石灰浆。在容易碰撞或潮湿的地方，应采用水泥砂浆。如墙裙、踢脚板、地面、雨篷、窗台以及水池、水井等处一般多用1∶2.5的水泥砂浆。

常用抹面砂浆配合比及应用范围见表5-6。

表 5-6　各种抹面砂浆配合比参考表

| 材　料 | 配合比（体积比） | 应　用　范　围 |
| --- | --- | --- |
| 石灰∶砂 | （1∶2）～（1∶4） | 用于砖石墙表面（檐口、勒脚、女儿墙及潮湿房间的墙除外） |
| 石灰∶黏土∶砂 | （1∶1∶4）～（1∶1∶8） | 干燥环境墙表面 |
| 石灰∶石膏∶砂 | （1∶0.40∶2）～（1∶1∶3） | 用于不潮湿房间的墙及天花板 |
|  | （1∶2∶2）～（1∶2∶4） | 用于不潮湿房间的线脚及其他装饰工程 |
| 石灰∶水泥∶砂 | （1∶0.5∶4.5）～（1∶1∶5） | 用于檐口、勒脚、女儿墙，以及比较潮湿的部位 |
| 水泥∶砂 | （1∶3）～（1∶2.5） | 用于浴室、潮湿车间等墙裙、勒脚或地面基层 |
|  | （1∶2）～（1∶1.5） | 用于地面、天棚或墙面面层 |
|  | （1∶0.5）～（1∶1） | 用于混凝土地面随时压光 |
| 石灰∶水泥∶砂∶锯末 | 1∶1∶3∶5 | 用于吸音粉刷 |
| 水泥∶白石子 | （1∶2）～（1∶1） | 用于水磨石[打底用（1∶2.5）水泥砂浆] |
|  | 1∶1.5 | 用于斩假石[打底用（1∶2）～（1∶2.5）水泥砂浆] |
| 白灰∶麻刀 | 100∶2.5（质量比） | 用于板条天棚底层 |
| 石灰膏∶麻刀 | 100∶1.3（质量比） | 用于板条天棚底层（或100kg石灰膏加3.8kg纸筋） |
| 纸筋∶白灰浆 | 灰膏0.1m³，纸筋0.36kg | 较高级墙板、天棚 |

### 📢 任务实施

配制某工程砌筑砖墙用水泥石灰混合砂浆。要求砂浆强度等级为 M10；使用 32.5 级的普通硅酸盐水泥；中砂，含水率为 3%，干燥堆积密度为 1450kg/m³；石灰膏的稠度为

100mm，此工程施工水平一般。

## 一、仪器设备

① 砂浆搅拌机。

② 拌和铁板。约 1.5m×2m，厚约 3mm。

③ 磅秤。称量 50kg，感量 50g。

④ 台秤。称量 10kg，感量 5g。

⑤ 拌铲、抹刀、量筒、盛器等。

## 二、配合比设计

参见例 5-1。

## 三、砂浆试配、调整

### 1. 一般规定

① 拌制砂浆所用的原材料，应符合质量标准，并要求提前运入实验室内，拌和时实验室温度应保持在 20℃±5℃。

② 水泥如有结块应充分拌和均匀，以 0.9mm 筛过筛，砂也应以 5mm 筛过筛。

③ 拌制砂浆时，材料称量计量的精度：水泥、外加剂等为±0.5%；砂、石灰膏、黏土膏等为±1%。

④ 搅拌前应将搅拌机、拌和铁板、拌铲、抹刀等工具表面用水湿润，注意拌和铁板上不得有积水。

### 2. 人工拌和

按设计配合比（质量比），称取各项材料用量，先把水泥和砂放入拌板干拌均匀，然后将混合物堆成堆，在中间做一凹坑，将称好的石灰膏（或黏土膏）倒入凹坑中，再倒入一部分水，将石灰膏稀释，然后充分拌和，并逐渐加水，直至混合料色泽一致、观察和易性符合要求为止，一般需拌和 5min。可用量筒盛定量水，拌好以后，减去筒中剩余水量，即为用水量。

### 3. 机械拌和

① 先拌适量砂浆（应与正式拌和的砂浆配合比相同），使搅拌机内壁粘附一薄层砂浆，使正式拌和时的砂浆配合比成分准确。

② 先称出各种材料用量，再将砂、水泥装入搅拌机内。

③ 开动搅拌机，将水徐徐加入（混合砂浆须将石灰膏或黏土膏用水稀释至浆状），搅拌约 3min（搅拌的用量不宜少于搅拌容量的 20%，搅拌时间不宜少于 2min）。

④ 将砂浆拌合物倒至拌和铁板上，用拌铲翻拌两次，使之均匀。拌好的砂浆，应立即进行有关的实验。

## ⚙ 知识拓展

装饰砂浆是指涂抹在建筑表面，主要起装饰作用的砂浆，常用的装饰砂浆工艺做法请扫二维码 5.3 查看。特种砂浆有防水砂浆、保温砂浆和吸声砂浆，它们的性能特点及做法请扫二维码 5.3 查看。

二维码 5.3

## 小　结

　　建筑砂浆是由砂、水泥、掺合料、水、外加剂组成，是建筑工程不可缺少的重要材料之一，主要起粘接、衬垫和传递荷载的作用。

　　建筑砂浆按功能和用途不同，分为砌筑砂浆、抹面砂浆和特种砂浆；按所用胶凝材料不同分为水泥砂浆、石灰砂浆和混合砂浆。

　　新拌砂浆要求具有良好的和易性。砂浆的和易性包括流动性和保水性两方面的含义。

　　砂浆的强度一般指立方体抗压强度。根据砂浆的抗压强度将砂浆划分为六个强度等级。当基层为吸水材料时，砂浆的强度主要取决于水泥强度等级和水泥用量。

　　砌筑砂浆应进行砂浆配合比设计来保证砂浆的强度，从而保证工程质量。

　　抹面砂浆要求具有良好的和易性，容易抹成均匀平整的薄层；与基层有足够粘接力，长期使用不开裂和脱落。

## 能力训练题

　　1.砂浆的组成材料有哪几种？各有什么要求？

　　2.砂浆的和易性包括哪几方面含义？各用什么表示？

　　3.什么是砂浆的保水性？为什么要选用保水性良好的砂浆？

　　4.什么是砂浆的强度？影响砂浆强度的因素有哪些？如何计算砂浆的强度？

　　5.砌筑砂浆常用种类有哪些？常用于什么地方？

　　6.对抹面砂浆有哪些要求？

　　7.建筑工程中常用的装饰砂浆有哪些种类？各用于哪些地方？

　　8.某工程砌筑砖墙所用强度等级为 M5 的水泥石灰混合砂浆。采用强度等级为 32.5 级的矿渣水泥；砂子为中砂，含水率为 2%，干燥堆积密度为 1500kg/m³；石灰膏的稠度为 40mm，此工程施工水平优良，试设计此砂浆的配合比。

　　9.普通砂浆的稠度越大，说明砂浆的 （　　）。【2016 年二级建造师真题】

　　　A.保水性越好　　　　　B.黏结力越强　　　　　C.强度越小　　　　　D.流动性越大

　　10.砌筑砂浆强度等级不包括 （　　）。【2017 年一级建造师真题】

　　　A. M2.5　　　　　　B. M5　　　　　　C. M7.5　　　　　　D. M10

# 学习情境六

# 墙体材料的检测与选用

## 【引例】

1. 某县城于 7 月 8～10 日遭受洪灾，某住宅楼底部自行车库进水，7 月 12 日上午倒塌，墙体破坏后部分呈粉末状，该楼为五层半砖砌体承重结构。在残存北纵墙基础上随机抽取 20 块砖试样进行试验。自然状态下实测抗压强度平均值为 5.85MPa，低于设计要求的 MU10 砖抗压强度。从砖厂成品堆中随机抽取了砖测试，抗压强度十分离散，高的达 21.8MPa，低的仅 5.1MPa。请分析原因。

2. 新疆某石油基地库房砌筑采用蒸压灰砂砖，由于工期紧，灰砂砖亦紧俏，出厂四天的灰砂砖即用于砌筑。8 月完工后，发现墙体有较多垂直裂缝，至同年 11 月底裂缝基本固定。请分析原因。

墙体材料是土建工程中最重要的建筑材料之一，它在结构中起着承重、围护和分隔、绝热及隔声等作用。在混合结构建筑中，墙体材料约占房屋建筑总重的 50%，用工量和造价要占 1/3。因此，合理选用墙体材料，对建筑物的自重、功能、节能及造价等，均具有重要意义。

我国长期以来，建筑墙体大都一直沿用侵占农田、大量耗能的黏土砖。但随着社会经济的飞速发展，黏土砖已不能满足高速发展的基本建设和现代建筑的需求，也不符合持续发展的战略目标。为此，我国近年来提出了一系列墙体改革方案和措施，大力开发和提倡使用轻质、高强、耐久、节能、大尺寸、多功能的新型墙体材料。目前，我国所用的墙体材料品种较多，归纳起来可分为三类：砌墙砖、砌块和板材。

# 任务一 砌墙砖的检测与选用

 **任务描述**

识别烧结普通砖、烧结多孔砖、烧结空心砖，以及蒸压灰砂砖、粉煤灰砖、炉渣砖、混凝土多孔砖等常用非烧结砖，检测它们的性能，并评定其质量等级。根据不同工程，合理选用砌墙砖。

检测砌墙砖的性能，评定其质量等级，是按照国家标准《砌墙砖试验方法》(GB/T 2542—2012)、《砌墙砖检验规则》[JC 466—1992(1996)]、《烧结普通砖》(GB/T 5101—2017)、《烧结多孔砖和多孔砌块》(GB 13544—2011)、《烧结空心砖和空心砌块》(GB/T 13545—2014)等对砌墙砖的规格尺寸、外观质量、强度等级、抗风化性能、泛霜、石灰爆裂、配砖和装饰砖、放射性物质等技术要求，评定其质量等级。检测时严格按照材料检测相关步骤和注意事项，细致认真地做好检测工作。通过完成检测任务，进一步熟识烧结普通砖、烧结多孔砖、烧结空心砖以及常用非烧结砖的性能及应用，以及质量评定方法和仪器的使用。

**知识链接**

凡是以黏土、工业废料或其他地方资源为主要原料，以不同工艺制成的，在建筑中用于砌筑承重和非承重墙体的砖，统称为砌墙砖。

根据砖内部结构，砌墙砖分为普通砖和空心砖。普通砖是没有孔洞或孔洞率（砖面上孔洞总面积占砖总面积的百分率）小于15%的砖。空心砖是指孔洞率大于或等于15%的砖。空心砖中，孔的尺寸小而数量多者称为多孔砖，孔的尺寸大而数量少称为空心砖。

根据生产工艺不同，砌墙砖又分为烧结砖和非烧结砖。

## 一、烧结砖

烧结砖是经焙烧制成的。可按孔洞率的大小，分为烧结普通砖、烧结多孔砖、烧结空心砖三种。按焙烧方法不同，烧结砖可分为内燃砖和外燃砖。内燃砖是将煤渣、粉煤灰等可燃性工业废料掺入制坯黏土原料中，使砖内外同时烧制而成的砖。内燃砖比外燃砖节省了大量燃料，且烧制充分，提高了砖的强度。此外，工业废料燃烧留下许多细小孔隙，因而能减少砖的表观密度，增加砖的保温隔热性能。

（一）烧结普通砖

### 1. 烧结普通砖的生产

烧结普通砖是以黏土、页岩（黏土岩的构造变种）、煤矸石（采煤和洗煤过程中排出的以二氧化硅为主要成分的废渣）或粉煤灰为主的原料制成的砖。

按使用的原料不同，烧结普通砖可分为烧结普通黏土砖（N）、烧结粉煤灰砖（F）、烧结煤矸石砖（M）和烧结页岩砖（Y）。它们的原料来源及生产工艺略有差异，但性能基本相同。

各种烧结普通砖中，以烧结普通黏土砖较为常见，其生产工艺为：采土→原料调制→制坯成型→干燥→焙烧→制品。

焙烧是在连续作用的隧道窑或轮窑中进行，焙烧是生产工艺的关键阶段。焙烧温度不宜过高或过低，一般控制在950~1000℃。当焙烧的温度低于烧结温度的下限时，会产生欠火砖。欠火砖，特点是胚体孔隙率大、强度低、耐久性差、颜色浅、敲之声哑；反之，则会产生过火砖，其特点是胚体孔隙率小、密实度大、强度与耐久性较高、颜色深、敲之声脆，但热导率大，多有变形，两者均属不合格产品。

当焙烧窑中为氧化气氛时，黏土中所含的氧化物被氧化成红色的高价氧化物（$Fe_2O_3$），砖呈红色，称为红砖；若窑内为还原气氛时，铁的氧化物为 $Fe_3O_4$ 或 $FeO$，砖呈青灰色，称为青砖。青砖较红砖结实，耐久性强，但其燃料消耗多，价格较贵。

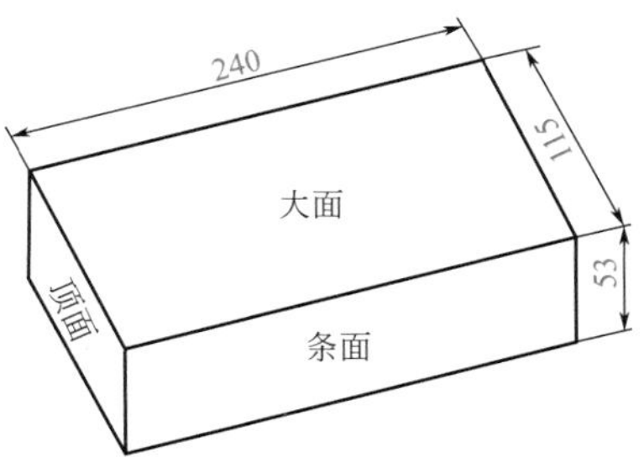

图 6-1 烧结普通砖示意图

**2. 烧结普通砖的主要技术性质**

根据国家标准《烧结普通砖》(GB/T 5101—2017)，烧结普通砖的技术要求包括：尺寸偏差、外观质量、强度等级、抗风化性能、泛霜、石灰爆裂及欠火砖和过火砖等。

（1）尺寸偏差 砖的外形为直角六面体，其公称尺寸为：长 240mm、宽 115mm、高 53mm，尺寸允许偏差应符合表 6-1 的标准规定。通常将 240mm×115mm 的面称为大面，240mm×53mm 的面称为条面，115mm×53mm 的面称为顶面，如图 6-1 所示。因此，在砌筑使用时，包括砂浆厚度（10mm）在内，4 块砖长、8 块砖宽、16 块砖厚都为 1m，1m³ 的砌体正好是 512 块砖。

表 6-1 尺寸允许偏差（GB/T 5101—2017） 单位：mm

| 公称尺寸 | 指 标 | |
| --- | --- | --- |
| | 样本平均偏差 | 样本极差≤ |
| 240 | ±2.0 | 6 |
| 115 | ±1.5 | 5 |
| 53 | ±1.5 | 4 |

（2）外观质量 外观质量指标包括弯曲、裂纹、颜色、完整面、棱角及表面突出高度等。各质量要求应符合表 6-2 的规定。

表 6-2 外观质量（GB/T 5101—2017） 单位：mm

| 项 目 | | 指标 |
| --- | --- | --- |
| 两条面高度差 | ≤ | 2 |
| 弯曲 | ≤ | 2 |
| 杂质凸出高度 | ≤ | 2 |
| 缺棱掉角的三个破坏尺寸 | 不得同时大于 | 5 |
| 裂纹长度 | a.大面上宽度方向及其延伸至条面的长度 不大于 | 30 |
| | b.大面上长度方向及其延伸至顶面的长度或条顶面上水平裂纹的长度 不大于 | 50 |
| 完整面① | 不得小于 | 一条面和一顶面 |

① 为砌筑砂浆而施加的凸凹纹、槽、压花等不算作缺陷。

注：凡有下列缺陷之一者，不得称为完整面。

1.缺陷在条面或顶面上造成的破坏面尺寸同时大于 10mm×10mm。

2.条面或顶面上裂纹宽度大于 1mm，其长度超过 30mm。

3.压陷、粘底、焦花在条面或顶面上的凹陷或凸出超过 2mm，区域尺寸同时大于 10mm×10mm。

（3）强度等级 根据抗压强度分为 MU30、MU25、MU20、MU15 和 MU10 五个强度等级，并应符合表 6-3 的规定。

表 6-3　烧结普通砖的强度等级（GB/T 5101—2017）　　　　　单位：MPa

| 强度等级 | 抗压强度平均值 $f \geqslant$ | 强度标准值 $f_k \geqslant$ |
|---|---|---|
| MU30 | 30.0 | 22.0 |
| MU25 | 25.0 | 18.0 |
| MU20 | 20.0 | 14.0 |
| MU15 | 15.0 | 10.0 |
| MU10 | 10.0 | 6.5 |

（4）砖的耐久性　砖的耐久性能由抗冻试验、泛霜试验、石灰爆裂试验和吸水率试验来确定。

① 抗风化性能。抗风化性能是指材料在干湿变化、温度变化、冻融变化等物理因素作用下不破坏并保持原有性质的能力，它与砖的使用寿命密切相关。常用抗冻性、吸水率及饱和系数来评定砖的抗风化性能。

砖的抗风化性能除了与本身的性质有关外，与所处环境的风化指数有关。风化指数是指日气温从正温降至负温或负温升至正温的每年平均天数与每年从霜冻之日起至霜冻消失之日止这一期间降雨总量（以 mm 计）的平均值的乘积。风化指数大于 12700 为严重风化区，风化指数小于 12700 为非严重风化区。根据规定，风化区的划分见表 6-4。

表 6-4　风化区的划分（GB/T 5101—2017）

| 严重风化区 | | 非严重风化区 | |
|---|---|---|---|
| 黑龙江省 | 宁夏回族自治区 | 山东省 | 湖南省 |
| 吉林省 | 甘肃省 | 河南省 | 福建省 |
| 辽宁省 | 北京市 | 安徽省 | 台湾省 |
| 内蒙古自治区 | 天津市 | 江苏省 | 广东省 |
| 青海省 | 西藏自治区 | 湖北省 | 广西壮族自治区 |
| 陕西省 | | 江西省 | 海南省 |
| 山西省 | | 浙江省 | 云南省 |
| 河北省 | | 四川省 | 上海市 |
| 新疆维吾尔自治区 | | 贵州省 | 重庆市 |

严重风化区的前五个省区的砖必须进行冻融试验，其他地区砖的抗风化性能符合表 6-5 规定时，可不做冻融试验，否则，必须进行冻融试验。冻融试验后，每块砖样不允许出现裂纹、分层、掉皮、缺棱、掉角等冻坏现象；质量损失不得大于 2%。

表 6-5　抗风化性能（GB/T 5101—2017）

| 砖种类 | 严重风化区 | | | | 非严重风化区 | | | |
|---|---|---|---|---|---|---|---|---|
| | 5h 沸煮吸水率/%，$\leqslant$ | | 饱和系数，$\leqslant$ | | 5h 沸煮吸水率/%，$\leqslant$ | | 饱和系数，$\leqslant$ | |
| | 平均值 | 单块最大值 | 平均值 | 单块最大值 | 平均值 | 单块最大值 | 平均值 | 单块最大值 |
| 黏土砖建筑渣土砖 | 18 | 20 | 0.85 | 0.87 | 19 | 20 | 0.88 | 0.90 |
| 粉煤灰砖① | 21 | 23 | | | 23 | 25 | | |
| 页岩砖 | 16 | 18 | 0.74 | 0.77 | 18 | 20 | 0.78 | 0.80 |
| 煤矸石砖 | | | | | | | | |

① 粉煤灰掺入量（体积比）小于 30% 时，按黏土砖规定判定。

② 泛霜。是指黏土原料中的可溶性盐类在砖或砌块表面的盐析现象。砖内过量的可溶盐受潮吸水而溶解，随水分蒸发而沉积于砖的表面，形成白色粉状、絮状或絮片状附着物，

影响建筑物的美观。轻微泛霜就能对清水墙建筑外观产生较大的影响；中等程度泛霜的砖用于建筑中的潮湿部位时，使用数月后因盐析结晶膨胀，将使砖体的表面产生粉化剥落，在干燥的环境中使用约十年后也将脱落；严重泛霜对建筑结构的破坏性更大。

标准规定，每块砖样应符合：优等品无泛霜；一等品不允许中等泛霜；合格品不允许出现严重泛霜。

③ 石灰爆裂。石灰爆裂是指砖（或烧结砌块）的原料或内燃物质中夹杂着石灰石时，焙烧过程中，石灰石被烧成过烧石灰留在砖内，砖（或砌块）吸水后，过烧石灰消化，体积膨胀导致砖发生爆裂现象。根据标准，经试验后砖面出现的爆裂区域不应超过表 6-6 规定的指标要求。

表 6-6　烧结普通砖石灰爆裂

| 序号 | 指　标　要　求 |
| --- | --- |
| a | 破坏尺寸大于 2mm 且小于或等于 15mm 的爆裂区域每组砖不得多于 15 处，其中大于 10mm 的不得多于 7 处 |
| b | 不准许出现最大破坏尺寸大于 15mm 的爆裂区域 |
| c | 试验后抗压强度损失不得大于 5MPa |

注：不允许有欠火砖、酥砖和螺旋纹砖。

**3. 烧结普通砖的产品标记**

按产品名称、品种、强度等级和标准编号的顺序编写。如烧结普通砖，强度等级 MU15，一等品的黏土砖，其标记为：烧结普通砖 N MU 15B GB/T 5101—2017。

此外，砖的放射性物质应符合《建筑材料放射性核素限量》(GB 6566—2010) 的规定。

**4. 烧结普通砖的特点及应用**

烧结普通砖具有一定的强度、良好的绝热隔声性能，有较好的耐久性，原材料来源广泛，生产工艺简单，价格低廉等优点。它是应用历史最久、应用范围最广的建筑材料之一。在建筑工程中主要用作墙体材料，也可砌筑柱、拱、烟囱、沟道及基础等。还可与轻骨料混凝土、岩棉、加气混凝土等复合使用，砌成两面为砖、中间填以轻质材料的复合墙体。在砌筑中适当配置钢筋或钢丝网，可代替钢筋混凝土柱、过梁等。

黏土砖的最大缺点是自重大、能耗高、尺寸小、施工效率低、抗震性能差等。更为严重的是，黏土砖生产需大量毁田，使我国本来就有限的土地资源更加紧张。所以，近年来，我国大力推广墙体材料改革，以粉煤灰、煤矸石等工业废料蒸压砖代替黏土砖。目前，很多地方政府已下令逐步禁止黏土砖的生产，以减少农田的损失和对生态环境的破坏。

（二）烧结多孔砖和烧结空心砖

用多孔砖和空心砖代替实心砖可使建筑自重减轻 1/3 左右，节约黏土约 20%～30%，节约能耗 10%～20%，造价降低 20%，施工效率提高 40%，并能大大改善墙体的热工性能，所以，推广使用多孔砖和空心砖具有重要的意义。

**1. 烧结多孔砖**

国家标准《烧结多孔砖和多孔砌块》(GB 13544—2011) 规定，烧结多孔砖有两种规格：190mm×190mm×90mm（代号为 M）、240mm×115mm×90mm（代号为 P）。其孔洞尺寸为：圆孔直径不大于 22mm，非圆孔内切圆直径不大于 15mm，手抓孔 (30～40)mm×(75～85)mm。烧结多孔砖如图 6-2 所示。

烧结多孔砖的强度同烧结普通砖一样分成 MU30、MU25、MU20、MU15 和 MU10 五个强度等级，评定方法完全与烧结普通砖的评定方法相同。

产品标记按产品名称、品种、规格、强度等级、质量等级和标准编号顺序编写。如规格

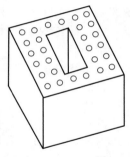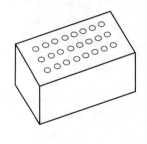

图 6-2　烧结多孔砖示意图

尺寸 290mm×190mm×90mm，强度等级 MU25，优等品的页岩砖，其标记为：烧结多孔砖 Y 290×190×90 25A GB 13544。

多孔砖在运输装卸过程中，严禁倾倒和抛掷。进场后，应按强度等级分类堆放整齐，堆置高度不宜超过 2m。

**2. 烧结空心砖**

国家标准《烧结空心砖和空心砌块》(GB/T 13545—2014) 规定的技术要求如下。

（1）规格　烧结空心砖的外形为直角六面体，在与砂浆接合面上应设有增加结合力的深度 1mm 以上的凹线槽，孔洞采用矩形条孔或其他孔形，且平行于大面和条面，且孔洞率不小于 35%。常用空心砖的尺寸长为 290mm、240mm，宽为 240mm、190mm、180(175)mm、140mm、115mm，高度为 115mm、90mm。烧结空心砖的壁厚应大于 10mm，肋厚大于 7mm。烧结空心砖和空心砌块如图 6-3 所示。

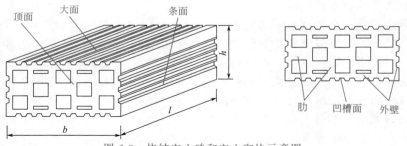

图 6-3　烧结空心砖和空心砌块示意图

（2）强度等级和密度　根据抗压强度分为 MU10.0、MU7.5、MU5.0 和 MU3.5 四个强度等级；体积密度分为 800 级、900 级、1000 级、1100 级四个密度级别。根据尺寸偏差、外观质量、孔洞排列及其结构、泛霜、石灰爆裂、吸水率，分为优等品（A）、一等品（B）、合格品（C）三个质量等级。其中，强度应符合表 6-7 的规定，密度等级应符合表 6-8 的规定。

表 6-7　烧结空心砖的强度等级 (GB/T 13545—2014)

| 强度等级 | 抗压强度/MPa | | | 密度等级范围 /(kg/m³) |
| --- | --- | --- | --- | --- |
| | 抗压强度平均值 $f \geqslant$ | 变异系数 $\delta \leqslant 0.21$ | 变异系数 $\delta > 0.21$ | |
| | | 强度标准值 $f_k \geqslant$ | 单块最小抗压强度值 $f_{min} \geqslant$ | |
| MU10.0 | 10.0 | 7.0 | 8.0 | ≤1100 |
| MU7.5 | 7.5 | 5.0 | 5.8 | |
| MU5.0 | 5.0 | 3.5 | 4.0 | |
| MU3.5 | 3.5 | 2.5 | 2.8 | |

表 6-8　烧结空心砖的密度等级（GB/T 13545—2014）　　　　单位：kg/m³

| 密度等级 | 5 块密度平均值 | 密度等级 | 5 块密度平均值 |
|---|---|---|---|
| 800 级 | ≤800 | 1000 级 | 901～1000 |
| 900 级 | 801～900 | 1100 级 | 1001～1100 |

（3）其他技术要求　包括尺寸偏差、外观质量、泛霜、石灰爆裂、吸水率、抗风化性能均应符合相应规定。且产品中不允许有欠火砖、酥砖。

烧结空心砖和空心砌块的产品标记按产品名称、类别、规格、密度等级、强度等级、质量等级和标准编号顺序编写。如规格尺寸 290mm×190mm×90mm、密度等级 800 级、强度等级 MU7.5、优等品的页岩空心砖，其标记为：烧结空心砖 Y（290mm×190mm×90mm）800 MU7.5A GB/T 13545。

烧结多孔砖因其强度较高，绝热性能优于普通砖，一般用于砌筑 6 层以下建筑物的承重墙；烧结空心砖主要用于非承重的填充墙和隔墙。

## 二、非烧结砖

非烧结砖是不经焙烧而制成的砖。目前建筑工程中应用较多的是蒸压砖，如蒸压灰砂砖、蒸压粉煤灰砖、蒸压炉渣砖等。

### （一）蒸压灰砂砖

蒸压灰砂砖是以石灰、砂子为原料（也可加入着色剂或掺合料），经配料、拌和、压制成型和蒸压养护（175～191℃，0.8～1.2MPa 的饱和蒸汽）而制成的砖，简称为灰砂砖，代号为 LSB。

**1. 灰砂砖技术性质**

（1）规格　灰砂砖的外形尺寸同普通黏土砖，240mm×115mm×53mm。

（2）强度等级　根据抗压强度及抗折强度，分 MU25、MU20、MU15 和 MU10 四个等级，见表 6-9。

（3）产品等级　根据尺寸偏差和外观质量分为优等品（A）、一等品（B）、合格品（C）三个质量等级。

表 6-9　灰砂砖的强度等级（GB/T 11945—2019）

| 强度等级 | 抗压强度/MPa,不小于 | | 抗折强度/MPa,不小于 | |
|---|---|---|---|---|
| | 平均值 | 单块值 | 平均值 | 单块值 |
| MU25 | 25.0 | 20.0 | 5.0 | 4.0 |
| MU20 | 20.0 | 16.0 | 4.0 | 3.2 |
| MU15 | 15.0 | 12.0 | 3.3 | 2.6 |
| MU10 | 10.0 | 8.0 | 2.5 | 2.0 |

**2. 灰砂砖的应用**

灰砂砖是在高压下成型，又经过蒸压养护，砖体组织密实，具有强度高、稳定性好、干缩率小、尺寸偏差小、外形光滑平整等特点。它主要用于工业与民用建筑的墙体和基础。其中，MU15、MU20 和 MU25 的灰砂砖可用于基础及其他部位，MU10 的砖可用于防潮层以上的建筑部位。

灰砂砖不得用于长期受热 200℃以上、受极冷、极热或有酸性介质侵蚀的环境，也不宜用于受流水冲刷的部位。

灰砂砖表面光滑平整，使用时注意提高砖与砂浆之间的粘接力。

### （二）蒸压粉煤灰砖

蒸压粉煤灰砖是以粉煤灰和石灰为主要原料，配以适量的石膏和炉渣，加水拌和后压制成型，经常压或高压蒸汽养护而制成的实心砖，称为粉煤灰砖。

**1. 粉煤灰砖的技术性质**

（1）规格　粉煤灰砖的外形尺寸同普通黏土砖，240mm×115mm×53mm。

（2）强度等级　根据抗压强度和抗折强度分为 MU30、MU25、MU20、MU15 和 MU10 五个强度等级，见表 6-10。

（3）产品等级　根据尺寸偏差、强度、抗冻性和干缩值分为优等品（A）、一等品（B）、合格品（C）三个质量等级。

表 6-10　粉煤灰砖的强度等级（JC/T 239—2014）

| 强度等级 | 抗压强度/MPa,不小于 | | 抗折强度/MPa,不小于 | |
| --- | --- | --- | --- | --- |
| | 10 块平均值 | 单块值 | 10 块平均值 | 单块值 |
| MU30 | 30.0 | 24.0 | 6.2 | 5.0 |
| MU25 | 25.0 | 20.0 | 5.0 | 4.0 |
| MU20 | 20.0 | 16.0 | 4.0 | 3.2 |
| MU15 | 15.0 | 12.0 | 3.3 | 2.6 |
| MU10 | 10.0 | 8.0 | 2.5 | 2.0 |

注：强度等级以蒸压养护后 1d 的强度为准。

**2. 粉煤灰砖的应用**

蒸压粉煤灰砖可用于工业与民用建筑的基础、墙体。但应注意以下几点。

① 在易受冻融和干湿交替的部位必须使用优等品或一等品砖。用于易受冻融作用的部位时要进行抗冻性检验，并采取适当措施，以提高其耐久性。

② 用粉煤灰砖砌筑的建筑物，应适当增设圈梁及伸缩缝或采取其他措施，以避免或减少收缩裂缝的产生。

③ 粉煤灰砖出釜后，应存放一段时间后再用，以减少相对伸缩值。

④ 长期受高于 200℃ 温度作用，或受冷热交替作用，或有酸性侵蚀的建筑部位不得使用粉煤灰砖。

### （三）蒸压炉渣砖

蒸压炉渣砖是以煤燃烧后的残渣为主要原料，配以一定数量的石灰和少量石膏，经加水搅拌混合、压制成型、蒸养或蒸压养护而制成的实心砖，称为炉渣砖。

**1. 炉渣砖的技术性质**

（1）规格　炉渣砖的外形尺寸同普通黏土砖，240mm×115mm×53mm。

（2）强度等级　根据抗压强度分为 MU25、MU20 和 MU15 三个强度等级，见表 6-11。

表 6-11　炉渣砖的强度等级

| 强度等级 | 抗压强度/MPa | | 变异系数 $\delta \leqslant 0.21$ | 变异系数 $\delta > 0.21$ |
| --- | --- | --- | --- | --- |
| | 平均值 $\bar{f} \geqslant$ | 单块值 | 强度标准值 $f_k \geqslant$/MPa | 单块最小抗压强度 $f_{min} \geqslant$/MPa |
| MU25 | 25.0 | 20.0 | 19.0 | 20.0 |
| MU20 | 20.0 | 15.0 | 14.0 | 16.0 |
| MU15 | 15.0 | 11.0 | 10.0 | 12.0 |

注：强度等级以蒸压养护后 24～36h 内的强度为准。

（3）产品等级 根据外观质量、尺寸偏差、强度、抗冻性分为优等品（A）、一等品（B）、合格品（C）三个质量等级。

**2. 炉渣砖的应用**

炉渣砖用于一般工业与民用建筑的墙体和基础。但应注意：用于基础或易受冻融和干湿交替作用的建筑部位必须使用 MU15 及以上强度等级的砖；炉渣砖不得用于长期受热在 200℃ 以上或受急冷急热或有侵蚀性介质的部位。

**（四）混凝土多孔砖**

混凝土多孔砖是一种新型墙体材料，是以水泥为胶结材料，以砂、石等为主要集料，加水搅拌、成型、养护制成的一种多排小孔的混凝土砖。其制作工艺简单，施工方便。用混凝土多孔砖代替实心黏土砖，烧结多孔砖，可以不占耕地，节省黏土资源，且不用焙烧设备，节省能耗。

**1. 规格尺寸**

根据相关标准规定，混凝土多孔砖的外形为直角六面体，产品的主规格尺寸（长×宽×高）为：240mm×115mm×90mm。最小外壁厚不小于 15mm，最小肋厚不应小于 10mm。为了减轻墙体自重及增加保温隔热功能，规定其孔洞率不小于 30%。

**2. 产品等级**

按尺寸偏差与外观质量，分为一等品（B）与合格品（C）；按强度等级分为 MU10、MU15、MU20、MU25、MU30 五个等级。为防止墙体开裂，要求干燥收缩率不应大于 0.045%。

**3. 应用**

由于混凝土多孔砖原料来源容易，生产工艺简单，成本低，保温隔热性能好，强度较高，且有较好的耐久性，故在建筑工程中应用越来越广，多用于建筑物的围护结构和隔墙。

---

📢 **任务实施**

**一、材料取样方法**

每 3.5 万～15 万块砖为一批，不足 3.5 万块砖按一批计。外观质量检验的试样采用随机抽样法，在每一检验的产品堆垛中抽取；尺寸偏差检验的样品用随机抽样法从外观质量检验的样品中抽取；其他检验项目的样品用随机抽样法从外观质量检验合格的样品中抽取。抽样数量按表 6-12 进行。

表 6-12 单项检测所需砖样数

| 检测项目 | 外观质量 | 尺寸偏差 | 强度等级 | 泛霜 | 石灰爆裂 | 冻融 | 吸水率和饱和系数 |
| --- | --- | --- | --- | --- | --- | --- | --- |
| 抽取砖样数/块 | 50 | 20 | 10 | 5 | 5 | 5 | 5 |

**二、辨识砌墙砖**

分组识别烧结普通砖、烧结多孔砖、烧结空心砖、蒸压灰砂砖、粉煤灰砖、炉渣砖、混凝土多孔砖。

**三、砌墙砖的尺寸偏差检测**

**1. 仪器设备**

砖用卡尺。分度值为 0.5mm，如图 6-4 所示。

**2. 检测步骤**

检验样品数为 20 块，其中每一尺寸测量不足 0.5mm 的按 0.5mm 计，每一方向尺寸以两个测量值的算术平均值表示。长度应在砖的两个大面的中间处分别测量两个尺寸；宽度应在砖的两个大面的中间处分别测量两个尺寸；高度应在两个条面的中间处分别测量两个尺寸。当被测处有缺损或凹凸时，可在其旁边测量，但应选择不利的一侧。如图 6-5 所示。

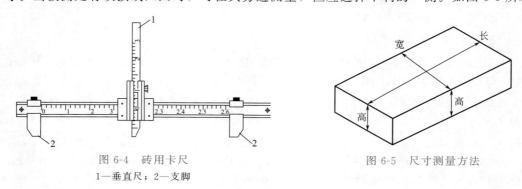

图 6-4　砖用卡尺
1—垂直尺；2—支脚

图 6-5　尺寸测量方法

**3. 结果评定**

结果分别以长度、高度和宽度的最大值表示，不足 1mm 者按 1mm 计。

### 四、砌墙砖外观质量检测

**1. 仪器设备**

① 砖用卡尺。分度值为 0.5mm。
② 钢直尺。分度值为 1mm。

**2. 检测步骤**

（1）缺损检验　缺棱掉角在砖上造成的破损程度，以破损部分对长、宽、高三个棱边的投影尺寸来度量，称为破坏尺寸，如图 6-6 所示。缺损造成的破坏面，系指缺损部分对条面、顶面的投影面积，如图 6-7 所示。

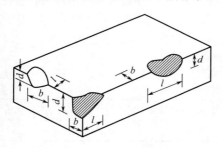

l、b、d 分别为长、宽、高三个方向的投影图
图 6-6　缺棱掉角破坏尺寸测量方法图

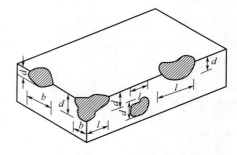

l、b、d 分别为长、宽、高三个方向的投影图
图 6-7　缺损在条面、顶面上造成的破坏面测量方法

（2）裂纹测量　裂纹分为长度方向、宽度方向和水平方向三种，以被测方向的投影长度表示。如果裂纹从一个面延伸至其他面上时，则累计其延伸的投影长度，如图 6-8 所示。多孔砖的孔洞与裂纹相同时，则将孔洞包括在裂纹内一并测量，裂纹应在三个方向上分别测量，一侧的最长裂纹作为测量结果，如图 6-9 所示。

（3）弯曲检验　弯曲分别在大面和条面上测量，测量时将砖用卡尺的两只脚沿棱边两端放置，择其弯曲最大处将垂直尺推至砖面，如图 6-10 所示。但不应将因杂质或碰伤造成的

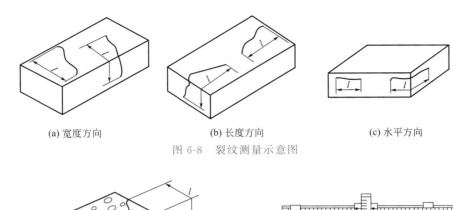

(a) 宽度方向　　　　　　　　(b) 长度方向　　　　　　　　(c) 水平方向

图 6-8　裂纹测量示意图

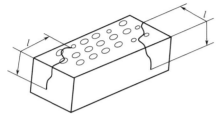

图 6-9　多孔砖裂纹尺寸测量方法

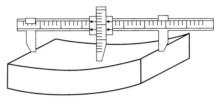

图 6-10　弯曲测量方法

凹处计算在内。以弯曲中测得的较大值作为测量结果。

（4）杂质突出高度检验　杂质在砖面上造成的突出高度，以杂质距砖面的最大距离表示。测量时将专用卡尺的两只脚置于凸出两边的砖平面上，以垂直尺测量，如图 6-11 所示。外观测量以 mm 为单位，不足 1mm 者以 1mm 计。

（5）色差检验　装饰面朝上随机分为两排并列，在自然光下距离 2m 处目测。

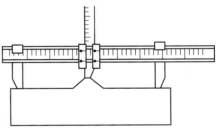

图 6-11　杂质突出测量方法

### 3. 结果评定

外观测量以 mm 为单位，不足 1mm 者，按 1mm 计。

## 五、强度等级测定

### 1. 仪器设备

① 压力机（300～500kN）。试值误差不大于±1%，下压板应为球铰支座，预期破坏荷载应在量程的 20%～80% 之间；抗压试件制作平台必须平整水平，可用金属材料或其他材料制成。

② 锯砖机或切砖机、直尺、镘刀等。

### 2. 试件制备

（1）烧结普通砖　试件数量为 10 块。将试样切断或锯成两个半截砖，断开的半截砖长不得小于 100mm，如图 6-12 所示。如果不足 100mm，应另取备用试件补足。

在试件制备平台上，将已断开的半截砖放入室温的净水中浸 10～20min 后取出，并以断口相反方向叠放，两者中间抹以厚度不超过 5mm 的用强度等级为 42.5 的普通硅酸盐水泥调制的稠度适宜的水泥净浆来黏结。上下两面用厚度不超过 3mm 的同种水泥抹平。制成的试件上下两面须相互平行，并垂直于侧面，如图 6-13 所示。

（2）多孔砖、空心砖　试件数量为 10 块。多孔砖以单块整砖沿竖孔方向加压，空心砖以单块整砖大面、条面方向（各 5 块）分别加压。采用坐浆法制作试件：将玻璃板置于试件制作平台上，其上铺一张湿的垫纸，纸上铺不超过 5mm 厚的水泥净浆，在水中浸泡试件

10～20min 后取出，平稳地放在水泥浆上。在易受压面上稍加用力，使整个水泥层与砖受压面相互黏结，砖的侧面应垂直于玻璃板，待水泥浆凝固后，连同玻璃板翻放在另一铺纸放浆的玻璃板上，再进行坐浆，用水平尺校正玻璃板的水平。

图 6-12　半截砖样

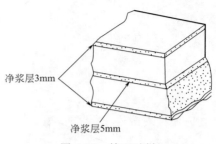

净浆层3mm

净浆层5mm

图 6-13　抹面试样

（3）非烧结砖　试样数量为 10 块。同一块试样的两半截砖切断口相反叠放，叠合部分不得小于 100mm。如果不足 100mm，应另取备用试件补足。

**3. 试件养护**

制成的抹面试件应置于不低于 10℃ 的不通风室内养护 3d，再进行试验。非烧结砖不许养护，直接试验。

**4. 检测步骤**

测量每个试件连接面或受压面的长 $L$（mm）、宽 $b$（mm）尺寸各两个，分别取其平均值，精确至 1mm，计算受压面积。将试件平放在加压板的中央，垂直于受压面加荷，如图 6-14 所示，加荷应均匀平稳，不得发生冲击和振动。加荷速度以（5±0.5）kN/s 为宜，直至试件破坏为止，纪录最大破坏荷载 $P$（N）。

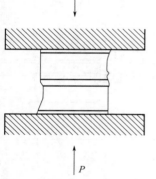

图 6-14　普通砖抗压强度试验示意图

**5. 结果计算与评定**

（1）每块试件的抗压强度按下式计算（精确至 0.1MPa）：

$$f_i = \frac{P}{Lb} \tag{6-1}$$

式中　$f_i$——第 $i$ 块试样的抗压强度值，MPa；

　　　$P$——最大破坏荷载，N；

　$L$，$b$——试样受压面的长、宽，mm。

（2）试样结果以试样抗压强度的计算平均值和单块最小值表示，精确至 0.1MPa。

（3）根据规范《烧结普通砖》(GB/T 5101—2017) 的规定，烧结普通砖的抗压强度的算术平均值和强度标准值分别按式(6-2) 计算：

$$\overline{f} = \frac{1}{10}\sum_{i=1}^{10} f_i$$

$$f_k = \overline{f} - 1.8S$$

$$S = \sqrt{\frac{1}{9}\sum_{i=1}^{10}(f_i - \overline{f})^2}$$

$$\delta = \frac{S}{\overline{f}}$$ (6-2)

式中　$f_i$——单块砖样抗压强度测定值，精确至 0.01MP；

　　　$f_k$——强度标准值，MPa，精确至 0.1MPa；

　　　$S$——10 块砖样的抗压强度标准差，MPa；

　　　$\overline{f}$——10 块砖样的抗压强度算术平均值，精确至 0.01MPa；

　　　$\delta$——变异系数。

① 平均值——标准方法评定：

变异系数 $\delta \leqslant 0.21$ 时，按抗压强度平均值 $\overline{f}$、强度标准值 $f_k$ 指标评定砖的强度等级。

② 平均值——最小值方法评定：

变异系数 $\sigma > 0.21$ 时，按抗压强度平均值 $\overline{f}$、强度最小值 $f_{min}$ 评定砖的强度等级。

# 任务二　墙用砌块的选用

 **任务描述**

识别混凝土空心砌块、加气混凝土砌块、粉煤灰砌块和石膏砌块，并对其质量进行评定；熟识它们的结构特点、技术指标和验收标准；同时掌握它们各自的性能特点及应用范围就能做到合理的使用。

 **知识链接**

砌块是用于砌筑的人造块材，外形多为直角六面体，也有各种异型的砌块。砌块系列中主规格的长度、宽带或高度应有一项或一项以上分别大于 365mm、240mm、115mm。砌块按用途分为承重砌块和非承重砌块；按尺寸规格可分为小型、中型、大型三种砌块；按空心率大小分为空心砌块和实心砌块两种；还可以按主要原料及生产工艺分类命名，如普通混凝土砌块、硅酸盐混凝土砌块、轻集料混凝土砌块、石膏砌块、烧结砌块、蒸压蒸养砌块等。砌块生产工艺简单，可充分利用地方材料和工业废料，其尺寸比砖大，可提高功效，并可改善墙体功能。目前，常用的砌块有混凝土空心砌块、蒸压加气混凝土砌块和粉煤灰砌块等。

## 一、普通混凝土小型空心砌块（代号 NHB）

普通混凝土小型空心砌块是以水泥为胶结料，以普通砂石或重矿渣为粗细集料，经过水搅拌、成型、养护而成的空心率大于或等于 25% 小型空心砌块，可以采用工业化生产，是砌块建筑的主要建筑材料之一。

**1. 技术性能**

（1）形状、规格　根据《普通混凝土小型砌块》（GB/T 8239—2014）规定，混凝土砌块的主规格尺寸（长×宽×高）为 390mm × 190mm × 90mm、390mm × 240mm × 190mm 等，最小外壁厚不应小于 30mm，最小肋厚不应小于 25mm，如图 6-15 所示。

（2）强度等级　根据混凝土砌块的抗压强度值分为

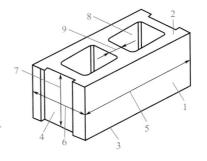

图 6-15　混凝土小型空心砌块

1—条面；2—坐浆面（肋厚较小的面）；
3—铺浆面（肋厚较大的面）；4—顶面；
5—长；6—宽；7—高；8—壁；9—肋

MU5.0、MU7.5、MU10.0、MU15.0、MU20.0、MU25.0、MU30.0、MU35.0 和 MU40.0 九个强度等级，见表6-13。

表 6-13　混凝土小型空心砌块抗压强度（GB/T 8239—2014）

| 强度等级 | 抗压强度/MPa，不小于 | | 强度等级 | 抗压强度/MPa，不小于 | |
|---|---|---|---|---|---|
| | 5块平均值 | 单块最小值 | | 5块平均值 | 单块最小值 |
| MU5.0 | 5.0 | 4.0 | MU25.0 | 25.0 | 20.0 |
| MU7.5 | 7.5 | 6.0 | MU30.0 | 30.0 | 24.0 |
| MU10.0 | 10.0 | 8.0 | MU35.0 | 35.0 | 28.0 |
| MU15.0 | 15.0 | 12.0 | MU40.0 | 40.0 | 32.0 |
| MU20.0 | 20.0 | 16.0 | | | |

### 2. 混凝土小型砌块的应用

普通混凝土小型空心砌块主要使用于各种公用或民用住宅建筑以及工业厂房、仓库和农村建筑的内外墙体。为防止或避免小砌块因失水而产生的收缩导致墙体开裂，必须特别注意：小砌块采用自然养护时，必须护养28d后方可上墙；出厂时小砌块的相对含水率必须严格控制在国家标准《普通混凝土小型砌块》（GB/T 8239—2014）要求的范围内；小砌块在施工现场堆放时，必须采用防雨措施；砌筑前，小砌块不允许浇水预湿；为防止墙体开裂，应根据建筑的情况设置伸缩缝，在必要的部位增加构造钢筋。

## 二、中型混凝土空心砌块

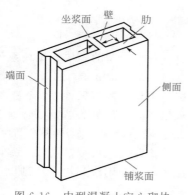

图 6-16　中型混凝土空心砌块

中型混凝土空心砌块是以水泥或煤矸石无熟料水泥为胶结材，配以一定比例骨料制成的中型混凝土空心墙体材料，其空心率不小于25%。中型混凝土空心砌块主规格标志尺寸为，长度：500mm、600mm、800mm、1000mm；宽度：200mm、240mm；高度：400mm、450mm、800mm、900mm。中型混凝土空心砌块的壁、肋厚度不应小于25mm，如图6-16所示。

中型混凝土空心砌块按其抗压强度分为 MU3.5、MU5.0、MU7.5、MU10.0 和 MU15.0 五个强度等级。主要应用于工业和民用一般建筑的墙体。

## 三、轻集料混凝土小型空心砌块（代号 LHB）

轻集料混凝土小型空心砌块是以陶粒、膨胀珍珠岩、浮石、火山渣、煤渣、自然煤矸石等各种轻粗、细集料和水泥按一定比例配制，经搅拌、成型、养护而成的空心率大于或等于25%、表观密度小于 $1400kg/m^3$ 的轻质混凝土小砌块。

国标《轻集料混凝土小型空心砌块》（GB/T 15229—2011）规定，砌块的主规格为 390mm×190mm×190mm，强度等级为 MU2.5、MU3.5、MU5.0、MU7.5 和 MU10.0 五个强度等级，密度为 610～1400kg/m³。

与普通混凝土空心小砌块相比，这种砌块重量更轻、保温隔热性能更佳、抗冻性更好，主要用于非承重结构的围护和框架结构的填充墙，也可用于既承重又保温或专门保温的墙体。其合理的使用范围见表6-14。

表 6-14　轻集料混凝土小型空心砌块的合理使用范围

| 强度等级 MU | 密度等级/kg·m$^{-3}$ | 合理使用范围 |
|---|---|---|
| 2.5 | ≤800 | 非承重或自承重保温外墙 |
| 3.5、5.0 | ≤1200 | 承重保温外墙 |
| 7.5、10.0 | ≤1400 | 承重外墙或内墙 |

## 四、蒸压加气混凝土砌块（代号 ACB）

蒸压加气混凝土砌块是以钙质材料（石灰、水泥）和硅质材料（矿渣、粉煤灰、砂等）为基本材料，铝粉为发气剂，经过蒸压养护等工艺制成的一种多孔轻质块体材料。

### 1. 加气混凝土砌块的技术要求

根据国家标准《蒸压加气混凝土砌块》(GB 11968—2006) 规定，其主要技术指标如下。

（1）规格尺寸　长度：600mm；高度：200mm、240mm、250mm、300mm；宽度：100mm、125mm、150mm、180mm、200mm、240mm、250mm、300mm。如需其他规格，可由供需双方协商解决。尺寸偏差见表 6-15。

（2）强度等级　加气混凝土砌块按抗压强度分为 A1.0、A2.0、A2.5、A3.5、A5.0、A7.5、A10.0 七个强度，见表 6-16。

（3）密度等级　按干体积密度分为 B03、B04、B05、B06、B07、B08 六个密度等级，见表 6-17。

（4）砌块等级　加气混凝土砌块根据尺寸偏差和外观质量、干密度、抗压强度和抗冻性分为优等品（A）和合格品（B）两个级别。

按《蒸压加气混凝土砌块》(GB 11968—2006) 规定，加气混凝土砌块的尺寸偏差和外观要求、抗压强度、干密度和强度等级分别见表 6-15、表 6-16 和表 6-17。

表 6-15　加气混凝土砌块尺寸偏差和外观要求（GB 11968—2006）

| 项　　目 | | | 指标 | |
|---|---|---|---|---|
| | | | 优等品（A） | 合格品（B） |
| 尺寸允许偏差/mm | | 长度(L) | ±3 | ±4 |
| | | 宽度(B) | ±1 | ±2 |
| | | 高度(H) | ±1 | ±2 |
| 缺棱掉角 | 最小尺寸,不得大于/mm | | 0 | 30 |
| | 最大尺寸,不得大于/mm | | 0 | 70 |
| | 大于以上尺寸的缺棱掉角个数,不多于/个 | | 0 | 2 |
| 裂纹长度 | 贯穿一棱二面的裂纹长度不得大于裂纹所在面的裂纹方向尺寸总和的 | | 0 | 1/3 |
| | 任一面上的裂纹长度不得大于裂纹方向尺寸的 | | 0 | 1/2 |
| | 大于以上尺寸的裂纹条数,不多于/条 | | 0 | 2 |
| 爆裂、黏膜和损坏深度,不大于/mm | | | 10 | 30 |
| 平面弯曲 | | | 不允许 | |
| 表面疏松、层裂 | | | 不允许 | |
| 表面油污 | | | 不允许 | |

表 6-16　加气混凝土砌块的抗压强度（GB 11968—2006）

| 强度等级 | 立方体抗压强度,不小于/MPa | | 强度等级 | 立方体抗压强度,不小于/MPa | |
|---|---|---|---|---|---|
| | 平均值 | 单组最小值 | | 平均值 | 单组最小值 |
| A1.0 | 1.0 | 0.8 | A5.0 | 5.0 | 4.0 |
| A2.0 | 2.0 | 1.6 | A7.5 | 7.5 | 6.0 |
| A2.5 | 2.5 | 2.0 | A10.0 | 10.0 | 8.0 |
| A3.5 | 3.5 | 2.8 | | | |

表 6-17　加气混凝土砌块的干密度和强度级别（GB 11968—2006）

| 干密度等级 | | | B03 | B04 | B05 | B06 | B07 | B08 |
|---|---|---|---|---|---|---|---|---|
| 干密度/（kg/m³） | 优等品（A） | ≤ | 300 | 400 | 500 | 600 | 700 | 800 |
| | 合格品（B） | ≤ | 325 | 425 | 525 | 625 | 725 | 825 |
| 强度级别 | 优等品（A） | | A1.0 | A2.0 | A3.5 | A5.0 | A7.5 | A10.0 |
| | 合格品（B） | | | | A2.5 | A3.5 | A5.0 | A7.5 |

### 2. 蒸压加气混凝土砌块的产品标识

蒸压加气混凝土砌块的产品标识由强度级别、干密度级别、等级、规格尺寸及标准编码五部分组成。如：强度级别为 A3.5、干密度级别为 B05、优等品、规格尺寸为 600mm×200mm×250mm 的蒸压加气混凝土砌块，其标记为：ACB A3.5 B05 600×200×250 （A）GB 11968。

### 3. 蒸压加气混凝土砌块的应用

加气混凝土砌块具有表观密度小、保温及耐火性能好、易于加工、抗震性能强、施工方便等优点。它适用于低层建筑的承重墙、多层和高层建筑的间隔墙、框架填充墙，以及一般工业建筑的维护墙体。也可用于复合墙板和屋面结构中，在无可靠的防护措施时，不得用于高湿度和有侵蚀性介质的环境中，也不得用于建筑物的基础和温度长期高于 80℃ 的建筑部位。

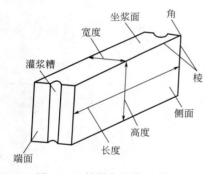

图 6-17　粉煤灰砌块示意图

## 五、粉煤灰砌块（代号 FB）

粉煤灰砌块是以粉煤灰、石灰、石膏和集料等为原料，经加水搅拌、振动成型、蒸汽养护而制成的密实砌块。通常采用炉渣作为砌块的集料。砌块主规格外形尺寸有 880mm×380mm×240mm 和 880mm×430mm×240mm 两种。砌块的端面应加灌浆槽，坐浆面宜高出切槽，形状如图 6-17 所示。

按标准规定，砌块的强度等级按其立方体试件的抗压强度分为 MU10 级和 MU13 两个强度等级；根据外观质量、尺寸偏差和干缩性能分为一等品（B）和合格品（C）两个质量等级。

粉煤灰砌块的表观密度随所用集料而变，当用炉渣为集料时，其表观密度约为 1300～1500kg/m³，热导率为 0.465～0.582W/（m·K）。

粉煤灰砌块适用于民用和工业建筑的承重结构和围护结构。但不宜用于酸性侵蚀的、密封性要求高及受较大振动影响的建筑物（如锻锤车间），也不宜用于受高温的承重墙（如炼钢车间、锅炉间的承重墙等）。粉煤灰砌块的墙体内外表面宜作粉刷或其他饰面，以改善隔热、隔声性能并防止外墙渗漏，提高耐久性。

## 六、石膏砌块

生产石膏砌块的主要原料是天然石膏或化工副产品及废渣（化工石膏）。石膏砌块有实心、空心和夹心砌块三种。其中空心石膏砌块的石膏用量少，绝热性能好，故应用较多。采用聚苯乙烯泡沫塑料为芯层可制成夹芯石膏砌块。由于泡沫塑料的热导率小，因而达到相同绝热效果的砌块厚度可以减小，从而增加了建筑物的使用面积。石膏砌块轻质、绝热、吸声、不燃、可锯可钉、生产工艺简单，成本低，多用作非承重内隔墙。

我国当前推荐发展的砌块品种及主要性能与适用范围见表 6-18。

表 6-18　国家推荐发展的几种砌块的品种规格、主要性能和适用范围

| 品　种 | 长×宽×厚/mm | 性能与特点 | 适用范围 |
|---|---|---|---|
| 普通混凝土小型空心砌块 | 300×190×190<br>290×190×190<br>190×190×190 | 制品生产适宜机械化，原料来源广，不毁田挖土，自重轻，每块10～20kg，砌筑方便、施工灵活、工效高 | 可用于建造抗震烈度 6～8 度、总高不超过 19m 的多层建筑，小砌块强度不低于 MU5，砌筑砂浆强度不低于 M5，不宜用于密封要求高，振动较大的建筑 |
| 轻集料混凝土小型空心砌块 | 490×190×190<br>390×240×190<br>290×190×190 | 比普通混凝土小型空心砌块自重更轻，热工性能好、施工更灵活 | 适宜于北方严寒地区及抗震和软土地基，需要减轻墙自重的建筑。可用作多层建筑承重墙，多、高层框架建筑填充墙及大开间内隔墙 |
| 加气混凝土砌块 | 600×250×200<br>600×200×150<br>600×150×100 | 自重轻，保温隔热性能好，加工性能好，便于切割、钉刨。缺点是制品易干缩，墙体易产生裂缝 | A7.5 级可用于 5 层以下建筑，A5.0 级可用于 3 层以下建筑，适用于多、高层框架建筑填充墙、建筑物内隔墙，不能用于建筑基础及经常浸水、潮湿、化学侵蚀和温度大于 80℃ 的部位 |
| 石膏空心砌块 | 500×600×100<br>500×600×110 | 孔洞率大，重量轻，可锯、可钉、可钻，表面光滑，施工简便，表面不用抹灰 | 用于建筑物非承重内隔墙，砌筑前可按实地尺寸排块，当场锯切。砌筑用粘接料一般由石膏粉另加少量胶配制，也可加适量中砂 |

 **任务实施**

**一、材料准备**

混凝土空心砌块、加气混凝土砌块、粉煤灰砌块、石膏砌块。

**二、实施步骤**

① 分组识别混凝土空心砌块、加气混凝土砌块、粉煤灰砌块、石膏砌块。
② 分析各种砌块的特点和应用范围。

# 任务三　墙用板材的选用

 **任务描述**

识别纸面石膏板、纤维石膏板、石膏空心板、石膏刨花板、预应力混凝土空心板、GRC 空心轻质墙板、蒸压加气混凝土板、水泥刨花板、混凝土夹芯板、钢丝网水泥夹芯复合板材、彩钢夹芯板材等建筑工程墙体用板材。熟识它们的结构特点；同时掌握它们各自的性能特点及应用范围就能做到合理的使用。

**知识链接**

墙用板材分为内墙用板材和外墙用板材。内墙板材大多为各类石膏板、石棉水泥板、加

气混凝土板等。这些板材具有重量轻、保温效果好、隔声、防火、装饰效果好等优点；外墙板材大多采用加气混凝土板、各类复合板、玻璃钢板等。本任务主要介绍几种常用的具有代表性的板材。

## 一、石膏类墙用板材

### 1. 纸面石膏板

纸面石膏板是以建筑石膏为主要原料，加入适量纤维和外加剂构成芯板，上、下两面附以特制的护面纸牢固结合在一起制成的建筑材料。它分为普通纸面石膏板、装饰纸面石膏板、耐水纸面石膏板、耐火纸面石膏板等。以建筑石膏及适量纤维类增强材料和外加剂为芯料，与具有一定强度的护面纸组成的石膏板，为普通纸面石膏板；以纸面石膏板为基材，在其正面经涂敷、压花、贴膜等加工后，即为纸面装饰石膏板；若在芯材配料中加入防水、防潮外加剂，并用耐水护面纸，即可制成耐水纸面石膏板；若在芯材配料中加入无机耐火纤维和阻燃剂等，即可制成耐火纸面石膏板。

纸面石膏板常用规格如下。

长度：1800mm、2100mm、2400mm、2700mm、3000mm、3300mm、3600mm。

宽度：900mm、1200mm。

厚度：普通纸面石膏板 9mm、12mm、15mm、18mm。

        耐水纸面石膏板 9mm、12mm、15mm。

        耐火纸面石膏板 9mm、12mm、15mm、18mm、21mm、25mm。

纸面石膏板具有表面平整、尺寸稳定、质量轻（表观密度 $800\sim1000kg/m^3$）、保温、隔热、隔声性好，并且易于加工，施工方便，劳动强度低等优点。热导率为 $0.19\sim0.21W/(m\cdot K)$，隔声指数为 $35\sim45dB$。

普通纸面石膏板主要用于干燥环境中的室内隔墙、天花板、复合外墙板的内壁板等，不宜用于厨房、卫生间以及空气相对湿度经常大于70％的场所。

装饰纸面石膏板主要用于室内装饰。根据《装饰纸面石膏板》（JC/T 997—2006）要求，产品的正面不应有影响装饰效果的污痕、色彩不均、图案不完整等缺陷，不得有裂纹、翘曲、扭曲现象，不得有妨碍使用及装饰效果的缺棱掉角。产品尺寸允许偏差应符合表6-19规定。

表6-19 装饰纸面石膏板尺寸允许偏差（JC/T 997—2006）

| 项 目 | 长度≤600mm | 长度>600mm | 项 目 | 长度≤600mm | 长度>600mm |
|---|---|---|---|---|---|
| 长度/mm | ±2 | | 厚度/mm | ±0.5 | |
| 宽度/mm | ±2 | | 对角线长度差/mm | ≤2.0 | ≤4.0 |

耐水纸面石膏板可用于厨房、卫生间等空气相对湿度较大的环境。如表面做过防水处理，效果更好。

耐火纸面石膏板主要用于对防火要求较高的建筑工程。

### 2. 纤维石膏板

纤维石膏板是以建筑石膏为主要原料，以玻璃纤维或纸筋等为增强材料，经铺浆、脱水、成型、烘干等工序加工而成。纤维石膏板的规格尺寸为：长度 $2700\sim3000mm$，宽度800mm，厚度12mm。纤维石膏板的表观密度为 $1100\sim1230kg/m^3$，热导率为 $0.18\sim0.19W/(m\cdot K)$，隔声指数为 $36\sim40dB$。

纤维石膏板具有质轻、高强、隔声、韧性好等特点，可锯、钉、刨、粘，施工方便，主要用于非承重墙、天花板、内墙贴面等。

### 3. 石膏空心板

石膏空心板是以石膏为胶凝材料，加入适量轻质材料（如膨胀珍珠岩等）和改性材料（如水泥、石灰、粉煤灰、外加剂等），经搅拌、成型、抽芯、干燥等工序制成的空心条板。石膏空心板的尺寸规格为：长度 2500～3000mm，宽度 500～600mm，厚度 60～90mm。石膏空心板的表观密度为：$600～900kg/m^3$，热导率为 $0.22W/(m \cdot K)$，隔声指数大于 30dB，抗折强度 2～3MPa，耐火极限 1～2.5h。

石膏空心板加工性能好，重量轻，颜色洁白，表面平整光滑，可在板面喷刷或粘贴各种饰面材料，空心部位可预埋电线和管件，施工安装时不用龙骨，施工简单。主要用于非承重内墙。如用于较湿环境中，表面需作防水处理。

### 4. 石膏刨花板

石膏刨花板是以熟石灰为胶凝材料，以木质刨花碎料为增强材料，外加适量的水和化学缓冲剂，搅拌后形成半干性混合料，经压制成型。具有石膏板材的优点，适用于非承重内隔墙和装饰板材的基材板。

## 二、水泥墙用板材

水泥墙用板材具有较好的力学性和耐久性，生产技术成熟，产品质量可靠，主要用于承重墙、外墙和复合外墙的外层面，但其表观密度大，抗拉强度低，体型较大的板材在施工中易受损。为减轻自重，同时增加保温隔热性，生产时可制成空心板材，也可加入一些纤维材料制成增强型板材，还可在水泥板上制作具有装饰效果的表面层。

### 1. 预应力混凝土空心板

预应力混凝土空心板是以高强度的预应力钢绞线用先张法制成。可根据需要增设保温层、防水层、外饰面层等。根据《预应力混凝土空心板》(GB/T 14040—2007) 标准规定，规格尺寸：高度宜为 120mm、180mm、240mm、300mm、360mm，宽度宜为 900mm、1200mm，长度不宜大于高度的 40 倍。其混凝土强度等级不应低于 C30，如用轻骨料混凝土浇筑，轻骨料混凝土强度等级不应低于 LC30。外观质量应符合表 6-20 要求。

表 6-20　预应力混凝土空心板的外观质量（GB/T 14040—2007）

| 项号 | 项 | 目 | 质量要求 | 检验方法 |
|---|---|---|---|---|
| 1 | 露筋 | 主筋 | 不应有 | 目测观察 |
| | | 副筋 | 不宜有 | |
| 2 | 孔洞 | 任何部位 | | 目测观察 |
| 3 | 蜂窝 | 支座预应力筋锚固部位<br>跨中板顶 | 不应有 | 目测观察 |
| | | 其余部位 | 不宜有 | 目测观察 |
| 4 | 裂缝 | 板底裂缝<br>板面纵向裂缝<br>肋部裂缝 | 不应有 | 观察和用尺、刻度放大镜量测 |
| | | 支座预应力筋挤压裂缝 | 不宜有 | |
| | | 板面横向裂缝<br>板面不规则裂缝 | 裂缝宽度不应大于 0.1mm | |
| 5 | 板端部缺陷 | 混凝土疏松、夹渣或外伸主筋松动 | 不应有 | 观察、摇动外伸主筋 |

| 项号 | 项　目 | | 质量要求 | 检验方法 |
|---|---|---|---|---|
| 6 | 外表缺陷 | 板底表面 | 不应有 | 目测观察 |
| | | 板顶、板侧表面 | 不宜有 | |
| 7 | 外形缺陷 | | 不宜有 | 目测观察 |
| 8 | 外表玷污 | | 不应有 | 目测观察 |

　　注：露筋指板内钢筋未被混凝土包裹而外露的缺陷；孔洞指混凝土中深度和长度均超过保护层厚度的孔穴；蜂窝指混凝土表面缺少水泥砂浆而形成石子外露的缺陷；裂缝指伸入混凝土内的缝隙；板端部缺陷指板端处混凝土疏松、夹渣或受力筋松动等缺陷；外表缺陷指板表面麻面、掉皮、起砂和漏抹等缺陷；外形缺陷指端头不宜倾斜、缺棱掉角、棱角不直、翘曲不平、飞边、凸肋和疤瘤等缺陷；外表玷污指构件表面有油污或其他黏杂物。

　　预应力混凝土空心板可用于承重或非承重的内外墙板、楼面板、层面板、阳台板、雨棚等。

### 2. GRC空心轻质墙板

　　GRC空心轻质墙板即玻璃纤维增强空心轻质墙板，是以低碱性水泥为胶结材料，以膨胀珍珠岩、炉渣等为骨料，以抗碱玻璃纤维为增强材料，再加入适量发泡剂和防水剂，经搅拌、成型、脱水、养护制成的一种轻质墙板。其规格尺寸为：长度3000mm，宽度600mm，厚度为60mm、90mm、120mm。

　　GRC空心轻质墙板具有质量轻、强度高、隔热、隔声、不燃、加工方便等优点，可用于一般建筑物的内隔墙和复合墙体的外墙面。

### 3. 蒸压加气混凝土板

　　蒸压加气混凝土板是以钙质材料（水泥、石灰等），硅质材料（砂、粉煤灰、粒化高炉矿渣等）和水按一定比例配合，加入少量发气剂（铝粉）和外加剂，经搅拌、浇筑、成型、蒸压养护等工序制成的一种轻质板材。

　　按照用途，蒸压加气混凝土板可分为加气混凝土外墙板（代号JQB）、隔墙板（代号JGB）和层面板（代号JWB）。外墙板的规格尺寸为：长度1500～6000mm，宽度500mm、600mm，厚度150mm、170mm、180mm、200mm、240mm、250mm；隔墙板的规格尺寸为：长度按设计要求，宽度500mm、600mm，厚度75mm、100mm、120mm；层面板的尺寸规格为：长度1800～6000mm，宽度500mm、600mm，厚度150mm、170mm、180mm、200mm、240mm、250mm。

　　按其尺寸偏差和外观质量，分为优等品（A）、一等品（B）和合格品（C）三个等级。根据《蒸压加气混凝土板》（GB 15762—2008）规定，优等品和一等品的板不得有裂缝，合格品层面板不得有贯穿裂缝和其他影响结构性的裂缝，不得有长度大于或等于600mm、宽度大于或等于0.2mm纵向裂缝，其他裂缝的数量不得多于2条；合格品墙板不得有贯穿裂缝，其他的裂缝长度、宽度不做限定，但数量不得多于3条。

　　由于蒸压加气混凝土板材中含有大量微小的非连通气孔，空隙率达70%～80%，因而具有自重轻、绝热性好、隔声吸音等优点，并具有较好的耐火性与一定的承载能力，被广泛应用于工业与民用建筑的各种非承重隔墙。施工时不需吊装，人工即可安装，且施工速度快、效率高，是我国目前应用广泛并具有广阔前景的新型建筑材料。

### 4. 水泥刨花板

　　水泥刨花板是以水泥和刨花（木材加工的下脚料）作为主要原料，再加入填料和外加剂经搅拌、压制成型和养护等工艺生产的板材。水泥刨花板的规格尺寸为：长度1000～2000mm，宽度500～700mm，厚度30～100mm。

　　水泥刨花板自重小，表观密度为400～1300kg/m³，仅为水泥混凝土的一半；具有良好的保温性能和较高的抗压、抗折强度，加工性好，便于施工。水泥刨花板可用于建筑物的外墙板和内墙板，也可与其他材料的板材复合制成各种复合板材。

### 三、复合墙板

复合墙板是将不同功能的材料分层复合而制成的墙板。一般由外层、中间层和内层组成。外层用防水或装饰材料做成，主要起防水或装饰作用；中间层为减轻自重而掺入各种填充材料，有保温、隔热、隔声作用；内层为饰面层。内外层之间多用龙骨或板肋连接，以增加承载力。目前，建筑工程已大量使用各种复合板材，并取得了良好效果。

**1. 混凝土夹芯板**

混凝土夹芯板的内外表面用 20～30mm 厚的钢筋混凝土，中间填以矿渣棉、岩棉、泡沫土等保温材料，内外两层面板用钢筋联结，如图 6-18 所示。

混凝土夹芯板可用于建筑物的内外墙，其夹层厚度应根据热工计算确定。

**2. 钢丝网水泥夹芯复合板材**

钢丝网水泥夹芯复合板材是将泡沫塑料、岩棉、玻璃棉等轻质芯材夹在中间用"之"字形钢丝相互连接，形成稳定的三维网架结构，然后用水泥砂浆在两侧抹面，或进行其他饰面装饰。

钢丝网夹芯板材名称较多，有泰柏板、钢丝网架夹芯板、GY 板、舒乐合板、3D 板和万力板等。板的名称不同，但其基本结构相近，其结构示意图如图 6-19 所示。

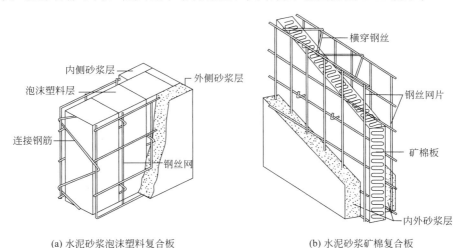

（a）水泥砂浆泡沫塑料复合板　　　　（b）水泥砂浆矿棉复合板

图 6-19　钢丝网水泥夹芯复合板构造

钢丝网水泥夹芯复合板材自重轻，约为 $90kg/m^3$，其热阻约为 240mm 厚普通砖墙的两倍，具有良好的隔热性，另外还具有一定的承载能力。

该类板轻质、高强、防火、防潮、防震、隔声、隔热，耐久性好，施工方便。在建筑物中可用作墙板、屋面板和各种保温板。

**3. 彩钢夹芯板材**

彩钢夹芯板材是以硬质泡沫塑料或结构岩棉为芯板，在两侧粘上彩色压型（或平面）镀锌板材。外露的彩色钢板表面一般涂以高级彩色塑料涂层，使其具有良好的抗腐蚀性和耐气候性。彩钢夹芯板材的结构示意图如图 6-20 所示。

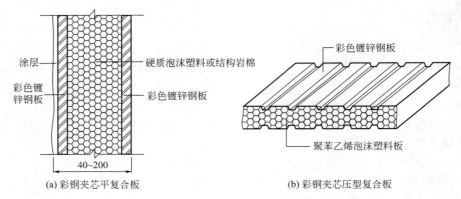

(a) 彩钢夹芯平复合板　　　　(b) 彩钢夹芯压型复合板

图 6-20　彩钢夹芯板的结构示意图

彩钢夹芯板材重量轻，如以镀锌彩色钢板为面层，以阻燃型发泡聚苯乙烯做芯材的轻质隔热夹芯板，密度约为 $10 \sim 14 kg/m^3$；热导率低，约为 $0.31 W/(m \cdot K)$；且具有较好的抗弯、抗剪等力学性能，安装灵活快捷，经久耐用，可多次拆装和重复使用。适用于各类建筑物的墙体和屋面。

 **任务实施**

### 一、材料准备

纸面石膏板、纤维石膏板、石膏空心板、石膏刨花板、预应力混凝土空心板、GRC 空心轻质墙板、蒸压加气混凝土板、水泥刨花板、混凝土夹芯板、钢丝网水泥夹芯复合板材、彩钢夹芯板材等建筑工程墙体用板材。

### 二、实施步骤

① 分组识别纸面石膏板、纤维石膏板、石膏空心板、石膏刨花板、预应力混凝土空心板、GRC 空心轻质墙板、蒸压加气混凝土板、水泥刨花板、混凝土夹芯板、钢丝网水泥夹芯复合板材、彩钢夹芯板材。

② 分析各种墙体板材的特点和应用范围。

**知识拓展**

砌体工程现场检测（扁顶法），适用于推定普通砖砌体或多孔砖砌体的受压弹性模量、抗压强度或墙体的受压工作应力。此法所用仪器设备、测试步骤和结果评定请扫描二维码 6.2 查看。

二维码 6.2

## 小　结

墙体材料是建筑物不可缺少的重要建筑材料。合理选用墙体材料，对建筑物的功能、造价及安全等都有重要的意义。本情境主要介绍了常用砌墙砖、砌块、墙用板材的品种、性能及应用。

砌墙砖分烧结砖与非烧结砖两大类。烧结砖有烧结普通砖、烧结多孔砖和烧结空心砖。烧结砖有强度高、耐久性好、取材方便、生产工艺简单、价格低廉等优势，但生产率低，且消耗大量土地资源，逐步会被禁止或限制生产和使用；非烧结砖种类很多，常用的有灰砂砖、粉煤灰砖和炉渣砖。这些砖强度高，完全可以取代普通烧结砖用于一般的工业与民用建筑，但在受急冷急热或有腐蚀性介质的环境中应慎用。

常用的砌块有普通混凝土小型砌块、加气混凝土砌块和粉煤灰砌块。其中，加气混凝土砌块以其质量轻、保温隔热性能好、施工方便，可锯、刨、钉等优点，广泛用于工业与民用建筑或高层框架结构的非承重隔墙。

墙用板材有石膏类板材、水泥类板材和复合墙板。随着建筑业的发展，复合类板材应用越来越广泛，它以轻质高强、耐久性好、施工效率高，可集保温、隔热、吸音、防水、装饰于一体等诸多优点而备受用户青睐。

# 能力训练题

1. 砌墙砖有哪几类？它们各有什么优点？

2. 简要叙述烧结普通砖的强度等级是如何确定的。

3. 可用哪些简易的方法鉴别过火砖和欠火砖？

4. 一块烧结普通砖，其尺寸符合标准尺寸，烘干恒定质量为 2500g，吸水饱和后质量为 2900g，再将该砖磨细，过筛烘干，取 50g，用密度瓶测定其体积为 18.5cm$^3$。试求该砖的吸水率、密度、表观密度及孔隙率。

5. 现有烧结普通砖一批，经抽样测定，其结果如表 6-21 所示。确定该砖的强度等级。

表 6-21 砖的破坏荷载

| 砖编号 | 1 | 2 | 3 | 4 | 5 | 6 | 7 | 8 | 9 | 10 |
|---|---|---|---|---|---|---|---|---|---|---|
| 破坏荷载/N | 266 | 235 | 221 | 183 | 238 | 259 | 225 | 280 | 220 | 250 |

6. 按材质分，墙用砌块有哪几类？砌块与烧结普通砖相比，有何优点？

7. 在墙用板材中，哪些不宜长期用于潮湿的环境中？哪些不宜长期用于大于 200℃ 的环境中？

8. 通过搜集相关资料，谈谈我国为什么要禁止或限制使用烧结黏土砖墙体材料。

# 学习情境七

## 建筑钢材的检测与选用

二维码 7.1

✦✦ **【引例】**

1. 某厂的钢结构屋架用中碳钢焊接而成，使用一段时间后，屋架坍塌。请问这是为什么？

2. 某年 3 月 27 日，英国北海爱科菲斯科油田的 A.L.基儿兰德号平台突然从水下深处传来一次震动，紧接着一声巨响，平台立即倾斜，短时间内翻于海中，致使 23 人丧生，造成巨大的经济损失。请分析原因。

建筑钢材是指用于钢结构的各种型材（如圆钢、角钢、槽钢、工字钢等）、钢板和用于钢筋混凝土结构的钢筋、钢丝等。

钢是由生铁冶炼而成。钢与生铁的区分在于含碳量的数量。含碳量小于 2.06% 的铁碳合金称为钢，含碳量大于 2.06% 的铁碳合金称为生铁。生铁是将铁矿石、焦炭及助熔剂（石灰石）按一定比例装入炼铁高炉，在高炉高温条件下，焦炭中的碳和铁矿石中的氧化铁发生化学反应，促使铁矿石中的铁和氧分离，将铁矿石中的铁还原出来，生成的一氧化碳和二氧化碳由炉顶排出。此时冶炼得到的铁中，碳的含量为 2.06%～6.67%，磷、硫等杂质的含量也比较高，属生铁。生铁硬而脆，无塑性和韧性，在建筑上很少用。

将生铁在炼钢炉中进一步冶炼，并提供足够的氧气，通过炉内的高温氧化作用，部分碳被氧化成一氧化碳气体逸出，其他杂质则形成氧化物进入炉渣中除去。这样，将含碳量降低到 2.06% 以下，磷、硫等其他杂质也减少到允许数值范围内，即成为钢，此过程称为炼钢。

钢水脱氧后浇铸成钢锭，在钢锭冷却过程中，由于钢内某些元素在铁的液相中的溶解度高于固相，使这些元素向凝固较迟的钢锭中心集中，导致化学成分在钢锭截面上分布不均匀，这种现象称为化学偏析。其中，尤以磷、硫等的偏析最为严重，偏析现象对钢的质量影响很大。

在炼钢过程中，钢水里尚有大量以 FeO 形式存在的氧分，FeO 与碳作用生成 CO 以至在凝固钢锭内形成许多气泡，降低钢材的力学性能。为了除去钢液中的氧，必须加入脱氧剂锰铁、硅铁及铝锭使之与 FeO 反应，生成 MnO、$SiO_2$ 或 $Al_2O_3$ 等钢渣而被除去，这一过程称为"脱氧"。根据脱氧程度不同，钢材分为以下几种。

（1）沸腾钢（F）　属脱氧不完全的钢，浇铸后在钢液冷却时有大量的一氧化碳气体逸出，引起钢液剧烈沸腾，称为沸腾钢。其代号为"F"。此种钢的碳和有害杂质磷、硫等的偏析较严重，钢的致密度较差，故冲击韧性和焊接性能较差，特别是低温冲击韧性的降低更显著。但沸腾钢成本低，被广泛用于建筑结构。目前，沸腾钢的产量逐渐下降并被镇静钢所取代。

（2）镇静钢（Z）　浇铸时，钢液平静地冷却凝固，是脱氧较完全的钢。其代号为"Z"。此种钢含有较少的有害氧化物杂质，而且氮多半是以氮化物的形式存在。镇静钢钢锭的组织致密度大、气泡少、偏析程度小，各种力学性能比沸腾钢优越，用于承受冲击荷载或其他重要结构。

（3）半镇静钢（b）　指脱氧程度和质量介于上述两种之间的钢，其质量较好。其代号为"b"。

（4）特殊镇静钢（TZ）　特殊镇静钢是比镇静钢脱氧程度还要充分彻底的钢，其质量最好，适用于特别重要的结构工程。其代号"TZ"。

钢材按照化学成分分类，可分为碳素钢和合金钢两类。其中碳素钢根据含碳量的不同又分为低碳钢（含碳量小于 0.25%），中碳钢（含碳量在 0.25%～0.60%之间）和高碳钢（含碳量大于 0.60%）。合金钢根据合金元素含量分为低合金钢（合金元素总量小于 5%），中合金钢（合金元素总量在 5%～10%之间），高合金钢（合金元素总量在 10%以上）。

钢材按照质量分类，可分为：普通碳素钢（含硫量≤0.045%～0.050%、含磷量≤0.045%），优质碳素钢（含硫量≤0.035%、含磷量≤0.035%），高级优质钢（含硫量≤0.025%、含磷量≤0.025%），特级优质钢（含硫量≤0.015%、含磷量≤0.025%）。高级优质钢的钢号后加"高"字或"A"，特级优质钢后加"E"。建筑上常用的主要钢种是普通碳素钢中的低碳钢和合金钢中的低合金高强度结构钢。

钢材按照用途分类，具体如下。

（1）结构钢　工程结构用钢（建筑用钢，专门用途钢，如船舶、桥梁、锅炉用钢）；机械零件用钢（掺碳钢、调质钢、弹簧钢、轴承钢）。

（2）工具钢　量具钢、刀具钢、模具钢。

（3）特殊性能钢　不锈钢、耐热钢、耐磨钢、电工用钢。

钢材材质均匀密实、强度高，塑性和抗冲击韧性好，可焊可铆，便于装配，易于加工。因此，在建筑工程中得到广泛的应用，是建筑工程及其重要的材料之一。但是，钢材也存在着能耗大、成本高、易锈蚀、耐火性差等缺点。根据建筑工程项目材料质量控制的相关规定，对进场钢筋需要作材质复试，复试内容主要有屈服强度、抗拉强度、伸长率和冷弯。

# 任务一　建筑钢材的性能检测

 **任务描述**

检测建筑钢材的技术性能，评定钢材的质量等级。

建筑钢材的技术性能包括钢材的力学性能和工艺性能，这些性能是选用钢材和检验钢材质量的主要依据。钢材的力学性能包括拉伸性能、冲击韧性、耐疲劳性和硬度等。拉伸性能是选用钢材的重要指标，其检测是按照《金属材料 拉伸试验 第 1 部分：室温试验方法》（GB/T 228.1—2010）规定，通过对钢材进行拉伸试验，测定低碳钢的屈服强度、抗拉强度与伸长率；根据拉伸的应力、应变值，确定应变与应变之间的关系，正确绘制低碳钢的应力-应变曲线，评定钢材的强度等级。检测时严格按照材料检测相关步骤和注意事项，细致、认真地完成检测工作。

钢材的工艺性能包括冷弯和焊接性能。冷弯性能检测按照《金属材料 弯曲试验方法》（GB/T 232—2010）规定，对钢材进行冷弯试验，检验钢筋承受弯曲程度的变形性能，从而确定其可加工性，并显示其缺陷。

 **知识链接**

### 一、抗拉性能

抗拉性能是建筑钢材的重要性能，是表示钢材性能和选用钢材的重要指标。

将低碳钢（软钢）制成一定规格的试件，放在材料试验机上进行拉伸实验，可绘制出如图 7-1 所示的应力-应变关系曲线。

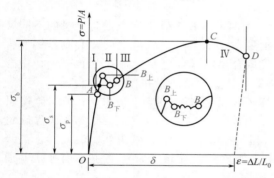

图 7-1 低碳钢受拉时应力-应变关系曲线

从图 7-1 可以看出，低碳钢受拉过程可分为四个阶段：弹性阶段（Ⅰ）、屈服阶段（Ⅱ）、强化阶段（Ⅲ）和颈缩阶段（Ⅳ）。每个阶段各有其特点。

#### 1. 弹性阶段（$O \sim A$）

应力与应变成比例关系，应力增强，应变也增大。如果卸去外力，试件则恢复原状，这种能恢复原状的性质叫做弹性，这个阶段称为弹性阶段。弹性阶段的最高点（图中的 $A$ 点）相对应的应力称为比例极限（或弹性极限），一般用 $\sigma_p$ 表示。应力和应变的比值为常数，称为弹性模量，用 $E$ 表示，即 $\sigma / \varepsilon = E$。建筑上常用钢（Q235）的弹性极限 $\sigma_p$ 为 180～200MPa，弹性模量 $E = (2.0 \sim 2.1) \times 10^5$ MPa。

#### 2. 屈服阶段（$A \sim B$）

当应力超过比例极限后，应力和应变不再成正比关系。这一阶段开始时的图形接近直线，后应力增加很小，而应变急剧地增长，就好像钢材对外力屈服一样，所以称为屈服阶段，即图 7-1 中的 $AB$ 段。此时，钢材的性质也由弹性转为塑性，如将拉力卸去，试件的变形不会全部恢复，不能恢复的变形称为塑性变形（即残余变形）。这个阶段有两个应力极值点，即屈服上限（$B_上$ 点对应的应力值）和屈服下限（$B_下$ 点对应的应力值），由于 $B_下$ 点对应的应力相对比较稳定，容易测定，因此将屈服下线 $B_下$ 点称为屈服点，对应的应力值称为屈服强度，用 $\sigma_s$ 表示。常用的碳素结构钢 Q235 的屈服值 $\sigma_s$ 不应低于 235MPa。

#### 3. 强化阶段（$B \sim C$）

钢材经历屈服阶段后，由于内部组织起变化，抵抗外力的能力又重新提高了，应力与应变的关系呈上升的曲线（$BC$ 段）。此阶段称为强化阶段，对应于最高点 $C$ 的应力称为极限抗拉强度，用 $\sigma_b$ 表示。极限抗拉强度是试件能承受的最大应力。Q235 钢 $\sigma_b$ 约为 380MPa。

屈服强度和极限抗拉强度是衡量钢材强度的两个重要指标。在结构设计中，要求构件在弹性变形范围内工作，即使少量的塑性变形也应力求避免，所以规定以钢材的屈服强度作为设计应力的依据。抗拉强度在结构设计中不能完全利用，但是屈服强度 $\sigma_s$ 与抗拉强度 $\sigma_b$ 的比（称为屈强比）却有一定的意义。屈强比 $\sigma_s/\sigma_b$ 越小，反映钢材受力超过屈服点工作时可靠性越大，结构的安全性越高。但是这个比值过小时，表示钢材的利用率偏低，不够合理。它最好在 0.60～0.75 之间。Q235 钢的屈强比为 0.58～0.63，普通低合金钢的屈强比在 0.65～0.75 之间。

#### 4. 颈缩阶段（*C～D*）

当钢材强化达到最高点后，在试件薄弱处的截面将显著缩小，产生"颈缩现象"，如图 7-2 所示。由于试件断面急剧缩小，塑性变形迅速增加，拉力也就随着下降，最后发生断裂。

把试件断裂的两段拼起来，便可测得标距范围内的长度 $L_1$。$L_1$ 减去标距长 $L_0$ 就是塑性变形值，此值与原长 $L_0$ 的比值称为伸长率 $\delta$，可按式(7-1) 进行计算：

$$\delta = \frac{L_1 - L_0}{L_0} \times 100\% \tag{7-1}$$

伸长率 $\delta$ 是衡量钢材塑性的指标之一，它的数值越大，表示钢材塑性越好。良好的塑性，可将结构上的应力（超过屈服点的应力）重新分布，从而避免结构过早地破坏。为了保证钢材有一定的塑性，规范中规定了各种钢材伸长率的最小值。由于伸长率与标距有关。通常钢材拉伸实验标距取 $L_0 = 10d_0$ 和 $L_0 = 5d_0$，伸长率分别以 $\delta_{10}$ 和 $\delta_5$ 表示。对同一钢材而言，$\delta_5$ 比 $\delta_{10}$ 大，这是因为塑性变形在试件标距内的分布是不均匀的，颈缩处的伸长较大，若原标距与直径之比越大，颈缩处伸长值在总伸长值中所占的比值则越小，因而计算伸长率会小些。

对于在受力条件下屈服现象不明显的钢（例如硬钢类），其应力-应变曲线如图 7-3 所示，并规定以产生残余变形为 0.2% 时的应力 $\sigma_{0.2}$ 作为屈服强度，称为条件屈服点。

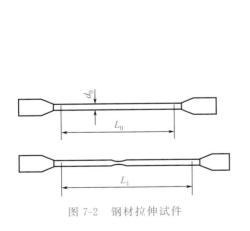

图 7-2　钢材拉伸试件

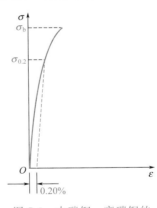

图 7-3　中碳钢、高碳钢的
应力-应变曲线

### 二、冲击韧性

冲击韧性是指钢材抵抗冲击荷载而不破坏的能力。钢材的冲击韧性是以试样缺口处单位横截面所吸收的功（$J/cm^2$）来表示，即冲击韧性值，其符号为 $\alpha_k$。钢材的冲击韧性指标是采用标准试件的弯曲冲击韧性实验确定，实验的标准试样为 $10mm \times 10mm \times 55mm$ 并带有 V 形缺口。实验前，将带有 V 形缺口的金属试样以简支梁状态放于摆锤冲击实验机上，用摆锤冲击试件刻槽的背面，使试件承受冲击弯曲而断裂，如图 7-4 所示。

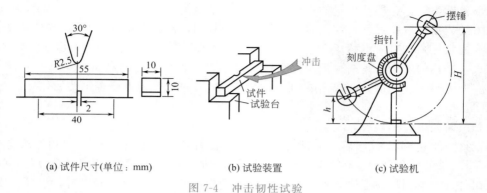

(a) 试件尺寸(单位：mm)　　　　(b) 试验装置　　　　(c) 试验机

图 7-4　冲击韧性试验

$H$—摆锤扬起的高度；$h$—摆锤向后摆动高度

冲击韧性值 $\alpha_k$ 等于冲击吸收功与试样缺口底部处横截面面积之比，即

$$\alpha_k = A_k / A \tag{7-2}$$

式中　$A$——试样缺口处的截面积，$cm^2$；

$A_k$——冲击吸收功，具有一定形状和尺寸的金属试样的冲击负荷作用下折断时所吸收的功，J。

显然，$A_k$（或 $\alpha_k$）值越大，表示冲断时所吸收的功越多，钢材的冲击韧性越好。

影响钢材冲击韧性的因素很多，钢材化学成分组织状态，以及冶炼轧制质量等对冲击韧性值 $\alpha_k$ 都较敏感。如钢中的磷、硫含量较高，存在偏析，非金属夹杂物和焊接中形成的微裂纹等都会使冲击韧性显著下降，同时，环境温度对钢材的冲击功影响也很大，实验表明，冲击韧性还随温度的降低而降低，其规律是开始下降缓慢，当达到一定温度范围时，突然下降很多而呈脆性，称为钢材的冷脆性，这时的温度称为脆性临界温度。它的数值越低，钢材耐低温冲击性能越好。由于脆性临界温度的测定工作较复杂，规范中通常规定 $-20℃$ 或 $-40℃$ 的负温冲击值作为指标。

钢材随时间的延长，强度逐渐提高，塑性冲击韧性下降的现象称为"时效"。完成时效变化过程可达数十年，钢材经冷加工或使用中经振动和反复荷载的影响，时效可迅速发展，因时效而导致性能改变称为时效敏感性，时效敏感性越大的钢材，经过时效以后其冲击韧性的降低越显著。为了保证安全，对于承受动荷载的重要结构，应选用时效敏感性小的钢材。

从上述情况可知，很多因素都将降低钢材冲击韧性，对于直接承受动荷载而且可能在负温度下工作的重要结构，必须按照有关规范要求进行钢材的冲击韧性检验。

### 三、耐疲劳性

钢材在交变荷载多次反复作用下，可以在远低于抗拉强度的情况下突然破坏，这种破坏称为疲劳破坏。一般把钢材在荷载交变 $1 \times 10^7$ 次时不破坏的最大应力定义为疲劳强度或疲劳极限。

在设计承受反复荷载且须进行疲劳验算的结构时，应了解所用钢材的疲劳极限，测定疲劳极限时，应当根据结构使用条件确定采用的应力循环类型、应力比值（又称应力特征值 $P$，为最小应力与最大应力之比）和周期基数。周期基数一般为 $2 \times 10^6$ 或 $2 \times 10^5$ 以上。

一般钢材的疲劳破坏是由拉应力引起的，是从局部开始形成细小裂痕，由于裂痕尖角处的应力集中再使其逐渐扩大，直到疲劳破坏为止。疲劳裂纹在应力最大的地方形成，即在应力集中的地方形成，因此钢材疲劳强度不仅取决于其内部组织，而且也取决于应力最大处的表面质量及应力大小等因素。

### 四、硬度

钢材硬度是指比其更坚硬的其他材料压入钢材表面的性能。测定硬度的方法很多，按压头和压力不同，可分布氏法和洛氏法。其中常用的是布氏法，其硬度指标为布氏硬度值。布氏硬度测定原理，是用一定直径（$D$）的淬火硬钢球，在规定荷载（$P$）作用下压入试件表面（图 7-5）并保持一定的时间，然后卸去荷载，用荷载 $P$ 除以压痕球面积作为所测金属材料的硬度值，称为布氏硬度，用符号 HB 表示。

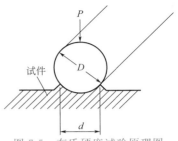

图 7-5　布氏硬度试验原理图

钢材的硬度和强度成一定的比例关系，钢材的强度越高，硬度值也越大。故测定钢的硬度后可间接求得其强度。

### 五、冷弯性能

冷弯性能，是指钢材在常温下承受弯曲变形的能力，是建筑钢材的重要工艺性能。建筑钢材的冷弯，一般用弯曲角度 $\alpha$ 及弯心直径 $d$ 相对于钢材厚度 $a$ 的比值来表示，实验时采用的弯曲角度越大，弯心直径对试件厚度（或直径）的比值越小，表示对冷弯性能的要求越高，如图 7-6 所示。

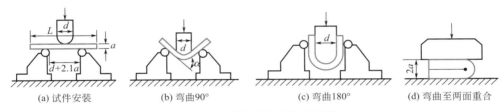

(a) 试件安装　　(b) 弯曲90°　　(c) 弯曲180°　　(d) 弯曲至两面重合

图 7-6　钢材的冷弯性能示意图

钢的技术标准中，对各牌号钢的冷弯性能指标都有规定，按规定的弯曲角和弯心直径进行实验，试件的弯曲处不发生裂痕、断裂和起层，即认为冷弯性能合格。钢材的冷弯性能和伸长率一样，表明钢材在静荷载作用下的塑性，冷弯是钢材处于不利变形条件下的塑性，而伸长率则是反映钢材在均匀变形下的塑性。故冷弯试验是一种比较严格的检验，能揭示钢材是否内部组织不均匀，存在内应力和夹杂物等缺陷。通常的拉力实验中，这些缺陷常因塑性变形导致应力重分布而得不到反映。如图 7-6 所示的钢材冷弯试验对焊接质量也是一种严格的检验，能揭示焊件在受弯表面存在的未熔合、微裂痕和夹杂物。

### 六、焊接性能

钢材主要以焊接的形式应用于工程结构中（图 7-7）。焊接的质量取决于钢材与焊接材料的可焊性及其焊接工艺。

钢材的可焊性是指钢材在通常的焊接方法和工艺条件下，获得良好焊接接头的性能。为保证焊接质量，要求焊缝及附近过热区不产生裂缝及变脆现象，焊接后的力学性能，特别是强度不低于原钢材的性能。

钢材的可焊性与钢材所含化学成分及含量有关，含碳量高、含硫量高、合金元素含量高等，均会降低可焊性。含碳量小于 0.25% 的非合金钢具有良好的可焊性。一般焊

图 7-7　钢材的焊接

接结构用钢应选择含碳量较低的氧气转炉或平炉镇静钢。当采用高碳钢及合金钢时，为了改善焊接后的硬脆性，焊接时一般要采用焊前预热及焊后热处理等措施。

## 一、建筑钢材的拉伸性能检测

### 1. 仪器设备

① 万能材料试验机。为保证机器安全和试验准确其吨位最好选择使试件达到最大荷载时，指针位于指示度盘第三象限内。试验机的测力示值误差不大于1%。

② 游标卡尺。精确度为0.1mm。

③ 直钢尺、两脚扎规、打点机等。

二维码7.2

### 2. 试样准备

① 8～40mm直径的钢筋试件一般不经车削加工。

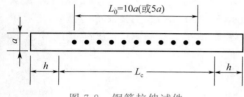

图 7-8　钢筋拉伸试件

$L_0$—标距长度；$a$—试件原始直径；$h$—夹头长度；
$L_c$—试件平行长度（不小于 $L_0+a$）

② 如果受试验机吨位的限制，直径为22～40mm的可制成车削加工试件。

③ 在试件表面用钢筋划一平行其轴线的直线，在直线上冲浅眼或划线标出标距端点（标点），并沿标距长度用油漆划出10等分点的分隔标点。

④ 测量标距长度 $L_0$（精确至0.1mm），如图7-8所示。计算钢筋强度用截面积采用如表7-1所示公称横截面积。

表 7-1　钢筋的公称横截面积

| 公称直径/mm | 公称横截面积/mm² | 公称直径/mm | 公称横截面积/mm² |
| --- | --- | --- | --- |
| 8 | 50.27 | 22 | 380.1 |
| 10 | 78.54 | 25 | 490.9 |
| 12 | 113.1 | 28 | 615.8 |
| 13 | 153.9 | 32 | 804.2 |
| 16 | 201.1 | 36 | 1018 |
| 18 | 254.5 | 40 | 1257 |
| 20 | 313.2 | 50 | 1964 |

### 3. 检测步骤

屈服强度和抗拉强度的测定如下：

① 调整试验机测力度盘的指针，使其对准零点，并拨动副指针，使与主指针重叠。

② 将试件固定在试验机夹头内。开动试验机进行拉伸，拉伸速度为：屈服前，应力增加速度按表7-2规定，并保持试验机控制器固定于这一速率位置上，直至该性能测出速率为止；屈服后或只需测定抗拉强度时，试验机活动夹头在荷载下的移动速度每1min不大于 $0.5L_c$（$L_c$ 为试件平行长度）。

表 7-2　屈服前的加荷速度

| 金属材料的弹性模量/MPa | 应力速度/[N/(mm²·s)] | |
| --- | --- | --- |
| | 最小 | 最大 |
| <150000 | 1 | 10 |
| ≥150000 | 3 | 30 |

③ 拉伸中，测力度盘的针停止时的恒定荷载，或第一次回转时的最小荷载，即为所求的屈服点荷载 $F_s$（N）。

④ 向试件连续施荷载直至拉断，由测力度盘读出最大荷载（N）。

⑤ 将已拉断试件的两段在断裂处对齐，尽量使其轴线位于一条直线上。如拉断处由于各种原因形成缝隙，则此缝隙应计入试件拉断后的标距部分长度内。如拉断处到邻近的标距点的距离大于 $L_0/3$ 时，可用卡尺直接量出已被拉长的标距长度 $L_1$（mm）。如拉断处到邻近的标距端点的距离小于等于 $L_0/3$，可按下述移位法确定：在长段 $L_1$ 上，从拉断处 $O$ 点起取等于短段格数，得 $B$ 点，接着取等于长段所余格数［偶数，图 7-9（a）］之半，得 $C$ 点；或者取所余格数［奇数，图 7-9（b）］减 1 与加 1 之半，得 $C$ 与 $C_1$ 点。移位后的 $L_1$ 分别为 $AO+OB+2BC$ 或者 $AO+OB+BC+BC_1$。如果直接测量所求得的伸长率能达到技术条件的规定值，则可不采用位移法。如试件在标距端点上或标距处断裂，则试验结果无效，应重做试验。

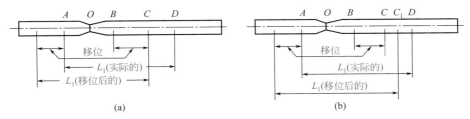

图 7-9　用位移法计算标距

**4. 结果整理**

（1）屈服强度

$$\sigma_s = \frac{F_s}{A} \tag{7-3}$$

式中　$\sigma_s$——屈服强度，MPa；

　　　$F_s$——屈服点荷载，N；

　　　$A$——试件的公称横截面积，$mm^2$。

当 $\sigma_s > 1000MPa$ 时，应计算至 10MPa；$\sigma_s$ 为 200～1000MPa 时，计算至 5MPa；$\sigma_s \leqslant 200MPa$ 时，计算至 1MPa。小数点数字按"四舍六入五单双法"处理。

（2）极限抗拉强度

$$\sigma_b = \frac{F_b}{A} \tag{7-4}$$

式中　$\sigma_b$——抗拉强度，MPa；

　　　$F_b$——最大荷载，N；

　　　$A$——试件的公称横截面积，$mm^2$。

（3）断后伸长率（精确至 1%）

$$\sigma_{10}(\sigma_5) = \frac{L_1 - L_0}{L_0} \times 100\% \tag{7-5}$$

式中　$\sigma_{10}$，$\sigma_5$——分别表示 $L_0 = 10d_0$ 或 $L_0 = 5d_0$ 时的伸长率；

　　　$L_0$——原标距长度 $10d_0$（或 $5d_0$），mm；

　　　$L_1$——试件拉断后直接量出或按位移法确定的标距部分长度，mm（测量精确至0.1mm）。

### 二、钢材的冷弯性能检测

**1. 仪器设备**

压力机或万能试验机，具有不同直径的弯心。

**2. 试样准备**

钢筋冷弯试件不得进行车削加工，试样长度通常按下式确定：

$$L = 5a + 150 \text{(mm)} \quad (a \text{ 为试件原始直径}) \tag{7-6}$$

试件直径大于35mm，且超出试验机的能量允许时，应将试件加工成直径25mm，加工时应保留一侧圆表面，弯曲试验时，圆表面应位于弯曲的外侧。

**3. 检测步骤**

（1）半导向弯曲　试样一端固定，绕弯心直径进行弯曲，如图7-10（a）所示。试样弯曲到规定的弯曲角度或出现裂纹、裂缝或断裂为止。

（2）导向弯曲　试样放置于两个支点之上，将一定直径的弯心在试样两个支点中间施加压力，使试样弯曲到规定的角度［图7-10（b）］或出现裂纹、裂缝或断裂为止。

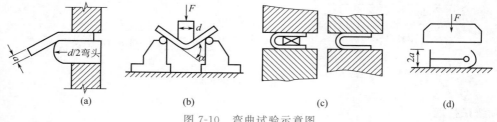

图 7-10　弯曲试验示意图

试样在两个支点上按一定弯心直径弯曲至两臂平行时，可一次完成试验，亦可先弯曲到如图7-10（b）所示的状态，然后放置在试验机平板之间继续施加压力，压至试样两臂平行。此时可以加与弯心直径相同尺寸的衬垫进行试验，如图7-10（c）所示。

当试验需要弯曲至两臂接触时，首先将试样弯曲到如图7-10（b）所示的状态，然后放置在两平板之间继续施加压力，直至两臂接触，如图7-10（b）所示。

试验应在平稳压力作用下，缓慢施加试验压力。两支辊间距离为 $(d + 2.5a) \pm 0.5d$，并且在实验过程中不允许有变化。

试验应在 10～35℃ 或控制条件下 23℃±5℃ 进行。

**4. 结果整理**

弯曲后，按有关规定检查试样弯曲表面，进行结果评定。若无裂纹、裂缝或断裂，则评定试样合格。

 **知识拓展**

钢材的化学成分对钢材性能的影响请扫描二维码 7.3 查看。

二维码 7.3

# 任务二　钢材的冷加工强化与处理

📁 **任务描述**

对钢筋或低碳圆盘条进行冷加工强化及时效处理后，进行拉伸试验，确定此时钢筋的力学性能，并与未经冷加工及时效处理的钢筋性能进行比较；对钢材进行防锈处理。

钢材的冷加工强化处理主要有冷拉、冷拔和冷轧；时效处理方法有自然时效和人工时效两种，通过完成此任务，掌握钢筋冷加工强化和时效处理的方法以及对处理后对钢材性能的影响，同时掌握钢材的防锈处理方法。

 **知识链接**

### 一、钢材的冷加工

钢材在常温下通过冷拉、冷拔、冷轧产生塑性变形，从而提高屈服强度和硬度，但塑性、韧性降低，这个过程称为冷加工，即钢材的冷加工强化处理。

冷加工强化处理只有在超过弹性范围后，产生冷塑性变形时才会发生。在一定范围内，冷加工变形程度越大，屈服强度提高越多，塑性及韧性也降低得越多。

**1. 冷拉**

将热轧后的小直径钢筋，用拉伸设备予以拉长，使之产生一定的塑性变形，使冷拉后的钢筋屈服强度提高，钢筋的长度增加（约 4%～10%），从而节约钢材。

钢材经冷拉后，屈服强度可提高 20%～30%，材质变硬，但屈服阶段变短，伸长率降低，钢筋的冷拉方法可采用控制应力和控制冷拉率两种方法，但应尽可能采用控制应力法。

**2. 冷拔**

将钢筋或钢管通过冷拔机上的模孔，拔成一定截面尺寸的钢丝或细钢管。模孔用硬质合金钢制成，如图 7-11 所示。模孔的出口直径比进口直径小，每次截面缩为 10% 以下，可以多次冷拔。冷拔加工后的钢材表面光洁度高，提高增强的效果比冷拉好。直径越细，强度越高。冷拔低碳钢丝屈服强度可提高40%～60%。

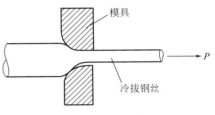

图 7-11　冷拔模孔

钢筋的冷拔多在预制工厂生产，常用直径为 6.5～8mm 的碳素结构钢的 Q235（或 Q215）盘条，通过拔丝机中比钢筋直径小 0.5～1.0mm 的冷拔模孔，冷拔成比原直径小的钢丝，如果经多次冷拔，可得规模更小的钢丝，称为冷拔低碳钢丝。

**3. 冷轧**

将热轧钢筋或钢板通过冷轧机，可以轧成一定规律变形的钢筋或薄钢板。冷轧变形钢筋不但能提高强度，节约材料，而且具有规律的凹凸不平的表面，可以提高钢筋与混凝土的黏结力。

### 二、时效处理

冷加工后的钢材，随着时间的延长，钢材的屈服强度、抗拉强度与硬度还会进一步提高，而塑性、韧性继续降低的现象称为时效。时效是一个十分缓慢的过程，有些钢材即使没有经过冷加工，长期搁置后也会出现时效，但不如冷加工后表现明显。钢材冷加工后，由于产生塑性变形，使时效大大加快。

钢材冷加工后的时效有两种处理方法。

**1. 自然时效**

将经冷加工后的钢材在常温下放置 15～20d，称为自然时效，它适用于强度较低的钢材。

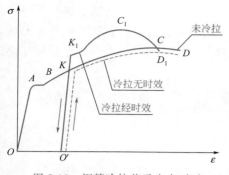

图 7-12　钢筋冷拉前后应力-应变
的关系规律

**2. 人工时效**

对强度较高的钢材，自然时效效果不明显，可将经冷加工后的钢材加热至 $100 \sim 200\,℃$，保持 $1 \sim 2h$，这一过程称为人工时效。

钢材时效处理后，其应力与应变关系规律如图 7-12 所示。在常温下将钢材拉伸至超过屈服强度而小于抗拉强度的某一应力，即任意点 $K$，然后卸荷，此时试件已产生塑性变形，则曲线沿 $KO'$ 下降，$KO'$ 大概与 $AO$ 平行。此时若不经时效再立即进行拉伸，则应力与应变关系线为 $O'KCD$，即屈服强度由 $A$ 点提高到 $K$ 点。如果在 $K$ 卸荷后不立即拉伸，而是进行时效处理后拉伸，则应力与应变关系线为 $O'K_1C_1D_1$。如图 7-12 所示，与未经拉伸和时效试件的应力-应变曲线 $OACD$ 相比，冷拉时效后，屈服强度及抗拉强度得到提高，但塑性及韧性也将相应降低。

建筑工程中的钢筋，常利用冷加工后的时效作用来提高强度，以节约钢材，但对于受动荷载作用或经常处于中温条件工作的钢结构，如桥梁、吊车梁、钢轨、锅炉等用钢，为避免过大的脆性，防止出现突然断裂，要求采用时效敏感性小的钢材。

### 三、钢材的热处理

将钢材按一定规律加热、保温和冷却，以改变其组织结构，从而获得需要性能的加工工艺，总称为钢的热处理。热处理方法有淬火、回火、退火、正火。

（1）淬火　将钢材加热至基本组织转变温度（如当含碳量大于 0.8％时，为 723℃）以上 $30 \sim 50\,℃$，保温，使组织完全转变。随即放入冷却介质（盐水、冷水或矿物油）中急冷的处理过程称为淬火。淬火使钢的硬度、强度、耐磨性提高。当钢的含碳量在 0.9％左右时最适于淬火。含碳量小于 0.4％时。淬火后性能变化不大显著。含碳量太高的钢，淬火后会变得很脆。

（2）回火　经淬火处理的钢，再加热，冷却的过程称为回火。回火的温度低于 723℃。回火处理可消除淬火产生的内应力，适当降低淬火钢件的硬度并提高其韧性。回火的温度越接近 723℃，降低硬度，提高韧性的效果越显著。

（3）退火　将钢材加热至基本组织转变温度以上 $30 \sim 50\,℃$，保温后以适当的速度缓慢冷却的处理过程称为退火。退火可降低钢材原有的硬度，改善其塑性及韧性。

（4）正火　将钢材加热至基本组织转变温度以上 $30 \sim 50\,℃$，保温后在空气中冷却的处理过程称为正火。正火后的钢材，硬度较退火处理者高，塑性也差，但由于正火后钢的结晶较韧性且均匀，故强度有所提高。

### 四、钢材的防锈处理

钢材长期暴露于空气或潮湿的环境中，表面会锈蚀，尤其是当空气中含有各种介质污染时，情况更为严重。钢材的锈蚀是指钢铁在气体或液体介质中，产生化学或电化学作用，逐渐腐蚀破坏的现象。锈蚀不但造成钢材的损失，表现为截面的均匀减少，而且产生脆裂，使结构破坏，危及建筑物的安全。

钢材锈蚀的影响因素主要与所处的环境的湿度、侵蚀性介质的性质及数量、含尘量、钢材的材质和表面状况有关。

**1. 钢材锈蚀**

钢材的锈蚀包括以下两类。

（1）化学锈蚀　化学锈蚀是指钢材与干燥气体及非电解质液体的反应而产生的锈蚀，通常是由于与氧化作用引起的，使金属形成体积疏松的氧化物而引起锈蚀。

在常温下，钢材表面会形成一薄层钝化能力很弱的氧化保护膜，但疏松易破裂，外界有害介质易渗入反应而造成锈蚀。干燥环境中，腐蚀进行很慢，但在环境湿度或温度高时，锈蚀速度加快。如二氧化碳或二氧化硫的作用而产生氧化铁或硫化铁的锈蚀，它使金属光泽减退而颜色发暗，钢材锈蚀的程度随时间延长而逐渐加深。

（2）电化学锈蚀　电化学锈蚀是指钢材与电解质溶液相接触产生电流，形成原电池而产生的锈蚀，是最主要的钢材锈蚀形式。因钢材中含有铁、碳等多种成分，由于这些成分的电极电位不同，铁活泼，易失去电子，使碳和铁在电解质中形成原电池的阴阳两极，阳极的铁失去电子成为 $Fe^{2+}$，进入溶液，在阴极附近，由于溶液中溶解有氧气，氧气被还原成 $OH^-$，两者结合生成 $Fe(OH)_2$，使钢材受到锈蚀，形成铁锈。

钢材含碳等杂质越多，锈蚀越快，如果钢材表面不平，或与酸、碱和盐接触都会使锈蚀加快。

钢材锈蚀时，会体积膨胀，最大膨胀可达原体积的 6 倍，会使钢筋混凝土周围的混凝土胀裂。

**2. 防止锈蚀的方法**

（1）保护层法　保护层法是指在钢材的表面施加保护层，使钢与周围介质隔离，从而防止锈蚀，分金属保护法和非金属保护法。

金属保护法是用耐腐蚀较强的金属，以电镀或喷镀方法覆盖钢材表面来提高抗腐蚀能力的方法。如镀锡、镀锌、镀铬等。

非金属保护法是在钢材表面经除锈后，涂上涂料加以保护的方法。通常分底漆和面漆两种，底漆是要牢固地附着在钢材的表面，隔断其与外界空气的接触，防止生锈，面漆保护底漆不受损伤或侵蚀。常用的底漆有红丹、环氧富锌、偏硼酸钡和硼酸防锈漆、磷化底漆、铁红环氧底漆等；面漆有灰铅油、醇酸漆、各种醇酸磁漆、酚醛磁漆等。

（2）制成合金钢　在钢中加入能提高抗锈能力的元素，如将镍、铬加入铁合金中可制得不锈钢，在低碳钢或合金钢中加入铜可有效地提高防锈能力等。这种方法最有效，但成本很高。

（3）阴极保护法　阴极保护法是根据电化学原理进行保护的一种方法。这种方法可通过以下两种途径来实现。

① 牺牲阳极保护法，位于水下的钢结构，接上比钢材更为活泼的金属，如锌、镁等。在介质中形成原电池时，这些更为活泼的金属成为阳极而遭到腐蚀，而钢结构作为阴极得到保护。

② 外加电流法，将废钢铁或其他难熔金属（高硅铁、铅银合金等）放置在要保护的结构钢附近，外接直流电流，负极接在要保护的钢结构上，正极接在废钢铁或难熔金属上，通电后作为废钢铁的阳极被腐蚀，钢结构成为阴极得到保护。

此外，还有一种喷涂防腐蚀油保护法。防腐油是一种黏性液体，均匀喷涂在钢材表面，形成一层连续、牢固的薄膜，使钢材与腐蚀介质隔绝，在 $-20\sim50℃$ 的温度范围内可应用于除马口铁以外的所有钢材。

**任务实施**

**1. 仪器设备**

万能材料试验机。

**2. 试样制备**

按标准方法取样，取 2 根长钢筋，各截取 3 段，制备与钢筋拉力试验相同的试件 6 根并分组编号。编号时应在 2 根长钢筋中各取 1 根试件编为 1 组，共 3 组试件。

**3. 实施步骤**

① 第 1 组试件用作拉伸试验，并绘制荷载-变形曲线，方法同钢筋拉伸试验。以 2 根试件试验结果的算术平均值计算钢筋的屈服点 $\sigma_s$、抗拉强度 $\sigma_b$ 和伸长率 $\delta$。

② 将第 2 组试件进行拉伸至伸长率达 10%（约为高出上屈服点 3kN）时，以拉伸时的同样速度进行卸荷，使指针回至零，随即又以相同速度再行拉伸，直至断裂为止。并绘制荷载-变形曲线。第 2 次拉伸后以 2 根试件试验结果的算术平均值计算冷拉后钢筋的屈服点 $\sigma_{sL}$、抗拉强度 $\sigma_{bL}$ 和伸长率 $\delta_L$。

③ 将第 3 组试件进行拉伸至伸长率达 10% 时，卸荷并取下试件，置于烘箱中加热 110℃恒温 4h，或置于电炉中加热 250℃恒温 1h，冷却后再做拉伸试验，并同样绘制荷载-变形曲线。这次拉伸试验后所得性能指标（取 2 根试件算术平均值）即为冷拉时效后钢筋的屈服点 $\sigma'_{sL}$、抗拉强度 $\sigma'_{bL}$ 和伸长率 $\delta'_L$。

**4. 结果整理与评定**

① 比较冷拉后与未经冷拉的两组钢筋的应力-应变曲线，计算冷拉后钢筋的屈服点、抗拉强度及伸长率的变化率。

② 比较冷拉时效后与未冷拉的 2 组钢筋的应力-应变曲线，计算冷拉时效处理后，钢筋屈服点、抗拉强度及伸长率的变化率。

③ 根据拉伸与冷弯试验结果按标准规定评定钢筋的级别。

④ 比较一般拉伸与冷拉或冷拉时效后钢筋力学性能变化，并绘制相应的应力-应变曲线。

# 任务三　建筑钢材的选用

**任务描述**

根据工程特点和使用环境正确地选用钢结构用钢材和钢筋混凝土用钢材。熟悉建筑工程常用钢结构用钢材和钢筋混凝土用钢材的品种、性能和应用范围。

**知识链接**

在建筑结构中，普遍采用的钢结构用钢材和钢筋混凝土用钢筋和钢丝，都是由碳素结构钢和低合金结构钢轧制而成的。

## 一、钢结构用钢材

**1. 普通碳素结构钢**

碳素结构钢称为碳素钢，包括一般结构钢和工程用热轧型钢、钢板、钢带。根据《碳素结构钢》(GB/T 700—2006) 标准，普通碳素钢的牌号和化学成分规定如下。

（1）牌号的表示方法　按标准规定，我国碳素结构钢分五个牌号，即 Q195、Q215、Q235、Q255 和 Q275。各牌号钢又按硫、磷含量由多至少分为 A、B、C、D 四个质量等级。碳素结构钢的牌号由代表屈服点的字母 Q、屈服强度数值、质量等级符号、脱氧程度符号（F、b、Z、TZ）四部分按顺序组成，在牌号组成表示方法中，"Z" 和 "TZ" 符号可以省略。例如：Q235-A·F 表示屈服点为 235MPa 的 A 级沸腾钢；Q235-B 表示屈服点为 235MPa 的 B 级镇静钢。

（2）技术要求 普通碳素结构钢的技术要求包括化学成分、力学性能、冶炼方法、交货状态及表面质量五个方面。

钢的牌号和化学成分应符合表 7-3 规定；其力学性能、冷弯性能应符合表 7-4、表 7-5 的规定。

根据规定，用 Q195 和 Q235-B 级沸腾钢轧制的钢材，其厚度（或直径）不应大于 25mm；做冲击试验时，冲击吸收功值按一组 3 个试样单值的算术平均值算。允许其中一个试样的单个值低于规定值的 70%。做拉伸和冷弯性能试验时，型钢和钢棒取纵向试样；钢板、钢带取横向试样，断后伸长率允许比表 7-4 降低 2%。窄钢带取横向试样如受到宽度限制时，可以取纵向试样。

表 7-3 碳素结构钢的牌号和化学成分（GB/T 700—2006）

| 牌号 | 统一数字代号[①] | 等级 | 厚度或直径/mm | 脱氧方法 | 化学成分的质量分数/%，不大于 | | | | |
|------|------|------|------|------|------|------|------|------|------|
| | | | | | C | Mn | Si | S | P |
| Q195 | U11952 | — | | F、Z | 0.12 | 0.50 | 0.30 | 0.040 | 0.035 |
| Q215 | U12152 | A | | F、Z | 0.15 | 1.20 | 0.35 | 0.050 | 0.045 |
| | U12155 | B | | | | | | 0.045 | |
| Q235 | U12352 | A | | F、Z | 0.22 | 1.40 | 0.30 | 0.050 | 0.045 |
| | U12355 | B | | | 0.20[②] | | | 0.045 | |
| | U12358 | C | | Z | 0.17 | | | 0.040 | 0.040 |
| | U12359 | D | | TZ | | | | 0.035 | 0.035 |
| Q275 | U12752 | A | | F、Z | 0.24 | 1.50 | 0.35 | 0.050 | 0.045 |
| | U12755 | B | ≤40 | Z | 0.21 | | | 0.045 | 0.045 |
| | | | >40 | | 0.22 | | | | |
| | U12758 | C | | Z | 0.20 | | | 0.040 | 0.040 |
| | U12759 | D | | TZ | | | | 0.035 | 0.035 |

① 表中为镇静钢、特殊镇静钢牌号的统一数字,沸腾钢牌号的统一数字代号如下:

Q195-F——U11950;

Q215-A·F——U12150,Q215-B·F——U12153;

Q235-A·F——U12350,Q235-B·F——U12353;

Q275-A·F——U12750。

② 经需方同意,Q235-B 的碳含量可不大于 0.22%。

表 7-4 碳素结构钢的力学性能（GB/T 700—2006）

| 牌号 | 等级 | 屈服强度[①] $R_{eH}$/(N/mm²)，不小于 | | | | | | 抗拉强度[②] $R_m$ /(N/mm²) | 断后伸长率 A/%，不小于 | | | | | V 形冲击功（纵向）/J | |
|------|------|------|------|------|------|------|------|------|------|------|------|------|------|------|------|
| | | 厚度（或直径）/mm | | | | | | | 厚度（或直径）/mm | | | | | 温度/℃ | 不小于 |
| | | ≤16 | >16～40 | >40～60 | >60～100 | >100～150 | >150～200 | | ≤40 | >40～60 | >60～100 | >100～150 | >150～200 | | |
| Q195 | — | 195 | 185 | — | — | — | — | 315～430 | 33 | 32 | | | | — | — |
| Q215 | A | 215 | 205 | 195 | 185 | 175 | 165 | 335～450 | 31 | 30 | 29 | 27 | 26 | | |
| | B | | | | | | | | | | | | | 20 | 27 |

续表

| 牌号 | 等级 | 屈服强度[①] $R_{eH}$/(N/mm²)，不小于 | | | | | | 抗拉强度[②] $R_m$ /(N/mm²) | 断后伸长率 $A$/%，不小于 | | | | | V形冲击功（纵向）/J | |
|---|---|---|---|---|---|---|---|---|---|---|---|---|---|---|---|
| | | 厚度（或直径）/mm | | | | | | | 厚度（或直径）/mm | | | | | 温度/℃ | 不小于 |
| | | ≤16 | >16~40 | >40~60 | >60~100 | >100~150 | >150~200 | | ≤40 | >40~60 | >60~100 | >100~150 | >150~200 | | |
| Q235 | A | 235 | 225 | 215 | 215 | 195 | 185 | 370~500 | 26 | 25 | 24 | 22 | 21 | — | — |
| | B | | | | | | | | | | | | | 20 | 27[③] |
| | C | | | | | | | | | | | | | 0 | |
| | D | | | | | | | | | | | | | −20 | |
| Q275 | A | 275 | 265 | 255 | 245 | 225 | 215 | 410~540 | 22 | 21 | 20 | 18 | 17 | — | — |
| | B | | | | | | | | | | | | | 20 | 27 |
| | C | | | | | | | | | | | | | 0 | |
| | D | | | | | | | | | | | | | −20 | |

① Q195 的屈服强度值仅供参考，不作交货条件。

② 厚度大于 100mm 的钢材，抗拉强度下限允许降低 20N/mm²。宽带钢（包括剪切钢板）抗拉强度上限不作交货条件。

③ 厚度小于 25mm 的 Q235-B 级钢，如供方能保证冲击吸收功值合格，经需方同意，可不做检验。

表 7-5  碳素结构钢的冷弯性能 （GB/T 700—2006）

| 牌号 | 试样方向 | 冷弯试验 180°，$B=2a$[①] | |
|---|---|---|---|
| | | 钢材厚度（或直径）[②]/mm | |
| | | ≤60 | >60~100 |
| | | 弯心直径 $d$/mm | |
| Q195 | 纵 | 0 | — |
| | 横 | 0.5a | |
| Q215 | 纵 | 0.5a | 1.5a |
| | 横 | a | 2a |
| Q235 | 纵 | a | 2a |
| | 横 | 1.5a | 2.5a |
| Q275 | 纵 | 1.5a | 2.5a |
| | 横 | 2a | 3a |

① $B$ 为试样宽度，$a$ 为试样厚度（或直径）。

② 钢材厚度（或直径）大于 100mm 时，弯曲试验由双方协商确定。

（3）普通碳素钢结构的性能和用途　碳素结构钢的牌号顺序随含碳量逐渐增加，屈服点和抗拉强度也不断增加，伸长率和冷弯性能则不断下降。碳素结构钢的质量等级，取决于钢内有害元素硫和磷的含量，硫磷含量越低钢的质量越好，其可焊性和低温抗冲击性能增强。

① Q195 钢　强度低，但塑性和韧性、可加工性能及可焊性较好，主要用于轧制薄板和盘条。

② Q215 钢　强度略高，用途与 Q195 钢基本相同，除了用于轧制薄板和盘条外，还可大量用作管坯和螺栓。

③ Q235 钢　属低碳钢，含碳量介于 0.17%～0.22% 之间。强度较高，同时具有良好的

塑性、韧性和可焊性，是工程中应用最广泛的钢材，广泛地用于钢结构和钢筋混凝土结构中。

④ Q275 钢　强度、硬度高，耐磨性好，但塑性和韧性、加工性能及可焊性差，不宜在结构中使用，一般用于制造农具，零件等。

**2. 低合金高强度结构钢**

低合金高强度结构钢是在普通碳素钢的基础上加入含量一般不超过 5% 的一种或多种合金元素的结构钢。其添加的合金元素有硅、锰、钒、钛、铬等，掺加合金元素的目的是提高钢的强度、耐腐蚀性、耐磨性或耐低温冲击韧性。因此，它是综合性较为理想的建筑钢材，尤其在大跨度、承受动荷载的结构中更适用；并可在不断增加成本的前提下，节约钢材20%～30%（与普通碳素钢相比）。

（1）牌号的表示方法　低合金高强度结构钢全部是由镇静钢或特殊镇静钢制成。其牌号表示方法与普通碳素结构钢相似，也是由代表屈服点的字母 Q、屈服点数值、质量等级符号三部分按顺序组成。

与普通碳素结构钢牌号不同的是，屈服点数值有 295、345、390、420、460 共五种，质量等级按有害成分硫、磷含量由多到少的规律，分别由 A、B、C、D、E 五个质量等级由低到高表示。

（2）标准和选用　由于低合金高强度结构钢力学性能与工艺性能均好，成本也不高，所以广泛用于钢结构的钢筋混凝土结构中。主要用于轧制各种型钢、钢板、钢管，特别适用于各种重型、大跨度、大柱网、高层结构及桥梁工程中。表 7-6 和表 7-7 中列出了低合金高强度结构钢的化学成分与力学性能。

表 7-6　低合金高强度结构钢的化学成分要求

| 牌号 | 质量等级 | 化学成分/% | | | | | | | | | | |
| | | C≤ | Mn | Si≤ | P≤ | S≤ | V | Nb | Ti | Al≥ | Cr≤ | Ni≤ |
| Q295 | A | 0.16 | 0.80～1.50 | 0.55 | 0.045 | 0.045 | 0.02～0.15 | 0.015～0.060 | 0.02～0.20 | — | | |
| | B | 0.16 | 0.80～1.51 | 0.55 | 0.040 | 0.040 | 0.02～0.15 | 0.015～0.060 | 0.02～0.20 | — | | |
| Q345 | A | 0.20 | 1.00～1.60 | 0.55 | 0.045 | 0.045 | 0.02～0.15 | 0.015～0.060 | 0.02～0.20 | | | |
| | B | 0.20 | 1.00～1.60 | 0.55 | 0.040 | 0.040 | 0.02～0.15 | 0.015～0.060 | 0.02～0.20 | | | |
| | C | 0.20 | 1.00～1.60 | 0.55 | 0.035 | 0.035 | 0.02～0.15 | 0.015～0.060 | 0.02～0.20 | 0.015 | | |
| | D | 0.18 | 1.00～1.60 | 0.55 | 0.030 | 0.030 | 0.02～0.15 | 0.015～0.060 | 0.02～0.20 | 0.015 | | |
| | E | 0.18 | 1.00～1.60 | 0.55 | 0.025 | 0.025 | 0.02～0.15 | 0.015～0.060 | 0.02～0.20 | 0.015 | | |
| Q390 | A | 0.20 | 1.00～1.60 | 0.55 | 0.045 | 0.045 | 0.02～0.15 | 0.015～0.060 | 0.02～0.20 | | 0.30 | 0.70 |
| | B | 0.20 | 1.00～1.60 | 0.55 | 0.040 | 0.040 | 0.02～0.15 | 0.015～0.060 | 0.02～0.20 | | 0.30 | 0.70 |
| | C | 0.20 | 1.00～1.60 | 0.55 | 0.035 | 0.035 | 0.02～0.15 | 0.015～0.060 | 0.02～0.20 | 0.015 | 0.30 | 0.70 |
| | D | 0.20 | 1.00～1.60 | 0.55 | 0.030 | 0.030 | 0.02～0.15 | 0.015～0.060 | 0.02～0.20 | 0.015 | 0.30 | 0.70 |
| | E | 0.20 | 1.00～1.60 | 0.55 | 0.025 | 0.025 | 0.02～0.15 | 0.015～0.060 | 0.02～0.20 | 0.015 | 0.30 | 0.70 |
| Q420 | A | 0.20 | 1.00～1.70 | 0.55 | 0.045 | 0.045 | 0.02～0.15 | 0.015～0.060 | 0.02～0.20 | — | 0.40 | 0.70 |
| | B | 0.20 | 1.00～1.70 | 0.55 | 0.040 | 0.040 | 0.02～0.15 | 0.015～0.060 | 0.02～0.20 | — | 0.40 | 0.70 |
| | C | 0.20 | 1.00～1.70 | 0.55 | 0.035 | 0.035 | 0.02～0.15 | 0.015～0.060 | 0.02～0.20 | 0.015 | 0.40 | 0.70 |
| | D | 0.20 | 1.00～1.70 | 0.55 | 0.030 | 0.030 | 0.02～0.15 | 0.015～0.060 | 0.02～0.20 | 0.015 | 0.40 | 0.70 |
| | E | 0.20 | 1.00～1.70 | 0.55 | 0.025 | 0.025 | 0.02～0.15 | 0.015～0.060 | 0.02～0.20 | 0.015 | 0.40 | 0.70 |
| Q460 | C | 0.20 | 1.00～1.70 | 0.55 | 0.035 | 0.035 | 0.02～0.15 | 0.015～0.060 | 0.02～0.20 | 0.015 | 0.70 | 0.70 |
| | D | 0.20 | 1.00～1.70 | 0.55 | 0.030 | 0.030 | 0.02～0.15 | 0.015～0.060 | 0.02～0.20 | 0.015 | 0.70 | 0.70 |
| | E | 0.20 | 1.00～1.70 | 0.55 | 0.025 | 0.025 | 0.02～0.15 | 0.015～0.060 | 0.02～0.20 | 0.015 | 0.70 | 0.70 |

表 7-7　低合金高强度结构钢的拉伸、冲击和冷弯性能

| 牌号 | 质量等级 | 屈服点 $\sigma_s$/MPa,≥ | | | | 抗拉强度 $\sigma_b$/MPa | 伸长率 $\delta$/%,≥ | 冲击功 $\alpha_{kV}$(纵向)/J,≥ | | | | 180°弯曲试验 $d$—弯心直径；$a$—试样厚度(直径) | |
|---|---|---|---|---|---|---|---|---|---|---|---|---|---|
| | | 厚度(直径或边长)/mm | | | | | | 温度/℃ | | | | 钢材厚度(直径)/mm | |
| | | ≤16 | >16~35 | >35~50 | >50~100 | | | +20 | 0 | -20 | -40 | ≤16 | >16~100 |
| Q295 | A | 295 | 275 | 255 | 235 | 390~570 | 23 | 34 | | | | $d=2a$ | $d=3a$ |
| | B | 295 | 275 | 255 | 235 | 390~570 | 23 | | | | | $d=2a$ | $d=3a$ |
| Q345 | A | 345 | 325 | 295 | 275 | 470~630 | 21 | 34 | | | | $d=2a$ | $d=3a$ |
| | B | 345 | 325 | 295 | 275 | 470~630 | 21 | | | | | $d=2a$ | $d=3a$ |
| | C | 345 | 325 | 295 | 275 | 470~630 | 22 | | 34 | | | $d=2a$ | $d=3a$ |
| | D | 345 | 325 | 295 | 275 | 470~630 | 22 | | | 34 | | $d=2a$ | $d=3a$ |
| | E | 345 | 325 | 295 | 275 | 470~630 | 22 | | | | 27 | $d=2a$ | $d=3a$ |
| Q390 | A | 390 | 370 | 350 | 330 | 490~650 | 19 | 34 | | | | $d=2a$ | $d=3a$ |
| | B | 390 | 370 | 350 | 330 | 490~650 | 19 | | | | | $d=2a$ | $d=3a$ |
| | C | 390 | 370 | 350 | 330 | 490~650 | 20 | | 34 | | | $d=2a$ | $d=3a$ |
| | D | 390 | 370 | 350 | 330 | 490~650 | 20 | | | 34 | | $d=2a$ | $d=3a$ |
| | E | 390 | 370 | 350 | 330 | 490~650 | 20 | | | | 27 | $d=2a$ | $d=3a$ |
| Q420 | A | 420 | 400 | 380 | 360 | 520~680 | 18 | 34 | | | | $d=2a$ | $d=3a$ |
| | B | 420 | 400 | 380 | 360 | 520~680 | 18 | | | | | $d=2a$ | $d=3a$ |
| | C | 420 | 400 | 380 | 360 | 520~680 | 19 | | 34 | | | $d=2a$ | $d=3a$ |
| | D | 420 | 400 | 380 | 360 | 520~680 | 19 | | | 34 | | $d=2a$ | $d=3a$ |
| | E | 420 | 400 | 380 | 360 | 520~680 | 19 | | | | 27 | $d=2a$ | $d=3a$ |
| Q460 | C | 460 | 440 | 420 | 400 | 550~720 | 17 | | 34 | | | $d=2a$ | $d=3a$ |
| | D | 460 | 440 | 420 | 400 | 550~720 | 17 | | | 34 | | $d=2a$ | $d=3a$ |
| | E | 460 | 440 | 420 | 400 | 550~720 | 17 | | | | 27 | $d=2a$ | $d=3a$ |

在低合金高强度结构钢中，Q345 钢的性能较好，是钢结构的常用钢号，Q390 也是推荐使用的钢号。

**3. 钢结构用钢材**

（1）钢板　经光面轧辊轧制而成的扁平钢材。以平板状供货的称钢板，以卷状供货的称钢带。按轧制温度不同，分热轧和冷轧；热轧钢板按厚度可分为薄板（小于 4mm）和厚板（大于 4mm）两种。冷轧钢板只有薄板（厚度在 0.2~4mm 之间）。建筑用钢板和钢带主要是碳素结构钢，一些重型结构、大跨度桥梁、高压容器等也采用低合金钢板。薄板主要用于屋面、楼板或墙面等维护结构，或用作涂层钢板的原材料。厚板主要用于承重结构，需要时可用几块钢板组合成工字形、T 形或箱形截面的构件来承受荷载。

（2）热轧型钢　常见的热轧型钢有工字钢、H 型钢、槽钢、角钢、部分 T 型钢和 Z 型钢等。我国建筑用热轧型钢主要采用碳素结构钢 Q235-A 钢。在《钢结构设计标准》中，推荐使用的低合金钢主要有两种：Q345（16Mn）及 Q390（15MnV），用于大跨度、承受动荷载的钢结构中。

热轧型钢的标记方式一般以反映截面形状的主要轮廓尺寸来表示，包括型钢名称、横截面主要尺寸、型钢标准及钢牌号、钢种标准等一组符号。如：用碳素结构钢 Q235-A 轧制的，尺寸为 160mm×160mm×16mm 的等边角钢，标示为：

$$\text{热轧等边角钢}\frac{160×160×16\text{-GB/T }706\text{—}2016}{\text{Q235-A GB/T }700\text{—}2006}$$

（3）冷弯薄壁型钢 常用厚度为 2～6mm 的钢板或钢带经冷弯或模轧制成。截面各部分厚度相同，转角处均成圆弧形。冷弯薄壁型钢有各种截面形式，其特点是壁薄，截面形式和尺寸均可按受力特点合理设计，能充分利用钢材的强度。因而与面积相同的热轧型钢相近，是一种高效经济的截面。一般用于跨度小、荷载轻的钢结构中。

（4）压型钢板 压型钢板是由厚度为 0.4～2mm 的钢板压制而成大波纹状钢板，波纹高度在 10～200mm 范围内，钢板表面涂漆、镀锌、涂有机层（又称彩色压型钢板）以防止锈蚀，所以压型钢板耐久性好，且质量轻、强度高、美观大方，便于施工，常用作屋面板、墙板及楼板等。

## 二、钢筋混凝土结构用钢

钢筋混凝土结构用钢筋和钢丝，是由碳素结构钢和低合金高强度结构钢加工而成的。一般把直径 $\phi 3 \sim \phi 5$mm 称为钢丝，$\phi 6 \sim \phi 12$mm 称为细钢筋，大于 $\phi 12$mm 称为粗钢筋。为了便于识别，钢筋直径一般都相差 2mm 及 2mm 以上。主要品种有热轧钢筋、冷拉钢筋、冷拔钢丝、热处理钢筋、碳素钢丝、刻痕钢丝及钢绞线等。按直条或盘条（盘圆）供货。直条钢筋长度一般为 6m 或 9m。

### 1. 热轧钢筋

热轧钢筋按轧制的外形分为热轧光圆钢筋和带肋钢筋。根据《混凝土结构工程施工质量验收规范》（GB 50204—2015）规定，热轧直条光圆钢筋牌号为 HPB300。根据《钢筋混凝土用钢 第2部分：热轧带肋钢筋》（GB/T 1499.2—2018）规定，热轧钢筋分普通热轧钢筋和细晶粒热轧钢筋。钢筋的公称直径范围为 6～50mm。普通热轧钢筋牌号由 HRB 和屈服强度特征值构成，有 HRB335、HRB400、HRB500，其中，H、R、B 分别为热轧（Hotrolling）、带肋（Ribbed）、钢筋（Bars）三个词的英文首位字母；细晶粒热轧钢筋牌号由 HRBF 和屈服强度特征值构成，有 HRBF335、HRBF400、HRBF500，其中，F 为"细"的英文（Fine）的首位字母。普通热轧钢筋和细晶粒热轧钢筋主要力学性能见表 7-8。对有抗震结构的适用牌号为：在普通热轧钢筋或细晶粒热轧钢筋后加 E。根据《钢筋混凝土用钢 第2部分：热轧带肋钢筋》规定，该类钢筋相关力学指标除满足表 7-8 中的特征值外，还应满足：实测抗拉强度与实测屈服强度之比不小于 1.25；实测屈服强度与表 7-8 规定的屈服强度特征之比应不大于 1.30；钢筋最大总伸长率不小于 9%。

表 7-8 钢筋混凝土用热轧带肋钢筋的力学性能特征值与冷弯性能（GB/T 1499.2—2018）

| 牌号 | 公称直径/mm | 下屈服强度 $R_{eL}$/MPa | 抗拉强度 $R_m$/MPa | 断后伸长率 $A$/% | 最大力总延伸率 $A_{gt}$/% | 冷弯试验180° $d$—弯心直径 $a$—钢筋公称直径 |
|---|---|---|---|---|---|---|
| | | | 不小于 | | | |
| HRB400 HRBF400 HRB400E HRBF400E | 6～25 | 400 | 540 | 16 | 7.5 | $d=4a$ |
| | 28～40 | | | | | $d=5a$ |
| | >40～50 | | | — | 9.0 | $d=6a$ |
| HRB500 HRBF500 HRB500E HRBF500E | 6～25 | 500 | 630 | 15 | 7.5 | $d=6a$ |
| | 28～50 | | | | | $d=7a$ |
| | >40～50 | | | — | 9.0 | $d=8a$ |
| HRB600 | 6～25 | 600 | 730 | 14 | 7.5 | $d=6a$ |
| | 28～50 | | | | | $d=7a$ |
| | >40～50 | | | | | $d=8a$ |

注：直径 28～40mm 各牌号钢筋的断后延长率可降低 1%；直径大于 40mm 各牌号钢筋的断后延长率可降低 2%。

HPB300 级钢筋用碳素钢结构轧制，具有塑性好、伸长率高、便于弯折成形等特点，可用作中小型钢筋混凝土结构的受力钢筋或箍筋。热轧带肋钢筋用低合金钢结构轧制，其横截面为圆形，表面带有两条纵肋和沿长度方向均匀分布的横肋，加强了钢筋与混凝土之间的粘接力，其中，HRB335 和 HRB400 强度较高，塑性和焊接性能也较好，广泛用于大、中型钢筋混凝土结构的受力钢筋，HRB500 强度高，但塑性和焊接性能较差，可用作预应力钢筋。

在检查钢筋质量时，要注意钢筋表面不得有肉眼可见的裂纹、结疤、折叠；钢筋表面允许有凸块，但不得超过横肋的高度；钢筋表面允许有不影响使用的缺陷；钢筋表面不得沾有油污。

**2. 预应力钢筋混凝土用热处理钢筋**

热处理钢筋是用热轧的螺纹钢筋经淬火和回火调质热处理而成的。它具有高强度、高韧性及粘接力，但塑性并不降低。按螺纹外形分为有纵肋和无纵肋两种，钢筋代号 RB150，其力学性能要求见表 7-9。

表 7-9　预应力钢筋混凝土用热处理钢筋力学性能

| 公称直径/mm | 牌号 | 屈服强度 $\sigma_{0.2}$/MPa | 抗拉强度 $\sigma_b$ | 伸长率 $\sigma_{10}$/% | 松弛性能 | |
|---|---|---|---|---|---|---|
| | | | | | 1000h | 10h |
| 6 | 40Si2Mn | | | | | |
| 8 | 48Si2Mn | ≥1325 | ≥1470 | ≥6 | 松弛值 ≤3.5% | 松弛值 ≤1.5% |
| 10 | 45Si2Cr | | | | | |

这种钢筋主要应用于预应力混凝土，使用时应按要求长度切割，不能用电焊切割，也不能焊接，以免引起强度下降或脆断。

**3. 冷轧带肋钢筋**

热轧圆盘条经冷轧后，在其表面带有沿长度方向均匀分布的三面或两面横肋，即成为冷轧带肋钢筋。钢筋冷扎后允许进行低温回火处理。根据《冷轧带肋钢筋》(GB/T 13788—2017) 规定，冷轧带肋钢筋按抗拉强度分为 6 个牌号，其代号为 CRB550、CRB650、CRB800、CRB600H、CRB680H 和 CRB800H（CRB 为 cole rolling ribbed steel bar），后面的数字表示钢筋抗拉强度最小值。

冷轧带肋钢筋的公称直径范围为 4～12mm。冷轧带肋钢筋的力学性能和工艺性能应符合表 7-10 的要求。

表 7-10　冷轧带肋钢筋力学性能和工艺性能（GB/T 13788—2017）

| 分类 | 牌号 | $\sigma_b$/MPa 不小于 | 断后伸长率/%，不小于 | | 弯曲试验 (180°) | 反复弯曲次数 | 松弛率(初始应力 $\sigma_{con}=0.7\sigma_b$) (1000h,%) 不大于 |
|---|---|---|---|---|---|---|---|
| | | | $A$ | $A_{100}$ | | | |
| 普通钢筋混凝土用 | CRB550 | 550 | 11.0 | — | $D=3d$ | — | — |
| | CRB600H | 600 | 14.0 | — | $D=3d$ | — | — |
| | CRB680H[①] | 680 | 14.0 | — | $D=3d$ | 4 | 5 |
| 预应力混凝土用 | CRB650 | 650 | — | 4.0 | | 3 | 8 |
| | CRB800 | 800 | — | 4.0 | | 3 | 8 |
| | CRB800H | 800 | — | 7.0 | | 4 | 5 |

注：$D$ 为弯心直径，$d$ 为钢筋公称直径。

① 当该牌号钢筋作为普通钢筋混凝土用钢筋使用时，对反复弯曲和应力松弛不作要求；当该牌号钢筋作为预应力混凝土钢筋用时应进行反复弯曲试验代替 180°弯曲试验，并检测松弛率。

与冷拔低碳钢丝相比，冷轧带肋钢筋具有强度高、塑性好、质量稳定、与混凝土粘接牢固等优点，是一种新型、高效节能的建筑用钢材。它广泛用于多层和高层建筑的多孔楼板、现浇楼板、高速公路、机场跑道、水泥电杆、输水管、桥梁、铁路轨枕、水电站坝基及各种建筑工程。CRB550 宜用作普通钢筋混凝土结构，其他牌号宜用在预应力混凝土结构中。

**4. 预应力混凝土用钢丝和钢绞线**

大型预应力混凝土构件，由于受力很大，常采用强度很高的预应力高强度钢丝和钢绞线作为主要受力钢筋。

（1）预应力混凝土用钢丝　预应力高强度钢丝是用优质碳素结构钢盘条，经冷加工和热处理等工艺制成。根据《预应力混凝土用钢丝》(GB/T 5223—2014) 规定，预应力钢丝按外形分为光圆钢丝（代号为 P）、刻痕钢丝（代号为 I）、螺旋肋钢丝（代号为 H）三种；按加工状态分为冷拉钢丝（WCD）、消除应力钢丝两类。消除应力钢丝按松弛性能又分为低松弛级钢丝（代号为 WLR）和普通松弛级钢丝（代号为 WNR）。

压力管道用冷拉钢丝的力学性能应符合表 7-11 规定。消除应力的光圆、螺旋肋、刻痕钢丝的力学性能应符合表 7-12 规定。

表 7-11　压力管道用冷拉钢丝的力学性能（GB/T 5223—2014）

| 公称直径 $d_n$/mm | 公称抗拉强度 $R_m$/MPa | 最大力的特征值 $F_m$/kN | 最大力的最大值 $F_{m,max}$/kN | 0.2%屈服力 $F_{p0.2}$/kN ≥ | 每 210mm 扭矩的扭转次数 $N$ ≥ | 断面收缩率 $Z$/% ≥ | 氢脆敏感性能负载为 70%最大力时，断裂时间 $t$/h≥ | 应力松弛性能初始力为最大力 70%时，1000h 应力松弛率 $r$/% ≤ |
|---|---|---|---|---|---|---|---|---|
| 4.00 | 1470 | 18.48 | 20.99 | 13.86 | 10 | 35 | | |
| 5.00 | | 28.86 | 32.79 | 21.65 | 10 | 35 | | |
| 6.00 | | 41.56 | 47.21 | 31.17 | 8 | 30 | | |
| 7.00 | | 56.57 | 64.27 | 42.42 | 8 | 30 | | |
| 8.00 | | 73.88 | 83.93 | 55.41 | 7 | 30 | | |
| 4.00 | 1570 | 19.73 | 22.24 | 14.80 | 10 | 35 | | |
| 5.00 | | 30.82 | 34.75 | 23.11 | 10 | 35 | | |
| 6.00 | | 44.38 | 50.03 | 33.29 | 8 | 30 | | |
| 7.00 | | 60.41 | 68.11 | 45.31 | 8 | 30 | | |
| 8.00 | | 78.91 | 88.96 | 59.18 | 7 | 30 | 75 | 7.5 |
| 4.00 | 1670 | 20.99 | 23.50 | 15.74 | 10 | 35 | | |
| 5.00 | | 32.78 | 36.71 | 24.59 | 10 | 35 | | |
| 6.00 | | 47.21 | 52.86 | 35.41 | 8 | 30 | | |
| 7.00 | | 64.26 | 71.96 | 48.20 | 8 | 30 | | |
| 8.00 | | 83.93 | 93.99 | 62.95 | 6 | 30 | | |
| 4.00 | 1770 | 22.25 | 24.76 | 16.69 | 10 | 35 | | |
| 5.00 | | 34.75 | 38.68 | 25.06 | 10 | 35 | | |
| 6.00 | | 50.04 | 55.69 | 37.53 | 8 | 30 | | |
| 7.00 | | 68.11 | 75.81 | 51.08 | 6 | 30 | | |

表 7-12　消除应力光圆、螺旋肋、刻痕钢丝的力学性能（GB/T 5223—2014）

| 公称直径 $d_n$/mm | 公称抗拉强度 $R_m$/MPa | 最大力的特征值 $F_m$/kN | 最大力的最大值 $F_{m,max}$/kN | 0.2%屈服力 $F_{p0.2}$/kN ≥ | 最大总伸长率 ($L_0$=200mm) $A_{gt}$/% ≥ | 反复弯曲性能 | | 应力松弛性能 | |
|---|---|---|---|---|---|---|---|---|---|
| | | | | | | 弯曲次数/(次/180°) ≥ | 弯曲半径 $R$/mm | 初始力相当于实际最大力的百分数 /% | 1000h 应力松弛率 $r$/% ≤ |
| 4.00 | 1470 | 18.48 | 20.99 | 16.22 | | 3 | 10 | 70 | 2.5 |
| 4.80 | | 26.61 | 30.23 | 23.35 | | 4 | 15 | | |
| 5.00 | | 28.86 | 32.78 | 25.32 | | 4 | 15 | | |
| 6.00 | | 41.56 | 47.21 | 36.47 | | 4 | 15 | | |
| 6.25 | | 45.10 | 51.24 | 39.58 | | 4 | 20 | | |
| 7.00 | | 56.57 | 64.26 | 49.64 | | 4 | 20 | | |
| 7.50 | | 64.94 | 73.78 | 56.99 | | 4 | 20 | | |
| 8.00 | | 73.88 | 83.93 | 64.84 | | 4 | 20 | | |
| 9.00 | | 93.52 | 106.25 | 82.07 | | 4 | 25 | | |
| 9.50 | | 104.19 | 118.37 | 91.44 | | 4 | 25 | | |
| 10.00 | | 115.45 | 131.16 | 101.32 | | 4 | 25 | | |
| 11.00 | | 139.69 | 158.70 | 122.59 | | — | — | | |
| 12.00 | | 166.26 | 188.88 | 145.90 | | — | — | | |
| 4.00 | 1570 | 19.73 | 22.24 | 17.37 | 3.5 | 3 | 10 | | |
| 4.80 | | 28.41 | 32.03 | 25.00 | | 4 | 15 | | |
| 5.00 | | 30.82 | 34.75 | 27.12 | | 4 | 15 | | |
| 6.00 | | 44.38 | 50.03 | 39.06 | | 4 | 15 | | |
| 6.25 | | 48.17 | 54.31 | 42.39 | | 4 | 20 | | |
| 7.00 | | 60.41 | 68.11 | 53.16 | | 4 | 20 | | |
| 7.50 | | 69.36 | 78.20 | 61.04 | | 4 | 20 | | |
| 8.00 | | 78.91 | 88.96 | 69.44 | | 4 | 20 | | |
| 9.00 | | 99.88 | 112.60 | 87.89 | | 4 | 25 | | |
| 9.50 | | 111.28 | 125.46 | 97.93 | | 4 | 25 | | |
| 10.00 | | 123.31 | 139.02 | 108.51 | | 4 | 25 | | |
| 11.00 | | 149.20 | 168.21 | 131.30 | | — | — | | |
| 12.00 | | 177.57 | 200.19 | 156.26 | | — | — | | |
| 4.00 | 1670 | 20.99 | 23.50 | 18.47 | | 3 | 10 | 80 | 4.5 |
| 5.00 | | 32.78 | 36.71 | 28.85 | | 4 | 15 | | |
| 6.00 | | 47.21 | 52.86 | 41.54 | | 4 | 15 | | |
| 6.25 | | 51.24 | 57.38 | 45.09 | | 4 | 20 | | |
| 7.00 | | 64.26 | 71.96 | 56.55 | | 4 | 20 | | |
| 7.50 | | 73.78 | 82.62 | 64.93 | | 4 | 20 | | |
| 8.00 | | 83.93 | 93.98 | 73.86 | | 4 | 20 | | |
| 9.00 | | 105.25 | 118.97 | 93.50 | | 4 | 25 | | |
| 4.00 | 1770 | 22.25 | 24.76 | 19.58 | | 3 | 10 | | |
| 5.00 | | 34.75 | 38.68 | 30.58 | | 4 | 15 | | |
| 6.00 | | 50.04 | 55.69 | 44.03 | | 4 | 15 | | |
| 7.00 | | 68.11 | 75.81 | 59.94 | | 4 | 20 | | |
| 7.50 | | 78.20 | 87.04 | 68.81 | | 4 | 20 | | |
| 4.00 | 1870 | 23.38 | 25.89 | 20.57 | | 3 | 10 | | |
| 5.00 | | 36.51 | 40.44 | 32.13 | | 4 | 15 | | |
| 6.00 | | 52.58 | 58.23 | 46.27 | | 4 | 15 | | |
| 7.00 | | 71.57 | 79.27 | 62.98 | | 4 | 20 | | |

预应力混凝土用钢丝产品标记应包含下列内容：预应力钢丝、公称直径、抗拉强度等级、加工状态代号、外形代号、标准号。如，直径为 4.00mm，抗拉强度为 1670MPa 冷拉光圆钢丝，其标记为：预应力钢丝 4.00-1670-WCD-P-GB/T 5223—2014；再如：直径为 7.00mm 抗拉强度为 1570MPa 低松弛的螺旋肋钢丝 7.00-1570-WLR-H-GB/T 5223—2014。

预应力混凝土用钢丝质量稳定、安全可靠、无接头、施工方便，主要用于大跨度的屋架、薄腹架、吊车梁或桥梁等大型预应力混凝土构件，还可以用于轨枕、压力管道等预应力混凝土构件。

（2）预应力混凝土用钢绞线　根据《预应力混凝土用钢绞线》(GB/T 5224—2014) 规定，用于预应力混凝土的钢绞线按其结构分为 5 类，其代码为：（1×2）用两根钢丝捻制的钢绞线；（1×3）用三根钢丝捻制的钢绞线；（1×3I）用三根刻痕钢丝捻制的钢绞线；（1×7）用七根钢丝捻制的标准型钢绞线；（1×7）C 用七根钢丝捻制又经模拔的钢绞线，如图 7-13 所示。

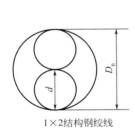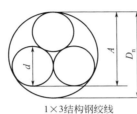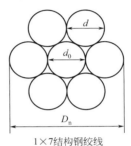

1×2结构钢绞线　　　　　　1×3结构钢绞线　　　　　　1×7结构钢绞线

图 7-13　预应力钢绞线截面图

产品标记应包含下列内容：预应力钢绞线、结构代号、公称直径、强度级别、标准号。如，公称直径为 15.20mm，强度等级为 1860MPa 的七根钢丝捻制的标准型钢绞线，其标记为：预应力钢绞线 1×7-15.20-1860-GB/T 5224—2014。

除非需方有特殊要求，钢绞线表面不得有油、润滑脂等物质。钢绞线允许有轻微的浮锈，但不得有目视可见的锈蚀麻坑。钢绞线表面允许存在回火颜色。

预应力钢丝和钢绞线强度高，并具有较好的柔韧性，质量稳定，施工简便，使用时可根据要求的长度切断。它主要适用于大荷载、大跨度、曲线配筋的预应力钢筋混凝土结构。

## 📣 任务实施

### 1. 材料准备

各牌号普通碳素结构钢，各牌号低合金高强度结构钢；热轧光圆钢筋和带肋钢筋；预应力钢筋混凝土用热处理钢筋；冷轧带肋钢筋；预应力混凝土用钢丝和钢绞线若干。

### 2. 实施步骤

① 分组识别建筑钢材样品的牌号。

② 分析各牌号钢材的特点和应用范围。

③ 分析本学习情境的引例 1 中某厂的钢结构屋架用中碳钢焊接而成，使用一段时间后，屋架坍塌的事故原因。

## ⚙ 知识拓展

铝材的性能特点及铝合金的主要品种，请扫描二维码 7.4 查看。建筑用铝合金制品有铝合金门窗和铝合金装饰板，它们的性能要求请扫描二维码 7.4 查看。

二维码 7.4

# 小　结

　　钢材是建筑工程中最重要的金属材料。

　　钢材具有强度高，塑性及韧性好，可焊可铆，易于加工、便于装配等优点。被广泛应用于工业各领域。

　　建筑钢材的技术性能主要包括力学性能和工艺性能。力学性能有抗拉、冲击韧性、疲劳强度和硬度等；工艺性能有钢材冷弯、冷加工及时效处理和钢材的焊接。低碳钢的拉伸破坏过程分为弹性、屈服、强化和颈缩四个阶段，伸长率和冷弯性是衡量钢材塑性的指标；钢材通过冷加工时效处理，可提高钢材的强度，但塑性和韧性下降。

　　建筑用钢材可分为结构用型钢和钢筋混凝土用钢筋、钢丝。钢结构用钢材包括碳素结构钢、低合金高强度结构钢和各种类型的型钢等；钢筋混凝土用钢筋包括热轧钢筋、预应力混凝土用热处理钢筋、冷轧带肋钢筋、预应力混凝土用钢丝和钢绞线等。这些钢筋强度高，塑性也好。在工程实践中，应根据荷载性质、结构重要性、使用环境等因素合理选用钢材规格和品种。

　　钢材最大的缺点是易生锈。钢材的锈蚀有化学锈蚀和电化学锈蚀。防止锈蚀的方法有保护层法和制成合金法等。

# 能力训练题

　　1. 钢材的拉伸试验图划分为几个阶段？各阶段有哪些特点？

　　2. 什么叫屈强比？其在工程实践中有何意义？

　　3. 碳素结构钢中的 Q235-A. F、Q235-B 表示的含义是什么？

　　4. 冷弯与冲击韧性试验在选用钢材上有何实际意义？

　　5. 用两根直径为 16mm 的钢筋做拉伸试验时，达到屈服点的读数分别为 72.3kN、72.2kN，达到极限抗拉强度时的读数分别为 104.5kN、108.5kN，试件标距长度为 80mm，拉断后的长度分别为 96.0mm、94.4mm，该钢筋属于何等级？

　　6. 什么叫钢筋的冷加工和时效处理？经冷加工和时效处理后，其力学性能有何变化？

　　7. 为什么钢筋经冷拔后，其强度可大大提高，但塑性则显著降低？冷拔低碳钢丝的实用意义如何？

　　8. 建筑钢材的化学成分对钢材的性能有何影响？

　　9. 热轧带肋钢筋共分几个级别？其强度等级代号如何表示？

　　10. 钢材是如何锈蚀的？如何防止锈蚀？

　　11. 钢筋的塑性指标通常用（　　）表示。【2016 年二级建造师真题】

　　　　A. 屈服强度　　　　B. 抗压强度　　　　C. 伸长率　　　　D. 抗拉强度

　　12. 下列建筑钢材性能指标中，不属于拉伸性能的是（　　）。【2017 年二级建造师真题】

　　　　A. 屈服强度　　　　B. 抗拉强度　　　　C. 疲劳强度　　　　D. 伸长率

# 学习情境八

# 防水材料的检测与选用

二维码 8.1

## ▶▶ 知识目标

- 熟悉石油沥青的化学组成和胶体结构
- 掌握石油沥青的主要技术性质及掺配方法
- 了解其他各类沥青的组成和性质
- 熟悉沥青防水卷材、高聚物改性沥青防水卷材、合成高分子防水卷材三大类卷材特性、外观质量要求和应用范围
- 了解沥青防水涂料、高聚物改性沥青防水涂料、合成高分子类防水涂料三大类防水涂料及常用的建筑密封材料（防水油膏）的性能特点

## ▶▶ 能力目标

- 能检测石油沥青的主要技术性质
- 能根据当地气候条件，正确选用石油沥青的牌号
- 能根据工程需要，正确掺配使用沥青
- 能根据防水卷材的外观要求，判断沥青防水卷材、高聚物改性沥青防水卷材、合成高分子类防水卷材是否符合要求
- 能根据建筑工程结构部位和防水等级，合理选用防水卷材

## ✳【引例】

1. 某住宅楼面于 8 月份进行防水工程施工，铺贴沥青防水卷材全是白天施工，不久卷材就出现鼓化、渗漏等现象。请分析原因。

2. 某石砌水池因砂缝不饱满出现渗水现象，后来以一种水泥基粉状刚性防水涂料整体涂覆，效果良好，长时间不渗透。但同样使用此防水涂料用于一因基础下陷不均而开裂的地下室防水，效果却不佳。请分析原因。

防水材料是指在建筑物中能防止雨水、地下水和其他水分渗透作用的材料。建筑物防水按其构造做法可分为构件自身防水和防水层防水两大类。防水材料层的做法又分为刚性材料防水和柔性材料防水。刚性材料防水是采用防水砂浆、抗渗混凝土或预应力混凝土等；柔性材料防水是采用铺设防水卷材、涂抹防水涂料。多数建筑物采用柔性材料防水做法。国内外使用沥青为防水材料已有很久的历史，直到现在，沥青基防水材料依然是应用最广的防水材料。几年来，随着建筑业的发展，防水材料发生了巨大变化，特别是各种高分子材料的出现，传统的沥青基防水材料已逐渐向新型的高聚物改性沥青防

水材料和合成高分子防水材料方向发展；防水层的构造也由多层向单层发展；施工方法由热熔法向冷贴法发展。

# 任务一　沥青材料检测与选用

## 任务描述

认识建筑工程防水用沥青材料，根据建筑工程结构部位和防水等级，合理选用沥青材料。按照《公路工程沥青及沥青混合料试验规程》(JTG E20—2011)，测定沥青的针入度、延度、软化点等技术性质，评定沥青质量。检测时严格按照材料检测的相关步骤和注意事项，细致认真地做好检测工作。

## 知识链接

沥青是由一些极其复杂的高分子碳氢化合物构成的混合物，常温下为黑色至褐色的固体、半固体或黏稠液体，能溶于多种有机溶剂，具有不导电、防潮、防水、防腐性，广泛用于防潮、防水及防腐蚀工程和水工建筑物与道路工程。

沥青材料按产源可分为地沥青和焦油沥青两大类。地沥青包括天然沥青和石油沥青；焦油沥青包括煤沥青、木沥青、泥炭沥青和页岩沥青。

天然沥青是由沥青矿物提炼加工的产品，其性能与石油沥青相似。石油沥青是石油原油提炼出各种石油产品（如汽油、煤油、润滑油等）后的残留物，再经加工而得的产品。煤沥青是由煤焦油经过分馏提出油品后的残留物，经加工制作的产品。页岩沥青是由页岩经过提炼石油后的残渣加工制成的，性质介于石油沥青和煤沥青之间。工程中使用最多的是石油沥青和煤沥青。

### 一、石油沥青

#### 1. 石油沥青的组分和结构

石油沥青的化学成分非常复杂，对其进行化学组成分析难度较大，并且化学组成相同的沥青其性质差异较大，在研究沥青的组成时，根据其物理、化学性质相近的归类为若干组，称为组分。一般可分为油分、树脂、地沥青质三大组分，此外，还有一定的石蜡固体，各组分的主要特征及作用见表 8-1。

沥青中含有的固体石蜡会降低沥青的塑性、黏性及温度稳定性等技术性质。含蜡量较高的沥青，一般需经过脱蜡后才能使用。

表 8-1　石油沥青的组分及其特征

| 组分 | 状态 | 颜色 | 密度/(g/cm³) | 含量 | 作用 |
|------|------|------|------|------|------|
| 油分 | 黏性液体 | 淡黄色至红褐色 | 小于1 | 40%～60% | 使沥青具有流动性 |
| 树脂 | 黏稠固体 | 红褐色至黑褐色 | 略大于1 | 15%～30% | 使沥青具有良好的黏性和塑性 |
| 地沥青质 | 粉末颗粒 | 深褐色至黑褐色 | 大于1 | 10%～30% | 能提高沥青的黏性和耐热性；含量提高,塑性降低 |

沥青中的油分和树脂可以互溶，树脂浸润地沥青质颗粒并在其周围形成薄膜，组成了以地沥青质为核心的胶团，这些胶团分散于油分中形成了胶体结构。当地沥青质的含量较低时，因油分及树脂的含量较高，胶团在油分中移动较为自由，此时形成的为溶胶型结构（图

8-1)，沥青黏性小而流动性大，温度稳定性差，但塑性好。当地沥青质含量较多时，相应的油分及树脂含量较少，胶团之间吸引力较大，胶团的移动较困难，形成胶凝型结构（图 8-2），其黏性大，流动性小，温度稳定性较好而塑性较差。当地沥青质含量适量时，胶团之间具有一定的吸引力，沥青的性质介于溶胶型及胶凝型之间（图 8-3），大多数优质的石油沥青属于这种结构类型。

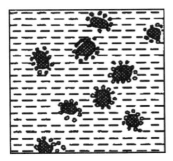

图 8-1　溶胶型结构

图 8-2　胶凝型结构

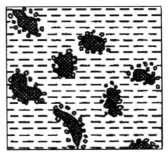

图 8-3　溶胶型-胶凝型结构

石油沥青中的各组分是不稳定的，在阳光、空气、水等外界因素作用下，油分、树脂的含量会逐渐减少，地沥青的含量逐渐增多，从而使沥青的使用性质变差。这一过程称为沥青的"老化"。此时，沥青的流动性、塑性降低，脆性增加，变硬，出现脆裂，使沥青失去防水、防腐的作用。

**2. 石油沥青的主要技术性质**

石油沥青的主要技术性质包括黏滞性、塑性、温度敏感性及大气稳定性等。

（1）黏滞性（黏性）　黏滞性是指沥青材料在外力作用下，抵抗发生黏性变形的能力，表示出沥青的软硬、稀稠的程度，是划分沥青牌号的主要性能指标。

液态石油沥青的黏滞性用黏度表示。对在常温下固体或半固体状态石油沥青的黏滞性用"针入度"表示。

黏度是指液体沥青在一定温度（20℃、25℃、30℃ 或 60℃）条件下，经规定直径（3mm、5mm 或 10mm）的孔，漏下 50cm$^3$ 所需要的时间（s），常用符号 $C_{dt}$ 表示，其中，$d$ 为孔径（mm），$t$ 为试验时沥青的温度（℃）。黏度大，表示沥青的稠度大。

针入度是指在温度为 25℃ 条件下，以质量为 100g 的标准针，经 5s 沉入沥青中的深度（针入度单位为 0.1mm）来表示。针入度的数值越小，表明黏度越大。

（2）塑性　塑性是指石油沥青在受外力作用下产生变形而不破坏，除去外力后仍能保持变形后形状的性质。塑性表示沥青开裂后自愈能力及受应力作用后变形而不破坏的能力。沥青之所以能被制造成性能良好的柔性防水材料，在很大程度上取决于这种性质。

沥青的塑性用延度（亦称延伸度、延伸率）表示，测定延度是将沥青做成最狭处面积为 1cm$^2$ 的"8"字形标准试件，安放在延伸仪上，在规定温度（一般为 25℃）和规定速度（5cm/min）拉伸，拉断时的长度值（cm）即为延度。延度越大，塑性越好，柔性和抗裂性越好。

（3）温度敏感性　温度敏感性是指石油沥青的黏滞性和塑性随温度升降而变化的性能。

温度敏感性大小用软化点来表示。软化点是沥青材料由固态转变为具有一定流动性的膏体时的温度。软化点大小可通过"环与球"法试验测定：将沥青试样装入规定尺寸的铜环（内径 18.9mm）中，上置规定尺寸和质量的钢球（重 3.5g），再将放置钢球的铜环放在有水或甘油的烧杯中，以 5℃/min 的速率加热至沥青软化下垂达 25.4mm 时的温度（℃）即为沥青软化点。软化点越高，沥青的耐热性越好，温度稳定性越好。

温度敏感性越小的石油沥青，其黏滞性、塑性随温度的变化越小。作为屋面防水材料，受日照辐射作用可能发生流淌或软化，失去防水的作用而不能满足使用要求。因此，温度敏感性是沥青材料的一个很重要的性质。建筑材料中，有时通过加入滑石粉、石灰石粉等矿物掺料来减小沥青的温度敏感性。

（4）大气稳定性　大气稳定性是指石油沥青在温度、阳光、空气等因素的长期作用下性能的稳定程度，它反映沥青的耐久性。大气稳定性可以用沥青试样在加热蒸发前后的"蒸发损失率"和"针入度比"来表示。即试样在160℃温度下加热蒸发5h后质量损失百分率和蒸发前后的针入度比值两项指标来表示。蒸发损失率越小，针入度比越大，则表示沥青的大气稳定性越好。一般来说，石油沥青的蒸发损失率不超过1%，针入度比不小于75%。

（5）其他性质

① 闪点　指沥青加热至挥发的可燃气体遇火时闪光的最低温度。熬制沥青时加热的温度不应超过闪点。

② 燃点　沥青加热后，一经引火，燃烧就能继续下去的最低温度。

③ 耐腐蚀　石油沥青具有良好的耐腐蚀性，对多数酸碱盐都具有耐腐蚀能力，但能溶解于多数有机溶剂中，使用应予以注意。

**3. 石油沥青的标准、选用及掺配**

（1）石油沥青的标准　根据我国现行标准，石油沥青分道路石油沥青、建筑石油沥青和普通石油沥青。按技术性质划分为多种牌号，各牌号石油沥青的技术标准见表8-2。

表8-2　道路石油沥青、建筑石油沥青和普通石油沥青的技术标准

| 项　目 | 道路石油沥青 | | | | | | | 建筑石油沥青 | | 普通石油沥青 | | |
|---|---|---|---|---|---|---|---|---|---|---|---|---|
| | 200 | 180 | 140 | 100甲 | 100乙 | 60甲 | 60乙 | 30 | 10 | 75 | 65 | 55 |
| 针入度(25℃、100g)，×$10^{-1}$/mm | 201~300 | 161~200 | 121~160 | 91~120 | 81~120 | 51~80 | 41~80 | 25~40 | 10~25 | 75 | 65 | 55 |
| 延度(25℃)/cm，≥ | — | 100 | 100 | 90 | 60 | 70 | 40 | 3 | 1.5 | 2 | 1.5 | 1 |
| 软化点(环与球法)/℃，≥ | 30~45 | 35~45 | 38~48 | 42~52 | 42~52 | 45~55 | 45~55 | 70 | 95 | 60 | 80 | 100 |
| 溶解法(三氯乙烯，四氯化碳或苯)/%，≥ | 99 | 99 | 99 | 99 | 99 | 99 | 99 | 99.5 | 99.5 | 98 | 98 | 98 |
| 蒸发损失(160℃,5h)/%，≥ | 1 | 1 | 1 | 1 | 1 | 1 | 1 | 1 | 1 | — | — | — |
| 蒸发后针入度比/%，≥ | 50 | 60 | 60 | 65 | 65 | 70 | 70 | 65 | 65 | — | — | — |
| 闪点/℃，≥ | 180 | 200 | 230 | 230 | 230 | 230 | 230 | 230 | 230 | 230 | 230 | 230 |

（2）石油沥青的选用原则　选用沥青材料时，应该根据工程性质及当地气候条件，在满足使用要求的前提下，尽量选用较大牌号的品种，以保证正常使用条件下具有较长时间的使用年限。

道路石油沥青主要用于道路路面及厂房地面，用于拌制沥青砂浆和沥青混凝土，也可用作密封材料以及沥青涂料等。一般选用黏性较大和软化点较高的沥青。

建筑石油沥青主要用于建筑工程的防水和腐蚀，用于制作油毡、防水涂料、沥青嵌缝油膏等。用于屋面防水的沥青材料，不但要求黏性大，以便于和基层粘接牢固，而且要求温度敏感性小（即软化点高），以防夏季高温流淌，冬季低温脆裂。一般屋顶沥青材料的软化点高于当地历年来最高温度20℃以上。对于夏季气温高、坡度较大的屋面，常选用10号或10号、30号掺配的混合沥青。若选用沥青的软化点太低，夏季易流淌，若过高，冬季低温时

易硬脆，甚至开裂。

普通石油沥青石蜡含量较高，温度敏感性大，建筑工程中不宜单独使用，只能与其他种类的石油沥青掺配使用。

（3）石油沥青的掺配　在选用沥青时，因生产和供应的限制，如现有沥青不能满足要求时，可按使用要求，对沥青进行掺配，得到满足技术要求的沥青。掺配量可按式（8-1）计算：

$$Q_1 = \frac{T_2 - T}{T_2 - T_1} \times 100\%\qquad\qquad(8\text{-}1)$$

$$Q_2 = 100\% - Q_1$$

式中　$Q_1$——较软石油沥青用量，%；

　　　$Q_2$——较硬石油沥青用量，%；

　　　$T$——掺配后的石油沥青软化点，℃；

　　　$T_1$——较软石油沥青软化点，℃；

　　　$T_2$——较硬石油沥青软化点，℃。

【例 8-1】某防水工程需石油沥青 30t，要求软化点不低于 80℃，现有 60 号和 10 号石油沥青，测得它们的软化点分别是 49℃ 和 98℃，问这两种牌号的石油沥青如何掺配？

解　软化点为 49℃ 的石油沥青掺配比例不大于

$$Q_1 = \frac{T_2 - T}{T_2 - T_1} \times 100\% = \frac{98 - 80}{98 - 49} \times 100\% = 36.7\%$$

即 30t 石油沥青中应掺入不大于 30×36.7%＝11.0（t）的软化点为 49℃ 的石油沥青，软化点为 98℃ 的石油沥青掺入量不少于 30－11.0＝19（t）。

在实际掺配中，按式（8-1）得到的掺配沥青，其软化点总是低于计算的软化点，这是因为掺配后的沥青破坏了原来两种沥青的胶体结构。两种沥青的加入量并非简单的线性关系。一般来说，以调高软化点的掺配沥青，如两种沥青计算值各占 50%，则在试配时其高软化点的沥青应加 10% 左右。如用三种沥青时，可先求出两种沥青的配比，然后再与第三种沥青进行配比计算。

按确定的配比进行试配，测定掺配后沥青的软化点，最终掺量以试配结果（掺量-软化点曲线）来确定符合要求软化点的配比。

## 二、煤沥青

煤沥青是炼焦厂和煤气厂的副产品，由煤焦油经分馏加工提取轻油、中油、重油等以后所得的残渣。煤沥青按蒸馏程度不同，分低温煤沥青、中温煤沥青和高温煤沥青。建筑工程中多用低温煤沥青。

与石油煤沥青相比，煤沥青有以下几种特征。

① 因含有蒽、萘、酚等物质，有着特殊的气味和毒性，故其防腐能力强。

② 因含表面活性物质较多，故与矿物表面黏附能力强，不易脱落。

③ 含挥发性和化学稳定性差的成分较多，在热、光、氧气等长期综合作用下，煤沥青的组成变化较大，易硬脆，故大气稳定性差。

④ 含有较多的游离碳，塑性差，容易因变形而开裂。

由此可见，煤沥青的主要技术性质比石油沥青差，主要适用于木材防腐、制造涂料、铺设路面等。煤沥青不能与石油沥青混合使用，使用时应鉴别分开，鉴别方法可参考表 8-3。

表 8-3　石油沥青与煤沥青的鉴别

| 鉴别方法 | 石油沥青 | 煤沥青 |
|---|---|---|
| 密度/(g/cm³) | 近于 1.0 | 1.25～1.28 |
| 燃烧 | 烟少、无色、有松香味、无毒 | 烟多、黄色、臭味大、有毒 |
| 锤击 | 声哑、有弹性、韧性好 | 声脆、韧性差 |
| 颜色 | 呈辉亮褐色 | 浓黑色 |
| 溶解 | 易溶于煤油或汽油中,棕黑色 | 难溶于煤油或汽油,呈黄绿色 |

### 三、改性沥青

建筑上使用的沥青必须具有一定的物理性质和黏附性,即在低温下应有弹性和塑性,在高温下要有足够的强度和稳定性,在加工和使用过程中具有抗老化能力,还应与各种矿物料和结构表面有较强的黏附力,对构件变形应有较好的适应性和耐疲劳性等。而普通石油沥青的性能是难于满足上述要求的,为此,常用橡胶、树脂和矿物填充料等对沥青改性。橡胶、树脂和矿物填充料等称为石油沥青改性材料。

**1. 橡胶改性沥青**

在沥青中掺入适量橡胶,使其改性的产品称为橡胶改性沥青。沥青与橡胶的相容性较好,混合后的改性沥青高温变形小,低温柔性好。由于橡胶的品种不同,因而有各种橡胶改性沥青,常用的品种如下。

(1) 氯丁橡胶改性沥青　沥青中掺入氯丁橡胶,可使其气密性、低温柔性、耐化学腐蚀性、耐光性、耐臭氧性、耐候性和耐燃烧性得到大大改善。

氯丁橡胶掺入沥青中的方法有溶剂法和水乳法。溶剂法是将氯丁橡胶溶于一定的溶剂（如甲苯）中,形成溶液,然后掺入沥青液体中;水乳法是分别将橡胶和沥青制成乳液,再混合均匀。

(2) 丁基橡胶改性沥青　丁基橡胶是异丁烯-异戊二烯的共聚物。由于丁基橡胶的分子链排列整齐,且不饱和程度很小,因此,其抗拉强度好,耐热性和抗扭曲性强。用其改性的沥青具有优异的耐分解性,并有较好的低温抗裂性和耐热性,多用于道路路面工程和制作密封材料和涂料。其配置方法和氯丁橡胶改性沥青相似。

(3) 再生橡胶改性沥青　再生橡胶掺入沥青中,同样可大大提高沥青气密性、低温柔性、耐化学腐蚀性、耐光性、耐臭氧性、耐气候性。配置方法是:先将废旧橡胶加工成 1.5mm 以下的颗粒,然后与沥青混合,经加热搅拌脱硫,就能得到具有一定弹性、塑性和粘接力良好的再生胶沥青材料。废旧橡胶的掺量视需要而定,一般为 3%～15%,也可以在热沥青中加入适量磨细的废橡胶粉并强力搅拌而成。

再生橡胶改性沥青可制成卷材、片材、密封材料、胶黏剂和涂料等。

(4) 苯乙烯-丁二烯-苯乙烯（SBS）改性沥青　SBS 是热塑性弹体性,常温下具有橡胶的弹性,高温下又能像塑料那样熔融流动,称为可塑材料。所以用 SBS 改性的沥青其耐高、低温性能均有明显提高,制成的卷材具有不黏、冷不脆、塑性好、抗老化性能高等特性,是目前应用最成功和用量最大的改性沥青。SBS 掺量一般为 5%～10%。主要用于制作防水卷材,也可用于密封材料和防水涂料。

**2. 合成树脂类改性沥青**

用树脂改性沥青,可以改进沥青的耐寒性、粘接性和不透气性。由于石油沥青中含芳香化合物很少,故树脂和石油沥青的相溶性较差,而且可用的树脂品种也较少。常用的品种有:古马隆树脂（又名香豆酮树脂,属热塑性树脂）改性沥青、聚乙烯树脂改性沥青、环氧树脂改性沥青、无规聚丙烯聚物（APP）改性沥青以及由丙烯、乙烯、1-丁烯共聚物

（APAO）改性沥青等。

### 3. 橡胶和树脂改性沥青

树脂比橡胶便宜，橡胶和树脂又有较好的混溶性，故将橡胶和树脂同时用于改善石油沥青的性质，使石油沥青同时具有橡胶和树脂的特性。配置时，采用的原材料、配比、制作工艺不同，可以得到很多性能各异的产品。主要有卷材、片材、密封材料等。

### 4. 矿物填充料改性沥青

矿物填充料改性沥青是在沥青中掺入适量粉状或纤维状矿物填充料经均匀混合而成。矿物填充料掺入沥青后，能被沥青包裹形成稳定的混合物，由于沥青对矿物填充料的湿润和吸附作用，沥青成单分子状排列在矿物颗粒（或纤维）表面，形成结合力牢固的沥青薄膜，使沥青具有较高的黏性和耐热性，降低沥青的温度敏感性，并且可以降低成本。常用的矿物填充料有粉末状和纤维状两大类。粉末状的有滑石灰、石灰石粉、白石灰、磨细砂、粉煤灰和水泥等；纤维状的有石棉等。

矿物填充料掺入量一般为沥青重量的 20%～40%。

矿物填充料改性沥青主要用于粘贴卷材、嵌缝、接头、补漏及做防水层的底层。既可热用，也可冷用。

### 📢 任务实施

## 一、沥青针入度测定

### 1. 仪器设备

① 针入度仪。其构造如图 8-4 所示。其中主柱上有两个悬臂，上臂装有分度为 360° 的刻度盘 7 及活动尺杆 9，其上下运动的同时，使指针转动；下臂装有可滑动的针连杆（其下端安装标准针），总质量为 50g±0.05g，针入度仪附带有 50g±0.5g 和 100g±0.5g 砝码各一个。设有控制针连杆运动的制动按钮 12，基座上设有防止玻璃皿的可旋转平台 3 及观察镜 2。

② 标准针。应由硬化回火的不锈钢制成，其尺寸应符合规定。

③ 试样皿。金属圆柱形平底容器。针入度小于 200 时，试样皿内径 55mm，内部深度 35mm；针入度在 200～350 时，试样皿内径 70mm，内部深度为 45mm。

④ 恒温水浴。容量不小于 10L，能保持温度在试验温度的 ±0.1℃ 范围内。

⑤ 平底玻璃皿（容量不小于 0.5L，深度不小于 80mm），秒表，温度计，金属皿或瓷柄皿，孔径为 0.3～0.5mm 的筛子，砂缸或可控制温度的密闭电炉等。

### 2. 试样准备

① 将预先除去水分的沥青试样在砂浴或密闭电炉上加热，并搅拌。加热温度不得超过估计软化点 100℃，加热时间不得超过 30min。用筛过滤，除去杂质。

② 将试样倒入预先选好的试样皿中，试样深度应大于预计穿入深度 10mm。

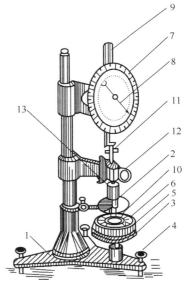

图 8-4 针入度仪

1—底座；2—观察镜；3—旋转平台；
4—调平螺钉；5—保温皿；6—试样；
7—刻度盘；8—指针；9—活动
尺杆；10—标准针；11—连杆；
12—按钮；13—砝码

③ 试样皿在 15～30℃的空气中冷却 1～1.5h（小试样皿）或 1.5～2h（大试样皿），防止灰尘落入试样皿。然后将试样皿移入实验温度的恒温水浴中。小试样皿恒温 1～1.5h，大试样皿恒温 1.5～2h。

**3. 检测步骤**

① 调整针入度基座螺钉使成水平。检查活动齿杆自由活动情况，并将已擦净的标准针固定在连杆上，按试验要求条件放上砝码。

② 将恒温 1h 的盛样皿自槽中取出，置于水温严格控制为 25℃的平底保温玻璃皿中，沥青试样表面以上水层高度不小于 10mm，再将保温玻璃皿置于针入度仪的旋转圆形平台上。

③ 调节标准针使针尖与试样表面恰好接触，不得刺入试样。移动活动齿杆使与标准针连杆顶端接触，并将刻度盘指针调整至"0"。

④ 用手紧压按钮，同时开动秒表，使标准针自由地针入沥青试样，到规定时间放开按钮，使针停止针入。

⑤ 再拉下活动齿杆使与标准针连杆顶端相接触。这时，指针也随之转动，刻度盘指针读数即为试样的针入度。在试样的不同点（各测点间及测点与金属皿边缘的距离不小于10mm）重复试验三次，每次试验后，将针取下，用浸有溶剂（煤油、苯或汽油）的棉花将针端附着的沥青擦净。

⑥ 测定针入度大于 200 的沥青试样时，至少用 3 根针，每次测定后将针留在试样中，直至 3 次测定完成后，才能把针从试样中取出。

**4. 结果评定**

取三次测定针入度的平均值，取至整数，作为试验结果。3 次测定的针入度值相差不应大于表 8-4 中的数值。若差值超过表中数值，应重做试验。

表 8-4　针入度测定允许最大值

| 针入度 | 0～49 | 50～149 | 150～249 | 250～350 |
| --- | --- | --- | --- | --- |
| 最大差值 | 2 | 4 | 6 | 10 |

## 二、沥青延度测定

**1. 仪器设备**

① 沥青延度仪及延度模具，如图 8-5 所示。

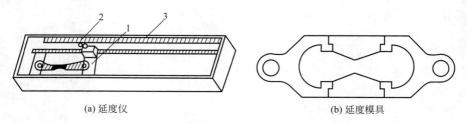

(a) 延度仪　　　　　　　　　　　　　　　　　(b) 延度模具
图 8-5　沥青延度仪及延度模具
1—滑板；2—指针；3—标尺

② 瓷皿或金属皿，孔径 0.3～0.5mm 筛，温度计（0～50℃，分度 0.1℃、0.5℃各一支），刀，金属板，砂浴。

**2. 试样准备**

① 用甘油滑石粉隔离剂涂于磨光的金属板上及模具侧模的内表面。将模具置于金属板上。

② 将预先除去水分的沥青试样放入金属皿，在砂浴上加热熔化、搅拌。加热温度不得比试样软化点高 100℃，用筛过滤，并充分搅拌至气泡完全消除。

③ 将熔化沥青试样缓缓注入模具中（自模具的一端至另一端往返多次），并略高出模具。试件在 15～30℃ 的空气中冷却 30min 后，放入 25℃±0.1℃ 的水浴中，保持 30min 后取出，将高出模具的沥青刮去，使沥青面与模面齐平。沥青的刮法应自模具的中间刮向两边，表面应刮得十分光滑。将试件连同金属板再浸入 25℃±0.1℃ 的水浴中保持 80～95min。

**3. 检测步骤**

① 检查延度仪滑板的移动速度是否符合要求，然后移动滑板使指针正对标尺的零点。

② 试件移至延度仪水槽中，将模具两端的孔分别套在滑板及槽端的金属柱上，水面距试件表面应不小于 25mm，然后去掉侧模。

③ 测得水槽中水温为 25℃±0.5℃ 时，开动延度仪，观察沥青的拉伸情况。在测定时，如发现沥青细丝浮于水面或沉入槽底时，则应在水中加入乙醇或食盐水，调整水的密度至与试样的密度相近后，再进行测定。

④ 试件拉断时指针所指标尺上的读数，即为试样的延度，以 cm 表示。在正常情况下，试件应拉伸成锥尖状，在断裂时实际横断面接近于零。如不能得到上述结果，则应报告在此条件下无测定结果。

**4. 结果评定**

取 3 个平行测定值的平均值作为测定结果。若 3 次测定值不在其平均值的 5% 以内，但其中两个较高值在平均值的 5% 之内，则弃去最低测定值，取两个较高值的平均值作为测定结果，否则重新测定。

## 三、沥青软化点测定

**1. 仪器设备**

软化点测定仪（图 8-6）、电炉或其他加热设备、金属板或玻璃板、刀、孔径 0.3～0.5mm 筛、温度计、瓷皿或金属皿（熔化沥青用）、砂浴。

**2. 试样准备**

将黄铜环置于涂上甘油滑石粉隔离剂的金属板或玻璃板上，将预先脱水的试样加热熔化，石油沥青加热温度不得比试样估计软化点高 110℃，搅拌并过筛后注入黄铜环内至略高出环面为止，如估计软化点在 120℃ 以上时，应将铜环与金属板预热至 80～100℃，试样在空气（15～30℃）中冷却 30min 后，用热力刮去高出环面上的试样，使与环面齐平。

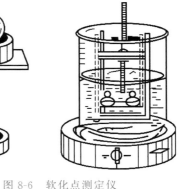

图 8-6 软化点测定仪

**3. 检测步骤**

① 将盛有试样的黄铜环及板置于盛满水（估计软化点不高于 80℃ 的试样）或甘油（估计软化点高于 80℃ 的试样）的保温槽内，或将盛试样的环水平地安放在环架圆孔内，然后放在烧杯中，恒温 15min 水温保持 5℃±0.5℃；甘油温度保持 32℃±1℃。同时钢球也置于恒温的水或甘油中。

② 烧杯内注入新煮沸并冷却至约 5℃±1℃ 的蒸馏水（估计软化点不高于 80℃ 的试样）或注入预加热至约 30℃±1℃ 的甘油（估计软化点高于 80℃ 的试样），使水面或甘油液面略低于连接杆的深度标记。

③ 从水或甘油保温槽中取出盛有试样的黄铜环放置在环架中承板的圆孔中，并套上钢球定位器把整个环架放入烧杯内，调整水面或甘油液面至深度标记，环架上任何部分均不得有气泡。将温度计由上承板中心孔垂直插入，使水银球底部与铜环下面齐平。

④ 将烧杯移放至有石棉网的三脚架上或电炉上，然后将钢球放在试样上（须使各环的平面在全部加热时间内完全处于水平状态）立即加热，使烧杯内水或甘油温度在 3min 后保持每分钟上升 5℃±0.5℃，在整个测定中如温度的上升速度超出此范围时，则试验应重做。

⑤ 试样受热软化下坠至与下承板面接触时的温度即为试样的软化点。

**4. 结果评定**

取平行测定两个结果的算术平均值作为测定结果。重复测定两个结果间多的差数不得大于 1.2℃。

 **知识拓展**

材料的亲水性与憎水性请扫描二维码 8.2 查看。

# 任务二 防水卷材检测与选用

二维码 8.2

 **任务描述**

评定防水卷材的质量，根据建筑工程结构部位和防水等级合理选用防水卷材。根据《建筑防水卷材试验方法》系列标准（GB/T 328.1～328.27—2007）规定，检验防水卷材的面积、卷重、外观、厚度是否符合规格，同时对防水卷材试样进行可溶物含量、拉力及断裂延伸率、不透水性、耐热度、低温柔度、撕裂强度的测定，评定其物理力学性能。检测时严格按照材料检测的相关步骤和注意事项，细致认真地做好检测工作。

**知识链接**

防水卷材是一种可以卷曲的片状防水材料。根据其主要防水组成材料，分为沥青防水卷材、高聚物改性沥青防水卷材和合成高分子类防水卷材三大类。沥青防水卷材是传统的防水卷材（俗称油毡）；高聚物改性沥青防水卷材和高分子类防水卷材的综合性能优越，是目前国内大力推广使用的新型防水卷材。

无论何种防水卷材，要满足建筑防水需要，均应有良好的耐水性、温度稳定性和大气稳定性（抗老化性），并应具备必要的机械强度、延伸性、柔韧性和抗断裂能力。

## 一、沥青防水卷材

### 1. 常用的石油沥青防水卷材品种

沥青防水卷材是在基胎（原纸或纤维物等）上浸涂沥青后，在表面撒布粉状或片状隔离材料制成的一种防水卷材。其品种较多，产量较大，主要如下。

（1）石油沥青纸胎防水卷材　用低软化点石油沥青浸渍原纸，然后用高软化点石油沥青涂盖油纸两面，再撒以隔离材料制成。按《石油沥青纸胎油毡》（GB 326—2007）规定，按 $1m^2$ 原纸的质量克数分为 200、350、500 三种标号，其中 200 号油毡适用于简易防水、临时性建筑防水、防潮及包装等，350 号和 500 号油毡适用于屋面、地下工程的多层防水。按油毡的物理性能分为合格品、一等品和优等品。

由于沥青材料的温度敏感性大，低温韧性差，易老化，使用年限较短，使用效果不佳，逐渐被淘汰。

（2）石油沥青玻璃纤维油毡和玻璃布油毡　玻璃油毡是采用玻璃纤维薄毡为胎基，浸涂石油沥青，表面撒矿物粉或覆盖聚乙烯膜等隔离材料制成。其柔性好、耐腐蚀、寿命长，用于防水等级为Ⅲ级的屋面工程。

玻璃布油毡是用玻璃布为胎基制成的一种防水卷材，拉力大，耐霉菌性好，适用于要求强度高及耐霉菌好的防水工程，柔韧性比纸胎油毡好，易于在复杂部位粘贴和密封。主要用于铺设地下防水，防潮层，金属管道的防腐保护层。

（3）沥青复合胎柔性防水卷材　沥青复合胎柔性防水卷材是指以改性沥青为基料，以两种材料复合为胎体，细砂、矿物颗粒、聚酯膜等为覆面材料，以浸涂、滚压工艺而制成的防水卷材。具有拉伸强度高、柔韧性、耐久性好等特点，可用于防水等级要求较高的工程。

（4）锡箔面油毡　锡箔面油毡是用玻璃纤维毡为胎基，浸涂氧化沥青，表面用压纹铝箔贴面，地面撒以细颗粒矿物料或覆盖聚乙烯膜制成的防水材料。具有美观效果的功能，能反射热量和紫外线，能降低屋面及室内温度，阻隔蒸汽的渗透，用于屋面防水的面层和隔气层。

**2. 沥青防水卷材的外观质量和物理性能要求**

沥青防水卷材的外观质量和物理性能要求应符合表 8-5 和表 8-6 规定。

表 8-5　沥青防水卷材外观质量

| 项　目 | 质　量　要　求 |
|---|---|
| 孔洞、硌伤 | 不允许 |
| 露胎、涂盖不匀 | 不允许 |
| 折纹、皱褶 | 距卷芯 1000mm 以外，长度≤100mm |
| 裂纹 | 距卷芯 1000mm 以外，长度≤10mm |
| 裂口、缺边 | 边缘裂口＜20mm，缺边长度＜50mm，深度＜20mm |
| 每卷卷材的接头 | 不超过 1 处，较短的一段不应＜2500mm，接头处应加长 150mm |

表 8-6　沥青防水卷材物理性能

| 项　目 | | 性 能 要 求 | |
|---|---|---|---|
| | | 350 号 | 500 号 |
| 纵向拉力(25℃±2℃)/N | | ≥340 | ≥440 |
| 耐热度(85℃±2℃,2h) | | 不流淌，无集中性气泡 | |
| 柔性(18℃±2℃) | | 绕 $\phi$20mm 圆棒无裂纹 | 绕 $\phi$25mm 圆棒无裂纹 |
| 不透水性 | 压力/MPa | ≥0.10 | ≥0.15 |
| | 保持时间/min | ≥30 | ≥30 |

**3. 石油沥青防水卷材的储存和运输**

不同规格、标号、品种、等级的产品不得混放，卷材应保管在规定的温度下（粉毡和玻纤毡≤45℃，片毡≤50℃）；运输时卷材必须立放，高度不超过两层，要防止日晒、雨淋、受潮，产品质量保证期为一年。

## 二、高聚物改性沥青防水卷材

高聚物改性沥青卷材是以改性后的沥青为涂盖层，以纤维织物或纤维毡为胎基，粉状、粒状、片状或薄膜材料为防粘隔离层制成的防水材料。它克服了传统沥青卷材温度稳定性差、延伸率低的缺点。具有高温不流淌、低温不脆裂、拉伸强度高、延伸率较大等优异性能。常见的有 SBS 改性沥青防水卷材、APP 改性沥青防水卷材、PVC 改性焦油沥青防水卷材、再生胶改性沥青防水卷材等。此类防水材料按厚度可分为 2mm、3mm、4mm、5mm 等规格，一般单层铺设，也可复合使用。

**1. 弹性体改性沥青防水卷材（SBS 卷材）**

弹性体改性沥青防水卷材是以 SBS 热塑性弹性体作改性剂，以聚酯胎（PY）或玻纤胎（G）为胎基，两面覆盖聚乙烯膜（PE）、细砂（S）、粉料或矿物粒（片）料（M）制成的卷材，简称 SBS 卷材。

国标规定：按所用增强材料（胎基）和覆面隔离材料不同，SBS 卷材按胎基材料分为聚酯胎（PY）和玻纤胎（G）两种；按上表面隔离材料不同，又分为聚乙烯膜（PE）、细砂（S）、矿物粒（片）（M）三种；按物理力学性能分为Ⅰ型和Ⅱ型两种。卷材按不同胎基、不同表面材料分为 6 个品种，见表 8-7。

表 8-7 SBS、APP 卷材品种（GB 18242—2008）

| 上表面材料 | 胎基 | |
|---|---|---|
| | 聚酯胎 | 玻纤胎 |
| 聚乙烯膜（PE） | PY-PE | G-PE |
| 细砂（S） | PY-S | G-S |
| 矿物粒（片）（M） | PY-M | G-M |

SBS 防水卷材幅宽 1000mm，聚酯胎的厚度有 3mm、4mm 两种，玻纤胎卷材厚度有 2mm、3mm、4mm 三种。每卷面积有 $15m^2$、$10m^2$ 和 $7.5m^2$ 三种，物理力学性能应符合表 8-8 规定。

表 8-8 SBS 卷材物理力学性能（GB 18242—2008）

| 序号 | 胎基 | | PY | | G | |
|---|---|---|---|---|---|---|
| | 型号 | | Ⅰ | Ⅱ | Ⅰ | Ⅱ |
| 1 | 可溶物含量/（g/m²），≥ | 2mm | — | | 1300 | |
| | | 3mm | 2100 | | | |
| | | 4mm | 2900 | | | |
| 2 | 不透水性 | 压力/MPa，≥ | 0.3 | | 0.2 | 0.3 |
| | | 保持时间/min，≥ | 30 | | | |
| 3 | 耐热度/℃ | | 90 | 105 | 90 | 105 |
| | | | 无滑移,无流淌,无滴落 | | | |
| 4 | 拉力/（N/50mm），≥ | 纵向 | 450 | 800 | 350 | 500 |
| | | 横向 | | | 250 | 300 |
| 5 | 最大拉力时延伸率/%，≥ | 纵向 | 30 | 40 | — | |
| | | 横向 | | | | |
| 6 | 低温柔度/℃ | | −18 | −25 | −18 | 125 |
| | | | 无裂纹 | | | |
| 7 | 撕裂强度/N | 纵向 | 250 | 350 | 250 | 350 |
| | | 横向 | | | 170 | 200 |
| 8 | 人工气候加速老化 | 外观 | 1 级 | | | |
| | | | 无滑移,无流淌,无滴落 | | | |
| | | 拉力保持率（纵向）/%，≥ | 80 | | | |
| | | 低温柔度/℃ | −10 | −20 | −10 | −20 |
| | | | 无裂纹 | | | |

注：表中 1～6 项为强制性项目。

SBS 卷材属高性能的防水材料，与沥青油毡相比具有良好的耐高、低温性能，广泛应用于各种类型建筑物的常规及特殊屋面防水，地下室工程防水、防潮及室内游泳池等的防水，各种水利设施及市政工程防水。尤其适用于寒冷地区工业及民用建筑屋面以及变形频繁部位的防水，并可用于Ⅰ级防水工程。

**2. 塑性体改性沥青防水卷材（APP 卷材）**

塑性体改性沥青防水卷材是以聚酯毡或玻纤毡为胎基，无规聚丙烯或聚烯烃类聚合物作为改性剂，两面覆以隔离材料制成的防水卷材，简称 APP 卷材。卷材品种见表 8-9。规格、外观要求同 SBS 卷材。其物理力学性能应符合表 8-9 规定。

表 8-9　**APP 卷材物理力学性能**（GB 18243—2008）

| 序号 | 胎基 | | PY | | G | |
|---|---|---|---|---|---|---|
| | 型号 | | Ⅰ | Ⅱ | Ⅰ | Ⅱ |
| 1 | 可溶物含量/<br>(g/m²)，≥ | 2mm | — | | 1300 | |
| | | 3mm | 2100 | | | |
| | | 4mm | 2900 | | | |
| 2 | 不透水性 | 压力/MPa，≥ | 0.3 | | 0.2 | 0.3 |
| | | 保持时间/min，≥ | 30 | | | |
| 3 | 耐热度/℃ | | 110 | 130 | 110 | 130 |
| | | | 无滑移，无流淌，无滴落 | | | |
| 4 | 拉力/<br>(N/50mm)，≥ | 纵向 | 450 | 800 | 350 | 500 |
| | | 横向 | | | 250 | 300 |
| 5 | 最大拉力时延伸率/%，≥ | 纵向 | 25 | 40 | — | |
| | | 横向 | | | | |
| 6 | 低温柔度/℃ | | −5 | −15 | −5 | −15 |
| | | | 无裂纹 | | | |
| 7 | 撕裂强度/N | 纵向 | 250 | 350 | 250 | 350 |
| | | 横向 | | | 170 | 200 |
| 8 | 人工气候<br>加速老化 | 外观 | 1 级 | | | |
| | | | 无滑移，无流淌，无滴落 | | | |
| | | 拉力保持率<br>(纵向)/%，≥ | 80 | | | |
| | | 低温柔度/℃ | 3 | −10 | 3 | −10 |
| | | | 无裂纹 | | | |

注：1. 当需要耐热度超过 130℃卷材时，该指标可由供需双方协商确定。

　　2. 表中 1～6 项为强制性项目。

APP 卷材的性能与 SBS 改性沥青卷材接近，具有优良的综合性能，尤其是耐热性好、温度适应范围广（−15～130℃），耐紫外线能力比其他改性沥青卷材强，但低温柔韧性略差。广泛用于工业与民用建筑的屋面及地下防水工程，以及道路、桥梁等建筑物的防水，尤其适用于较高气温环境的建筑防水。

### 3. 高聚物改性沥青防水卷材外观质量要求

高聚物改性沥青防水卷材外观质量要求应符合表 8-10 要求。

表 8-10　高聚物改性沥青防水卷材外观质量要求

| 项　　目 | 质　量　要　求 |
| --- | --- |
| 孔洞、缺边、裂口 | 不允许 |
| 边缘不整齐 | 不超过 10mm |
| 胎体露白、未浸透 | 不允许 |
| 撒布材料粒度、颜色 | 均匀 |
| 每卷卷材的接头 | 不超过 1 处,较短的一段不应<1000mm,接头处应加长 150mm |

## 三、合成高分子类防水卷材

合成高分子类防水卷材是以合成橡胶、合成树脂或两者的共混体为基料,加入适量的化学助剂和添加剂,经特定工序制成的防水卷材(片材),属高档防水材料。目前品种有橡胶系列(聚氨酯、三元乙丙橡胶、丁基橡胶等)、塑料系列(聚乙烯、聚氯乙烯等)和橡胶塑料共混系列防水卷材三大类,其中又可分为加筋增强型和非加筋增强型两种。

合成高分子防水卷材具有拉伸强度和抗撕裂强度高、断裂伸长率大、耐热性和低温柔性好、耐腐蚀、耐老化等一系列优异的性能,是新型高档防水卷材。常见的有三元乙丙橡胶防水卷材、聚氯乙烯防水卷材、氯化聚乙烯防水卷材、氯化聚乙烯-橡胶共混防水卷材等。此类卷材按厚度分为 1mm、1.2mm、1.5mm、2.0mm 等规格。

### 1. 三元乙丙橡胶防水卷材 (EPDM 卷材)

这种卷材是以乙烯、丙烯和少量双环戊二烯三种单体共聚合成的三元乙丙橡胶为主要原料,掺入适量丁基橡胶、各种添加剂(如硫化剂、促进剂、软化剂、补强剂等)经密炼、拉片、过滤、挤出(或压延)成型、硫化等工序加工而成的高弹性防水卷材,简称 EPDM 卷材。

三元乙丙橡胶防水卷材质量轻(1.2~2.0kg/m²),耐老化性能好,弹性、拉伸性能极佳,对基层伸缩变形或开裂的适应性强,耐高、低温性能优良,使用寿命长(20 年以上),能在严寒和酷热环境中使用。此外,三元乙丙橡胶防水卷材单层冷施工的防水做法,改变了过去多叠层热施工的传统做法,提高了工效,减少了环境污染,改善了劳动条件。适用于防水要求高、耐久年限长的工业与民用建筑屋面、卫生间和大跨度、受震动建筑工程的防水,以及地下室、桥梁、隧道等的防水。

### 2. 聚氯乙烯防水卷材 (PVC 卷材)

PVC 卷材是以聚氯乙烯树脂为主要基料,掺加适量添加剂加工而成的防水材料,属非硫化型、高档弹性防水材料。根据其基料的组成以及特性划分如下。

① S 型:以煤焦油与聚氯乙烯树脂混溶料为基料的柔性卷材;

② P 型:以增塑聚氯乙烯树脂为基料的塑性卷材。

PVC 卷材的拉伸强度高、伸长率大,对基层的伸缩和开裂变形适应性强;卷材幅面宽,可焊接性好;具有良好的水蒸气扩散性,冷凝物容易排出;耐老化,耐低温、高温。可用于各种屋面防水、地下防水及旧屋面的维修工程。

### 3. 氯化聚乙烯防水卷材

它是以氯化聚乙烯为基料,加入适量的辅助材料和防老化剂、促进剂及其他的一些助剂加工而成的防水卷材。按有无复合层可分为三类,包括无复合层(N 类)、用纤维单面复合

（L类）及织物内增强（W类）的氯化聚乙烯防水卷材。其特点是抗拉强度高，延伸性能好，受冷热收缩小，并富有弹性及不透水性，是一种性能优良的防水卷材。其作为冷施工型材料，施工方便，且不受气温条件限制，可施工期长，适用于工业硫酸池衬、地铁、涵洞、地下室、屋顶、铁路桥梁桥面防水、垃圾填埋工程防渗、隧道防水等。

部分氯化聚乙烯防水卷材外观质量要求及理化性能见表 8-11 和表 8-12。合成高分子防水卷材的储存、运输、保管与高聚物改性沥青防水卷材的要求与之一致。

表 8-11　氯化聚乙烯防水卷材外观质量要求（GB 12953—2003）

| 项目 | 外观质量要求 |
|------|------|
| 接头 | 每卷不多于 1 处，其中较短的一段长度不少于 1.5m，接头应剪切整齐，并加长 150mm |
| 表面 | 表面应平整、边缘整齐，无裂纹、孔洞和黏结，不应有明显气泡、疤痕 |

表 8-12　氯化聚乙烯防水卷材（N 类）理化性能（GB 12953—2003）

| 序号 | 项目 | | | Ⅰ型 | Ⅱ型 |
|------|------|------|------|------|------|
| 1 | 拉伸强度/MPa | | ≥ | 5.0 | 8.0 |
| 2 | 断裂伸长率/% | | ≥ | 200 | 300 |
| 3 | 热处理尺寸变化率/% | | ≤ | 3.0 | 纵向 2.5<br>横向 1.5 |
| 4 | 低温弯折性 | | | −20℃无裂纹 | −25℃无裂纹 |
| 5 | 抗穿孔性 | | | 不渗水 | |
| 6 | 不透水性 | | | 不透水 | |
| 7 | 剪切状态下的黏合性/（N/mm） | | ≥ | 3.0 或卷材破坏 | |
| 8 | 热老化处理 | 外观 | | 无起泡、裂纹、黏结与孔洞 | |
| | | 拉伸强度变化率/% | | +50<br>−20 | ±20 |
| | | 断裂伸长率变化率/% | | +50<br>−30 | ±20 |
| | | 低温弯折性 | | −15℃无裂纹 | −20℃无裂纹 |
| 9 | 耐化学侵蚀 | 拉伸强度变化率/% | | ±30 | ±20 |
| | | 断裂伸长率变化率/% | | ±30 | ±20 |
| | | 低温弯折性 | | −15℃无裂纹 | −20℃无裂纹 |
| 10 | 人工气候加速老化 | 拉伸强度变化率/% | | +50<br>−20 | ±20 |
| | | 断裂伸长率变化率/% | | +50<br>−30 | ±20 |
| | | 低温弯折性 | | −15℃无裂纹 | −20℃无裂纹 |

注：非外露使用可以不考核人工气候加速老化性能。

 **任务实施**

## 一、防水卷材的认识

### （一）试样准备

各品种防水卷材。

（二）实施步骤

① 分组认识防水卷材。

② 分析各品种防水卷材的特点和应用范围。

## 二、卷重、厚度、面积、外观质量的检测

### 1. 仪器设备

① 台秤。最小分度值为 0.2kg。

② 钢卷尺。最小分度值为 1mm。

③ 厚度计。10mm 直径接触面，单位压力为 0.2MPa 时分度值为 0.1mm 的厚度计。

### 2. 试样准备

以同一类型同一规格 10000m² 为一批，不足 10000m² 也可作为一批。每批中随机抽取 5 卷，进行卷重、厚度、面积、外观实验。

### 3. 检测步骤

（1）卷重　用台秤称量每卷卷材的卷重。

（2）面积　用卷尺在卷材的两端和中部测量长度、宽度，以长度、宽度的平均值，求得每卷的卷材面积。若有接头时两段长度之和减去 150mm 为卷材长度测量值。当面积超出标准规定值的正偏差时，按公称面积计算卷重。当符合最低卷重时，也判为合格。

（3）厚度　用厚度计测量，保持时间为 5s。沿卷材宽度方向裁取 50mm 宽的卷材一条在宽度方向上测量 5 点，距卷材长度边缘 150mm＋15mm 向内各取一点，在这两点之间均分其余 3 点。对于砂面卷材必须将浮砂清除，再进行测量，记录测量值。计算 5 点的平均值作为卷材的厚度，以抽取卷材的厚度总平均值作为该批产品的厚度，并记录最小值。

（4）外观　将卷材立于平面上，用一把钢卷尺放在卷材的端面上，用另一把钢卷尺（分度值为 1mm）垂直伸入端面的凹面处，测得的数值即为卷材端面里进外出值。然后将卷材展开按外观质量要求检查，沿宽度方向裁取 50mm 宽的一条，胎基内不应有未被浸透的条纹。

### 4. 结果评定

在抽取的 5 卷中，各项检查结果都符合标准规定时，判定为厚度、面积、卷重、外观合格，否则允许在该批试样中另取 5 卷，对不合格项进行复查，如达到全部指标合格，则判为合格，否则，为不合格。

## 三、物理力学性能检测

### 1. 试样准备

在面积、卷重、外观、厚度都合格的卷材中，随机抽取一卷，切除距外层卷头 2500mm 后，顺纵向切取长度为 800mm 的全幅卷材两块，一块进行物理学性能试验，一块备用。按如图 8-7 所示部位及表 8-13 中规定的数量，切取试件边缘与卷材纵向的距离不小于 75mm。

### 2. 可溶物含量测定

（1）溶剂、仪器设备

① 溶剂。四氯化碳、三氯甲烷或三氯乙烯（工业纯或化学纯）。

② 分析天平（感量 0.001g），萃取器（500mL 索氏萃取器），电热干燥箱（0～300℃，精度为＋2℃），滤纸（直径不小于 150mm）。

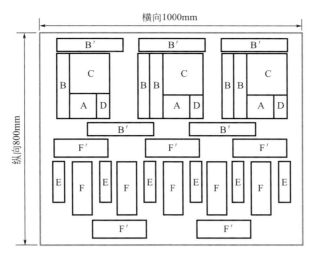

图 8-7　试件切取图

表 8-13　试件尺寸和数量

| 检测项目 | 试件代号 | 试件尺寸/(mm×mm) | 数量/个 |
|---|---|---|---|
| 可溶物含量 | A | 100×100 | 3 |
| 拉力及延伸率 | B、B′ | 250×50 | 纵横各 5 |
| 不透水性 | C | 150×150 | 3 |
| 耐热度 | D | 100×50 | 3 |
| 低温柔度 | E | 150×25 | 6 |
| 撕裂强度 | F、F′ | 200×75 | 纵横各 5 |

　　（2）检测步骤　将切好的三块试件（A）分别用滤纸包好，用棉线捆扎，分别称重，记录数据。将滤纸包置于萃取器中，溶剂量为烧瓶容量的 1/3～1/2，进行加热萃取，直至回流的液体呈浅色为止，取出滤纸包让溶剂挥发，放入预热至 105～110℃的电热干燥箱中干燥 1h，再放入干燥器中冷却至室温称量滤纸包。

　　（3）结果处理与性能评定　可溶物含量按式(8-2) 计算：

$$A = K(G - P) \tag{8-2}$$

式中　$A$——为可溶物含量，$g/m^2$；

　　　　$G$——萃取前滤纸包质量，g；

　　　　$P$——萃取后滤纸包质量，g；

　　　　$K$——系数，$L/m^2$。

　　以三个试件可溶物含量的算术平均值为卷材的可溶物含量。若可溶物含量的平均值达到规定时判定为该项指标合格。

**3. 拉力及断裂延伸率检测**

　　（1）仪器设备　拉力试验机，能同时测定拉力及延伸率，测量范围 0～2000N，最小分度值为不大于 5N，伸长率范围能使夹具 180mm 间距伸长一倍，夹具夹持宽度不小于 50mm；试验温度 23℃±2℃。

　　（2）检测步骤　将切取好的试件放置在试验温度不小于 24h；校准试验机（拉伸速度 50mm/min）将试件夹夹持在夹具中心，不得歪扭，上下夹具间距为 180mm；开动试验机，拉伸至试件拉断为止。记录拉力及最大拉力时的延伸率。

（3）结果处理与性能评定

① 分别计算纵向及横向各 5 个试件的最大拉力的算术平均值，作为卷材纵向和横向的拉力（N/50mm）。

② 最大拉力时的延伸率按式(8-3)计算：

$$E = 100(L_1 - L_0)/L \tag{8-3}$$

式中　$E$——最大拉力时的延伸率，%；

　　　$L_1$——试件拉断时夹具的间距，mm；

　　　$L_0$——试件拉伸前夹具的间距，mm；

　　　$L$——上下夹具间的距离，180mm。

分别计算纵向及横向各 5 个试件的最大拉力时的延伸率的算术平均值，作为卷材纵向及横向的最大拉力时延伸率。

若拉力、最大拉力时的延伸率的平均值达到规定时判定为该项指标合格。

**4. 不透水性检测**

（1）仪器设备　不透水仪；采用国标 GB/T 328.1～328.27—2007 规定的不透水仪。

（2）检测步骤　放试件在设备上，按 GB/T 328.1～328.27—2007 进行检测，在规定压力、规定时间内，观察试件表面有无透水现象。

（3）结果评定　每组 3 个试件分别在规定压力、规定时间内，达到标准规定时，判定为该项指标合格。

**5. 耐热度检测**

（1）仪器设备　电热恒温箱。

（2）检测步骤　将 50mm×100mm 的试件垂直悬挂在预先加热至规定温度的电热恒温箱内，加热 2h 后取出。

（3）结果评定　观察涂盖层有无滑动、流淌、滴落，任意端涂盖层不应与胎基发生位移，试件下端应与胎基平齐，无流挂、无滴落。若每组 3 个试件分别达到标准规定时，判定为该项指标合格。

**6. 低温柔度试验**

（1）仪器设备　低温制冷仪（控制范围 0～30℃，精度为＋2℃）；半导体温度计（量程 30～40℃，精度为 5℃）；柔度棒或柔度弯板（半径为 15mm 和 25mm 两种），如图 8-8 所示；冷冻液（不与卷材发生反应）。

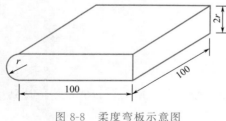

图 8-8　柔度弯板示意图

（2）检测步骤　在不小于 10L 的容器内放入冷冻液（6L 以上），将容器放入低温制冷仪中，冷却至标准规定的温度，然后将试件与柔度棒（弯板）同时放在液体中，待温度达到标准规定的温度时，至少保持 0.5h，将试件于液体中，在 3s 内匀速绕柔度棒或弯板弯曲 180°。

B 法：将试件和柔度棒或柔度弯板同时放入冷却至标准规定的低温制冷仪中的液体中，待温度达到标准规定的温度后，保持时间不小于 2h。待温度达到标准规定的温度时，在低温制冷仪中，将试件在 3s 内匀速绕柔度棒或弯板弯曲 180°。

柔度棒或柔度弯板的直径根据卷材的标准规定选取，6 块试件中，3 块试件的上表面、另 3 块试件的下表面与柔度棒或弯板接触。

（3）结果评定　取出试件后用目测，观察试件涂盖层有无裂缝。若 6 个试件中至少 5 个试件达到标准规定时，判定该项指标合格。

**7. 撕裂强度检测**

（1）仪器设备　拉力试验机。上下夹具间距为 180mm；试验温度 23℃±2℃。

（2）检测步骤　将切好的试件用切刀或模具裁成如图 8-9 所示的形状，然后在试验温度下放置不少于 24h；校准试验机（拉伸速度 50mm/min）将试件夹持在夹具中心，不得歪扭，上下夹具间距为 130mm；开动试验机，进行拉伸直至试件拉断为止，记录拉力。

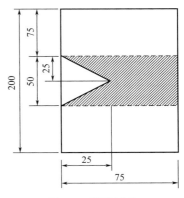

图 8-9　撕裂试件

（3）结果评定　分别计算纵向及横向各 5 个试件最大拉力的算术平均值作为卷材纵向及横向撕裂强度，单位为 N。若撕裂强度的平均值达到规定时判定为该项指标合格。

# 任务三　防水涂料、防水油膏和防水粉的选用

**任务描述**

熟识建筑工程中常用的防水涂料、防水油膏以及防水粉；根据工程特点正确选用合适的品种。

**知识链接**

## 一、防水涂料

防水涂料是一种流态或半流态物质，涂布在基层表面，经溶剂或水分挥发或各组分间的化学反应，形成有一定弹性和一定厚度的连续薄膜，起到防水和防潮作用。

防水涂料固化成膜后的防水涂膜具有良好的防水性能，特别适合于各种复杂、不规则部位的防水，能形成无接缝的完整的防水膜。它大多采用冷施工，不必加热熬制，既减少了环境污染，改善了劳动环境和劳动条件，又便于施工操作，加快了施工进度。此外，涂布的防水涂料既是防水层的主体，又是胶黏剂，因而施工质量容易保证，维修也较简单。但是，防水涂料须采用刷子或刮板等逐层涂刷（刮），故防水膜的厚度较难保持均匀一致。因此，防水涂料广泛适用于工业与民用建筑的屋面防水工程、地下室防水工程和地面防潮、防渗等。

防水涂料按液态类型可分为溶剂型、水乳型和反应型三种；按成膜物质的主要成分可分为沥青类、高聚物改性沥青类和合成高分子类。

**1. 沥青防水涂料**

沥青防水涂料是以沥青为基料，以矿物胶作乳化剂，在机械强力搅拌下将沥青乳化制成的水性沥青基质防水涂料。常用的沥青基防水涂料有石灰乳化沥青、膨润土沥青乳液和水性石棉沥青防水涂料等。它们主要用于Ⅲ级和Ⅳ级防水等级的工业与民用屋面、混凝土地下室和卫生间防水等。

**2. 高聚物改性沥青防水涂料**

高聚物改性沥青防水涂料是以沥青为基料，用合成高分子材料进行改性制成的水乳型或溶

剂型防水涂料。这类涂料在柔韧性、抗裂性、拉伸强度、耐高低温性能、使用寿命等方面都比沥青基涂料有很大的改善。品种有再生橡胶改性沥青防水涂料、水乳型氯丁橡胶沥青防水涂料、SBS橡胶改性沥青防水涂料等。适用于Ⅱ、Ⅲ、Ⅳ级防水等级的屋面、地面、混凝土地下室和卫生间等的防水工程。高聚物改性沥青防水涂料的物理性能应符合表8-14的要求。

表8-14　高聚物改性沥青防水涂料物理性能

| 项　目 | | 性能要求 |
| --- | --- | --- |
| 固体含量/% | | ≥43 |
| 耐热度(80℃,5h) | | 无流淌、不起泡和不滑动 |
| 柔性(-10℃) | | 3mm厚,绕φ20mm圆棒无裂纹、无撕裂 |
| 不透水性 | 压力/MPa | ≥0.1 |
| | 保持时间/min | ≥30 |
| 延伸(20℃±2℃)/mm | | ≥4.5 |

### 3. 合成高分子防水涂料

合成高分子防水涂料是以合成橡胶或合成树脂为主要成膜物质,加入其他辅料制成的单组分或双组分的防水涂料。这类涂料具有高弹性、高耐久性及优良的耐高低温性能,品种有聚氨酯防水涂料、丙烯酸酯防水涂料、聚合物水泥涂料和有机硅防水涂料等。适用于Ⅰ、Ⅱ、Ⅲ级防水等级的屋面、地下室、水池及卫生间等的防水工程。合成高分子防水涂料的物理性能应符合表8-15要求,涂膜厚度选用应符合表8-16的规定。

表8-15　合成高分子防水涂料物理性能

| 项目 | | 性能要求 | | |
| --- | --- | --- | --- | --- |
| | | 反应固化型 | 挥发固化型 | 聚合物水泥涂料 |
| 拉伸强度/MPa | | ≥1.65 | ≥1.5 | ≥1.2 |
| 柔性/℃ | | -30,弯折无裂纹 | -20,弯折无裂纹 | -10,绕φ20mm圆棒无裂纹 |
| 不透水性 | 压力/MPa | ≥0.3 | | |
| | 保持时间/min | ≥30 | | |
| 固体含量/% | | ≥94 | ≥65 | ≥65 |
| 断裂延伸率/% | | ≥350 | ≥300 | ≥200 |

表8-16　涂膜厚度选用表

| 屋面防水等级 | 设防道数 | 高聚物改性沥青防水涂料 | 合成高分子防水涂料 |
| --- | --- | --- | --- |
| Ⅰ | 三道或三道以上设防 | — | 不应<1.5mm |
| Ⅱ | 二道设防 | 不应<3mm | 不应<1.5mm |
| Ⅲ | 一道设防 | 不应<3mm | 不应<2mm |
| Ⅳ | 一道设防 | 不应<3mm | — |

## 二、防水油膏

防水油膏是一种非定型的建筑密封材料,也称密封膏、密封胶、密封剂。有时为了保证建筑物或某结构部位不渗漏、不透气,必须使用合适的防水油膏。为了保证接缝不渗漏、不透气的密封作用，要求防水油膏与被粘基层应具有较高的粘接强度，具有良好的水密性和气密性，良好的耐高低温性和抗老化性能，具有一定的弹塑性和拉伸-压缩循环性能。

防水油膏的作用，应考虑它的粘接性能和使用部位。密封材料与被粘基层的良好粘接是保证密封的必要条件。因此，应根据被粘基层的材质、表面状态和性质来选择粘接性很好的防水油膏；建筑物中不同部位的接缝，对防水油膏的要求不同，如室外的接缝要求较高的耐候性，而伸缩缝则要求较好的弹性和拉伸-压缩循环性能。

目前，常用的防水油膏有：沥青嵌缝油膏、聚氯乙烯接缝膏和塑料油膏、丙烯酸类密封膏、聚氨酯密封膏、聚硫密封膏和硅酮密封膏等。

### 1. 沥青嵌缝油膏

沥青嵌缝油膏是以石油沥青为基料，加入改性材料（废橡胶粉和硫化鱼油）、稀释剂（松焦油、松节重油和机油）及填充料（石棉粉和滑石粉）混合制成的密封膏，沥青嵌缝油膏具有良好的耐热性、粘接性、保油性和低温柔韧性，主要用作屋面、墙面、沟和槽的防水嵌缝材料，也可用于混凝土跑道、道路、桥梁及各种构筑物的伸缩缝、施工缝等的嵌缝密封材料。使用时缝内应洁净干燥，先刷涂一道冷底子油（建筑石油沥青加入汽油、煤油、轻柴油，使用软化点 50～70℃ 的煤沥青加入苯，融合而成的沥青溶液，因多在常温下用于防水工程的底部，故称冷底子油），待其干燥后即嵌填油膏，油膏表面可加石油沥青、油毡、砂浆或塑料为覆盖层。

### 2. 聚氯乙烯接缝膏和塑料油膏

聚氯乙烯接缝膏是以煤焦油和聚氯乙烯（PVC）树脂为基料，按一定比例加入增塑剂、稳定剂及填充料等，在 140℃ 下塑化而成的膏状密封材料，简称 PVC 接缝膏。

塑料油膏是用废旧聚氯乙烯（PVC）塑料代替聚氯乙烯树脂粉，其他原料和生产方法同聚氯乙烯接缝膏，成本相对较低。

PVC 接缝膏和塑料油膏均有良好粘接性、防水性、弹塑性、耐热、耐寒、耐腐蚀和抗老化性能也较好。适用于各种层面嵌缝或表面涂布作为防水层，也可用于水渠、管道等接缝，工业厂房防水屋面嵌缝、大型墙板嵌缝等。可以热用，也可以冷用。热用时，加热温度不得超过 140℃，达到塑化立即浇灌于清洁干燥的缝隙或接头等部位；冷用时，加溶剂稀释。

### 3. 丙烯酸类密封膏

丙烯酸类密封膏是丙烯酸树脂掺入增塑剂、分散剂、碳酸钙、增量剂等配成，有溶剂型和水乳型两种。

丙烯酸类密封膏在一般建筑基底上不产生污渍。具有优良的抗紫外线性能，尤其是对于透过玻璃的紫外线。它延伸率好，初期固化阶段为 200%～600%，经过热老化、气候老化试验后达到完全固化时为 100%～350%。在 −34～80℃ 温度范围内具有良好的性能。

丙烯酸类密封膏广泛应用于屋面、墙板、门、窗嵌缝。由于其耐水性不佳，所以不宜用于经常受水浸湿的工程。使用时，用挤枪嵌缝填于各种清洁、干燥的缝内。

### 4. 聚氨酯密封膏

聚氨酯密封膏一般用双组分配制，甲组分是含有异氰酸酯基的预聚体，乙组分含有多羟基的固化剂与增塑剂、填充料、稀释剂等。使用时，将甲乙两组分按比例混合，经固化反应成弹性体。

聚氨酯密封膏的弹性、粘接性及耐气候老化性能特别好，与混凝土的粘接性也很好，同时不需要打底。所以聚氨酯密封材料可以用作屋顶、墙面的水平或垂直接缝，尤其适用于游泳池工程。它还是公路及机场跑道的补缝、接缝的好材料，也可用于玻璃、金属材料的嵌缝密封。

**5. 聚硫密封膏**

聚硫密封膏是以 LP 液态聚硫橡胶为基料，再加入硫化剂、增塑剂、填充料等拌制均匀的膏状体。

其中，LP 液态聚硫有 LP-3、LP-2、LP-23 和 LP-32 四种牌号；硫化剂有二氧化铅、二氧化镁、二氧化钛以及异丙苯过氧化氢等；增塑剂有氯化石蜡、酯类（二丁酯、二辛酯）、酯醚类（丙二醇二苯甲酸酯）及邻硝基联苯等；填充料有炭黑、碳酸钙粉、铝粉等。

聚硫密封膏具有粘接力强、适应温度范围大（－40～80℃）、低温柔韧性好、抗紫外线暴晒以及抗冰雪和水浸能力强等特点。

聚硫密封膏是一种优质密封材料，除适用于各种建筑的防水密封，更适合用于长期浸泡在水中的工程（如水库、堤坝、游泳池等）、严寒地区的工程或冷库、受疲劳荷载作用的工程（如桥梁、公路、机场跑道等）。

**6. 硅酮密封膏**

硅酮密封膏，又称为有机硅密封膏，是以有机硅为基料配成的建筑用高弹性密封膏。按组分分为醋酸型、醇型和酰胺型；按用途分为建筑接缝用（F 类）和镶装玻璃用（G 类）两类。

硅酮密封膏具有优异的耐热性、耐寒性，使用温度为－50～250℃，并具有良好的耐候性，使用寿命 30 年以上，与各种材料都有较好的粘接性能，耐拉伸-压缩疲劳性强，耐水性好。

硅酮密封膏因性能优良，近年来发展速度很快，品种呈现多样化，广泛应用于玻璃、幕墙、结构、石材、金属屋面、陶瓷面砖等领域。

### 三、防水粉

防水粉是一种粉状的防水材料。它是利用矿物粉或者其他粉料与有机憎水剂、抗老化剂和其他助剂等采用机械力化学的原理，使基料中的有效成分与添加剂经过表面化学反应和物理吸附作用，生成链状或网状结构的拒水膜，包裹在粉料的表面，使粉料由亲水材料变成憎水材料，达到防水效果。

防水粉主要有两种类型。一种以轻质碳酸钙为基料，通过与脂肪酸盐作用形成长链憎水膜包裹在粉料表面；另一种是以工业废渣（炉渣、矿渣、粉煤灰等）为基料，利用其中有效成分与添加剂发生的反应，生成网状拒水膜，包裹其表面。这两种粉末即为防水粉。

防水粉施工时是将其以一定厚度均匀铺洒于屋面，利用颗粒本身的憎水性和粉体的反毛细管压力，达到防水目的，再覆盖隔离层和保护层即可组成松散型防水体系。这种防水体系具有三维自由变形的特点，不会发生其他防水材料由于变形引起本身开裂而丧失抗渗性能的现象。防水粉具有松散、应力分散、透气不透水、不燃、抗老化、性能稳定等特点，适用于屋面防水、地面潮湿、地铁工程防潮、抗渗等。但也有不足，如露天风力过大时，施工困难，建筑节点处理较难，立面防水不好解决等。

### 四、防水材料的选用

选用防水材料是防水设计的重要一环，具有决定性的意义。现在材料品种繁多、形态不一，性能各异，价格高低悬殊，施工方式也各不相同。这就要求选定的防水材料必须适应工程要求：工程地质水文、结构类型、施工季节、当地气候、建筑使用功能以及特殊部位等，对防水材料都有具体要求。

**1. 根据气候条件选材**

① 我国地域辽阔，南北气温高低悬殊，江南地区夏季气温达四十余度，持续数日，暴

露在屋面的防水层，长时间的暴晒，防水材料易老化。选用的材料应耐紫外线能力强，软化点高，如 APP 改性沥青卷材、三元乙丙橡胶卷材、聚氯乙烯卷材等。

② 南方多雨，北方多雪，西部干旱。我国年降雨量在 1000mm 以上的约有 15 个省市自治区，阴雨连绵的二百天日子，屋面始终是湿漉漉的，排水不畅而积水，一连数月不干，浸泡防水层。耐水性不好的涂料，易发生再乳化或水化还原反应；不耐水泡的粘接剂，严重降低粘接强度，使粘接结合缝的高分子卷材开裂，特别是内排水的天沟，极易因长时间积水浸泡而渗漏。为此应选用耐水材料，如聚酯胎的改性沥青卷材或耐水的胶黏剂黏合高分子卷材。

③ 干旱少雨的西北地区，蒸发量远大于降雨量，常常雨后不见屋檐水。这些地区显然对防水的程度有所降低，二级建筑作一道设防也能满足防水要求，如果做好保护层，能够达到耐用年限。

④ 严寒多雪地区，有些防水材料经不住低温冻胀收缩的循环变化，过早老化断裂。一年中有四五个月被积雪覆盖，雪水长久浸渍防水层，同时雪融又结冰，抗冻性不强、耐水不良胶黏剂，都将失效。这些地区宜选用 SBS 改性沥青卷材或焊接合缝的高分子卷材，如果选用不耐低温的防水材料，应作倒置式屋面。

⑤ 防水施工季节也是不能忽视的。在华北地区秋季气温亦很低，水溶性涂料不能使用，胶黏剂在 5℃时即会降低黏结性能，在零下的温度下更不能施工。冬季施工胶黏剂遇混凝土而冻凝，丧失黏合力，卷材合缝粘不牢，致使施工失败。应注意了解选用材料的适应温度。表 8-17 列出了部分防水材料防水层施工环境气温条件。

表 8-17　防水层施工环境气温条件

| 防水层材料 | 施工环境气温 |
|---|---|
| 高聚物改性沥青防水卷材 | 冷粘法不低于 5℃，热熔法不低于 −10℃ |
| 合成高分子防水卷材 | 冷粘法不低于 5℃，热风焊接法不低于 −10℃ |
| 有机防水涂料 | 溶剂型 −5～35℃，水溶性 5～35℃ |
| 无机防水涂料 | 5～35℃ |
| 防水混凝土、水泥砂浆 | 5～35℃ |

**2. 根据建筑部位选材**

不同的建筑部位，对防水材料的要求也不尽相同。每种材料都有各自的长处和短处，任何一种优质的防水材料也不能适应所有的防水场合，各种材料只能互补，而不可取代。屋面防水和地下室防水，要求材性不同，而浴间的防水和墙面防水更有差别，坡屋面、外形复杂的屋面、金属板基层屋面也不相同，选材时均应当区别对待。

① 屋面防水层暴露在大自然中，受到狂风吹袭、雨雪侵蚀和严寒酷暑影响，昼夜温差的变化胀缩反复，没有优良的材性和良好的保护措施，难以达到要求的耐久年限。所以应选择抗拉强度高、延伸率大、耐老化好的防水材料。如聚酯胎高聚物改性沥青卷材、三元乙丙橡胶卷材、P 型聚氯乙烯卷材（焊接合缝）、单组分聚氨酯涂料（加保护层）。

② 墙体渗漏多由于墙体太薄，渗漏墙体多为轻型砌块砌筑，存在大量内外通缝，门窗樘与墙的结合处密封不严，雨水由缝中渗入。墙体防水不能用卷材，只能用涂料，而且要和外装修材料结合。窗樘安装缝用密封膏才能有效解决渗漏问题。

③ 地下建筑防水选材。地下防水层长年浸泡在水中或十分潮湿的土壤中，防水材料必须耐水性好。不能用易腐烂的胎体制成的卷材，底板防水层应用厚质的，并且有一定抵抗扎

刺能力的防水材料。最好叠层 6～8mm 厚。如果选用合成高分子卷材，最宜热焊合接缝。使用胶黏剂合缝者，其胶必须耐水性优良。使用防水涂料应慎重，单独使用厚度 2.5mm，与卷材复合使用厚度也要 2mm。

④ 厕浴间的防水有三个特点。一是不受大自然气候的影响，温度变化不大，对材料的延伸率要求不高；二是面积小，阴阳角多，穿楼板管道多；三是墙面防水层上贴瓷砖，必须与粘接剂亲和性能好。根据以上三个特点，不能选用卷材，只有涂料最合适，涂料中又以水泥基丙烯酸酯涂料为最合适，能在上面牢固地粘贴瓷砖。

**3. 根据工程条件要求选材**

① 建筑等级是选择材料的首要条件。Ⅰ、Ⅱ级建筑必须选用优质防水材料，如聚酯胎高聚物改性沥青卷材，合成高分子卷材，复合使用的合成高分子涂料。Ⅲ、Ⅳ级建筑选材较宽。我国的屋面防水等级和设防要求见表 8-18。

表 8-18　屋面防水等级和设防要求

| 项目 | | 屋面防水等级 | | | |
|---|---|---|---|---|---|
| | | Ⅰ | Ⅱ | Ⅲ | Ⅳ |
| 功能性质 | 建筑物类别 | 特别重要的民用建筑和对防水有特殊要求的工业建筑 | 重要的工业与民用建筑、高层建筑 | 一般工业与民用建筑 | 非永久性的建筑 |
| | 防水层耐用年限 | 25 年以上 | 15 年以上 | 10 年以上 | 5 年以上 |
| 防水措施选择 | 防水层选用材料 | 宜选用合成高分子防水卷材、高聚物改性沥青防水卷材、合成高分子防水涂料、细石防水混凝土等材料 | 宜选用高聚物改性沥青防水卷材、合成高分子防水卷材、高聚物改性沥青防水涂料、细石防水混凝土、平瓦等材料 | 宜选用三毡四油沥青防水卷材、高聚物改性沥青防水卷材、合成高分子防水卷材、高聚物改性沥青防水涂料、合成高分子防水涂料、沥青基防水涂料、刚性防水层、平瓦、油毡瓦等材料 | 可选用二毡三油沥青防水卷材、高聚物改性沥青防水涂料、沥青基防水涂料、波形瓦等材料 |
| | 设防要求 | 三道或三道以上防水设防，其中必须有一道合成高分子防水卷材；且只能有一道 2mm 以上厚的合成高分子防水涂膜 | 二道防水设防，其中必须有一道卷材，也可采用压型钢板进行一道设防 | 一道防水设防，或两种防水材料复合使用 | 一道防水设防 |

② 坡屋面用瓦。黏土瓦、沥青油毡瓦、混凝土瓦、金属瓦、木瓦、石板瓦、竹瓦、瓦的下面必须另加中柔性防水层。因有固定瓦钉穿过防水层，要求防水层有握钉能力，防止雨水沿钉渗入望板。最合适的卷材是 4mm 厚高聚物改性沥青卷材，而高分子卷材和涂料都不适宜。

③ 振动较大的屋面，如近铁路、地震区、厂房内有天车锻锤、大跨度轻型屋架等。因振动较大，砂浆基层极易产生裂缝，满粘的卷材易被拉断。因此应选用高延伸率和高强度的卷材或涂料，如三元乙丙橡胶卷材、聚酯胎高聚物改性沥青卷材、聚氯乙烯卷材，且应空铺或点粘施工。

④ 不能上人的陡坡屋面（多在 60°以上），因为坡度很大，防水层上无法作块体保护层，一般选带矿物粒料的卷材，或者选用铝箔覆面的卷材、金属卷材。

**4. 根据建筑功能要求选材**

① 屋面作园林绿化，美化城区环境。防水层上覆盖种植土种植花木。植物根系穿刺力很强，防水层除了耐腐蚀耐浸泡之外，还要具备抗穿刺能力。选用聚乙烯土工膜（焊接接缝）、聚氯乙烯卷材（焊接接缝），铅锡合金卷材、抗生根的改性沥青卷材。

② 屋面作娱乐活动和工业场地，如舞场、小球类运动场、茶社、晾晒场、观光台等。防水层上应铺设块材保护层，防水材料不必满粘。对卷材的延伸率要求不高，多种涂料都能用，也可作刚柔结合的复合防水。

③ 倒置式屋面是保温层在上、防水层在下的作法。保温层保护防水层不受阳光照射，也免于暴雨狂风的袭击和严冬酷暑折磨。选用的防水材料很宽，但是施工特别要精心细致，确保耐用年限内不漏。如果发生渗漏，防渗堵漏很困难，往往需要翻掉保温层和镇压层，维修成本很高。

④ 屋面蓄水层底面。底面直接被水浸泡，但水深一般不超过 25cm。防水层长年浸泡在水中，要求防水材料耐水性好。可选用聚氨酯涂料、硅橡胶涂料、高分子卷材（热焊合缝）、聚乙烯土工膜，铅锡金属卷材，不宜用胶粘合的卷材。

 **任务实施**

### 一、材料准备

沥青防水涂料、高聚物改性沥青防水涂料、合成高分子防水涂料；沥青嵌缝油膏、聚氯乙烯接缝膏和塑料油膏、丙烯酸类密封膏、聚氨酯密封膏、聚硫密封膏、硅酮密封膏；防水粉样品。

### 二、实施步骤

① 分组识别防水涂料、防水油膏、防水粉样品。
② 分析各种防水材料的特点和应用范围。

## 小　结

本学习情境主要介绍防水材料。

沥青材料按产源可分为地沥青和焦油沥青两大类。地沥青包括天然沥青和石油沥青；焦油沥青包括煤沥青、页岩沥青等。建筑防水材料主要用石油沥青。

沥青化学成分非常复杂，只能根据其物理、化学性质相近的成分归类为油分、树脂和地沥青质三种组分。且各组分之间在热、氧、光作用下会发生转化。

石油沥青的主要技术性质包括黏滞性、塑性、温度敏感性即大气稳定性等。为了改善沥青性能，常用矿物质填充剂、橡胶-树脂对沥青进行改性，成为改性沥青。

防水卷材是使用量最大的防水材料。主要包括传统的沥青防水卷材、高聚物改性沥青防水卷材和合成高分子防水卷材三大类，后两类卷材的综合性能优越，是目前国内大力推广使用的新型防水卷材。高聚物改性沥青防水卷材中的 SBS 卷材与 APP 卷材性能和适应范围相似，不同点在于前者较适用于寒冷地区工业与民用建筑屋面以及变形频繁部位的防水。后者耐热性较好、耐紫外性能较强，尤其适用于较高气温环境的建筑防水。

防水涂料和防水油膏是建筑防水不可缺少的两种防水材料。防水涂料分为沥青防水涂料、高聚物改性沥青防水涂料、合成高分子类防水涂料三大类，后两种以其优良的柔韧性、抗裂性、耐高低温性及较好的延展性，越来越受到人们的重视；防水油膏中，以丙烯酸类密封膏、聚氨酯密封膏、硅酮密封膏性能最好。丙烯酸类和聚氨酯密封膏可用于屋面、墙、板等，但丙烯酸类密封膏耐水性能不太好，所以不宜用于经常泡在水中的工程。硅酮密封膏分F类和G类，F类为建筑接缝用密封膏，G类为镶装玻璃用密封膏。

## 能力训练题

1. 沥青有哪些类型？性能各自有何差异？

2. 石油沥青的技术性质包含哪几方面？各用什么指标衡量？石油沥青的品牌号是根据什么划分的？

3. 沥青为何会老化？如何延缓沥青老化？

4. 如何区分石油沥青和煤沥青？

5. 简要说明不同牌号的石油沥青的选用方法。

6. 防水卷材可分为几大类？请分别举出每一类中几个代表品种。

7. SBS卷材和APP卷材性能有何异同？

8. 某屋面防水工程需要石油沥青50t，要求软化点为85℃，现工地仅有100号及10号石油沥青，经实验测得它们的软化点分别是46℃和95℃。应如何掺配才能满足工程需要？

9. 按级配原则构成的沥青混合料中，具有内摩擦角较高，黏聚力也较高的结构组成是（　　）。【2018年二级建造师真题】

    A. 骨架—密实结构　　　　　B. 骨架—空隙结构

    C. 骨架—悬浮结构　　　　　D. 密实—悬浮结构

10. 改性沥青混合料所具有的优点中，说法错误的是（　　）。【2018年二级建造师真题】

    A. 较长的使用寿命　　　　　B. 较高的耐磨耗能力

    C. 较大抗弯拉能力　　　　　D. 良好的低温抗开裂能力

# 学习情境九

# 其他建筑材料的选用

▶▶ 知识目标

- 掌握木材的物理力学性质、影响木材强度的主要因素；熟悉木材在建筑工程中的应用、了解木材的构造及防火保护
- 熟悉建筑塑料、建筑涂料以及胶黏剂的组成、分类及特性；熟悉常用的建筑塑料、建筑涂料以及胶黏剂制品的性能及其应用范围
- 了解热导率和吸声、隔声系数的概念；理解材料绝热、吸声的原理；掌握绝热材料和吸声、隔声材料的性能特点及其影响因素，熟悉常用的绝热材料和吸声、隔声材料品种及其适用范围
- 熟悉建筑装饰石材、建筑装饰玻璃、建筑陶瓷材料的品种、性能特点及应用

▶▶ 能力目标

- 能根据建筑物环境，合理选用装饰板材
- 能合理选用建筑塑料、建筑涂料以及胶黏剂制品
- 能合理选用绝热材料和吸声、隔声材料
- 能合理选用建筑装饰石材、建筑装饰玻璃、建筑陶瓷材料

二维码 9.1

## 任务一　木材的选用

✳ 【引例】

1. 某客厅采用白松实木地板装修，使用一段时间后多处磨损。原因是什么？

2. 某城楼建于明朝，清朝重修，经历数次战乱，屡遭炮火袭击，依然巍然屹立。20 世纪 70 年代初重修，从国外购买了上等良木更换顶梁柱，1 年后柱根便朽烂，不得不再次大修。请分析原因。

📁 任务描述

　　熟识木材，主要是了解针叶材与阔叶材特点，木材宏观和微观结构；木材的含水率、纤维饱和点、平衡含水率、干湿变形等概念；木材的腐蚀原因及防腐措施；掌握木材的强度及其影响因素。合理地选用板材，需要掌握木材的综合利用，包括胶合板、纤维板、细木工板的性质特点及应用。

**知识链接**

木材的应用历史悠久，是人类最早使用的建筑材料之一。木材与水泥、钢筋曾被列为建筑工程的三大材料。近年来，我国为保护有限的森林资源，木材应用不再像从前一样，但由于木材具有独特的优点，故它仍不失在建筑工程中的重要地位。

木材有很多优点。如：较高的弹性和韧性，耐冲击和振动，易于加工，保温性好；长期保持干燥或长期置于水中，均有很高的耐久性；木材属轻质高强材料，即比强度高；导热性低，保温隔热性好；大部分木材具有美丽的纹理，装饰性好等。

木材也有缺点。如：内部结构不均匀，各向异性；易随周围环境温度变化而改变含水量，引起较大的湿胀干缩变形；易腐蚀及虫蛀；易燃烧；天然疵病较多等。不过，采取一定的加工和处理后，这些缺点可以得到相当程度的减轻。

在建筑工程中，屋顶、梁、柱、支撑、门窗、地板、桥梁、混凝土模板、脚手架以及室内装修，水利工程中的木桩、闸门，以及隧洞支护的坑木等，都需要使用大量木材。

木材的使用范围广，需求量大，但生产周期长，因此要采用新技术、新工艺对木材进行综合利用。

## 一、木材的分类与构造

### 1. 木材的分类

木材是由树木加工而成的。种类繁多，按树种的不同，可分为针叶树和阔叶树两大类。

（1）针叶树　针叶树树叶细长如针，多为常绿树，树干通直和高大，文理平顺，材质均匀，木质较软易于加工，故又称为"软材"。针叶树强度较高，表观密度和胀缩变形较小，常含有较多的树脂，耐腐蚀性较强。针叶树树材是主要的建筑用材，主要用作承重构件、装修和装饰部件。常用的树种有红松、落叶松、云杉、冷杉、杉木和柏木。

（2）阔叶树　阔叶树树叶宽大，叶脉成网状，绝大部分为落叶树，树干通直部分一般较短，大部分树种的表观密度大，材质较硬，不易加工，故又称"硬材"。阔叶树材一般较重，强度高，胀缩和翘曲变形大，易开裂，在建筑中常用作尺寸较小的装修和装饰等构件，对于具有美丽天然纹理的树种，特别适用于做室内装修家具及胶合板等。常用的树种有榉树、柞木、水曲柳、榆木及质地较软的椴木、桉木等。

### 2. 木材的构造

由于树种和树木生长的环境不同，其构造差异很大。这些差异能够影响木材的性质。所以，研究木材的构造是掌握木材性能的重要手段。木材构造分宏观构造和微观构造。

（1）木材的宏观构造　木材的宏观构造是指用肉眼和放大镜能观察到的组织，通常从树干的横切面（垂直于树轴的面）、径切面（通过树轴的纵切面）和弦切面（平行于树轴的纵切面）三个切面上来进行剖析，如图 9-1 所示。

由图 9-1 可见，树木由树皮、木质部和髓心等部分组成。

在木质部的构造中，许多树种的木质部接

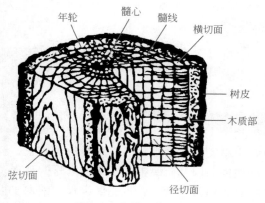

图 9-1　木材三个切面

近树干中心的部分呈深色，称心材；靠近外围的部分颜色较浅，称边材。一般说，心材比边材的利用价值大些。

从横切面上看到深浅相间的呈同心圆环分布的是年轮，在同一年轮内，春天生长的木质，色较浅，质松软，称为春材（早材）；夏秋二季生长的木质，色较深，质坚硬，称为夏材（晚材）。相同树种，年轮越密且均匀，材质越好，夏材部分越多，木材强度越高。树干的中心称为髓心，其质松软，强度低，易腐烂。

从髓心向外的辐射线，称为髓线，它与周围联结差，干燥时易沿此开裂。年轮和髓线组成了木材美丽的天然纹理。

（2）木材的微观构造　微观构造是在显微镜下能观察到的木材组织，它由无数管状细胞结合而成，大部分纵向排列，少数横向排列（如髓线）。每个细胞分细胞壁和细胞腔两部分，细胞壁由细纤维组成，其纵向联结较横向牢固。细纤维间具有极小的空隙，能吸附和渗透水分。木材的细胞壁越厚，腔越小，木材越密实，表观密度大，强度也较高，但胀缩大。早材细胞壁薄腔大，晚材则壁厚腔小。

针叶树与阔叶树的微观构造有较大差别，如图 9-2 和图 9-3 所示。

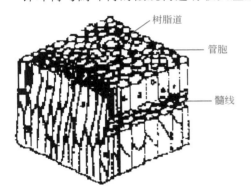

图 9-2　针叶树材马尾松微观构造

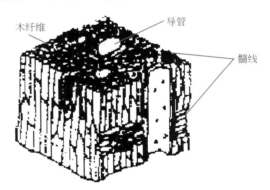

图 9-3　阔叶树材柞木微观构造

针叶树材显微构造简单而规则，它主要由管胞、髓线和树脂道组成，其中管胞占总体积的 90% 以上，且其髓线较细而不明显。

阔叶树材显微构造较复杂，其细胞主要有木纤维、导管和髓线，其最大特点是髓线很发达，粗大而明显，这是用以鉴别阔叶树材的显著特征。

## 二、木材的物理与力学性质

### 1. 木材的物理性质

木材的物理性质包括密度、表观密度、含水率、湿胀干缩性等性质。其中含水率对木材的湿胀干缩性和强度影响很大。

（1）木材的密度和表观密度　由于各木材的分子构造基本相同，因而木材的密度基本相等，平均约为 $1.55\text{g/cm}^3$。木材表观密度是指木材单位体积的质量。木材细胞组织中的细胞腔及细胞壁中存在大量微小的孔隙，所以木材的表观密度较小，一般只有 $300\sim800\text{kg/m}^3$。木材的孔隙率很大，可达 $50\%\sim80\%$，因此密度与表观密度相差较大。

木材的气干表观密度大，其强度就高，湿胀干缩性也大。

（2）木材中的水分　木材含水量用含水率表示，是指木材中水分质量与干燥木材质量的百分率。新伐木材含水率在 35% 以上，长期处于水中的木材含水率更高，风干木材含水率为 15%～25%，室内干燥的木材含水率常为 8%～15%。木材中的水分为化合水、自由水和吸附水三种。化合水是木材化学成分中的结合水，总含量通常不超过 1%～2%，它在常温下不变化，故其对木材的性质无影响；自由水是存在于木材细胞腔内和细胞间隙中的水，它影响木材的表观密度、抗腐蚀性、燃烧性和干燥性；吸附水是被吸附在细胞壁内的水分，吸附水的变化将影响木材强度和木材胀缩变形性能。

① 木材的纤维饱和点　当木材中仅细胞壁内吸附水达到饱和点，而细胞腔和细胞间隙中无自由水时的含水率称为木材的纤维饱和点。木材的纤维饱和点随树种而异，一般为 25%～35%，通常其平均值约为 30%。木材纤维饱和点是含水率影响强度和胀缩性能的临界点。

② 木材的平衡含水率　当环境的温度和湿度改变时，木材中所含的水分会发生较大变化，当木材长时间处于一定温度和湿度的环境中时，木材中的含水量最后会与周围环境相平衡，达到相对恒定的含水率，这时木材的含水率称为平衡含水率。木材的平衡含水率是木材进行干燥时的重要指标。木材的平衡含水率随其所在地区不同而异。我国北方为 12%左右，南方约为 18%，长江流域一般为 15%。

（3）木材的湿胀与干缩变形　木材具有很显著的湿胀干缩性，但只在木材含水率低于纤维饱和点时才会发生，主要是由于细胞壁内所含的吸附水增减而引起的。

当木材的含水率在纤维饱和点以上时，随着含水率的增大，木材体积产生膨胀，称为木材的湿胀；随着含水率减小，木材体积收缩，称为木材的干缩。此时的含水率变化主要是吸附水的变化。

而当木材含水率在纤维饱和点以上，只是自由水增减变化时，木材的体积不发生变化。木材含水率与其胀缩变形的关系如图 9-4 所示，由图 9-4 中可以看出，纤维饱和点是木材发生湿胀干缩变形的转折点。

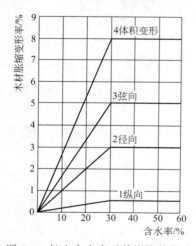

图 9-4　松木含水率对其膨胀的影响

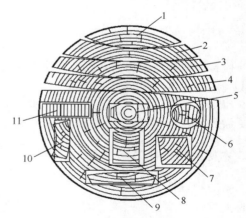

图 9-5　木材干燥后截面形状的改变

1—弓形成橄榄核状；2～4—成反翘状；5—通过髓心径切板两头缩小成纺锤形；6—圆形成椭圆形；7—与年轮成对角形；8—两边与年轮平行的正方形变长方形；9、10—长方形板的翘曲；11—边材径向锯板较均匀

由于木材为非匀质构造，木材的干缩率值各不相同。其中，以弦向最大，为 6%～12%；径向次之，为 3%～6%；纵向（即顺纤维方向）最小，为 0.1%～0.35%。木材之所以出现弦向胀缩变形最大，是因为受管胞横向排列的髓线与周围联结较差所引起。

木材的湿胀干缩变形还随树种不同而异，一般来说，表观密度大、夏材含量多的木材，胀缩变形就较大。这些湿胀与干缩变形对木材的使用有严重的影响，干缩会使木材产生翘曲、裂缝，使木结构结合处产生松弛、开裂、拼缝不严；湿胀则造成凸起变形，强度降低等现象。为避免这些不良现象，应对木材进行干燥或化学处理，预先达到使用条件下的平衡含水率，使木材的含水率与其工作环境相适应。

如图 9-5 所示为树木干燥时其横截面上各部位的不同变形情况。由图 9-5 可知，板材距髓心越远，由于其横向更接近典型的弦向，因而干燥时收缩越大，致使板材产生背向髓心的反翘变形。

### 2. 木材的力学性质

（1）木材的强度  木材是非匀质的各向异性材料，不同的作用力方向其强度差异很大。

在建筑结构中，木材常用的强度有：抗压、抗拉、抗剪和抗弯强度。其中抗压、抗拉、抗剪强度又有顺纹和横纹之分。顺纹为作用力方向与木材纤维方向平行，横纹为作用力方向与木纤维方向垂直。木材强度的检验使用无疵点的木材制成标准试件，按《木材物理力学试验方法总则》（GB/T 1928—2009）进行测定的。

① 抗压强度  木材的抗压强度分为顺纹抗压和横纹抗压。

顺纹抗压强度为作用力方向与木纤维方向平行时的抗压强度。这种破坏主要是木材细胞壁在压力作用下的失稳破坏，而不是纤维的断裂。木材的顺纹抗压强度较高，但也只有顺纹抗拉强度的 15%～20%，木材的疵点对顺纹抗压强度影响较小，在建筑工程中常用于柱、桩、斜撑及桁木等承重构件。顺纹抗压强度是确定木材强度等级的依据。

横纹抗压强度为作用力方向与木纤维方向垂直时的抗压强度，这种作用是木材横向受力压紧产生显著变形而造成的破坏，相当于将细长的管状细胞压扁。它又分为弦向受压和径向受压两种。木材的横纹抗压强度不高，比顺纹抗压强度低得多，其比值随木纤维构造和树种而异，一般针叶树横纹抗压强度约为顺纹抗压强度的 10%；阔叶树为 15%～20%。由于木材的尺寸关系，在实际工程中也很少有横纹受压的构件。

② 抗拉强度  木材的抗拉强度分为顺纹抗拉和横纹抗拉。

顺纹抗拉强度是指拉力方向与木纤维方向一致时的抗拉强度。这种受拉破坏理论上是木纤维被拉断，但实际往往是木纤维未被拉断，而纤维间先被撕裂。木材的顺纹抗拉强度最大，大致为顺纹抗压强度的 3～4 倍，可达到 50～200MPa。

木材的缺陷（如木节、斜纹等）对顺纹抗拉强度影响极为显著。一般木材或多或少总有一些疵点，所以抗拉强度往往发挥不稳定，其实际的顺纹抗拉能力反比顺纹抗压低；再者，木材受拉杆件连接处应力复杂，易局部首先破坏，这也使顺纹抗拉强度难以在工程中被充分利用。

横纹抗拉强度是指拉力方向与木纤维垂直时的抗拉强度。由于木材细胞横向连接很弱，横纹抗拉强度最小，约为顺纹抗拉强度的 1/40～1/20，工程中应避免受到横纹拉力作用。

③ 抗弯强度  木材受弯曲时内部应力比较复杂，在梁的上部时受到顺纹抗压，下部为顺纹抗拉，而在水平面中则有剪切力。木材受弯破坏时，受压区首先达到强度极限，开始形成微小的不明显的皱纹，但并不立即破坏，随着外力增大，皱纹慢慢地在受压区扩展，产生大量塑性变形，以后当受拉区域内许多纤维达到强度极限时，最后因纤维本身及纤维间联结的断裂而破坏。

木材的抗弯强度很高，通常为顺纹抗拉强度的 1.5～2 倍。在建筑工程中常用于地板、梁、桁架等结构中。用于抗弯的木构件应尽量避免在受弯区有斜纹和木节等缺陷。

④ 抗剪强度  木材的抗剪强度是指木材受剪切作用时的强度。它分为顺纹剪切、横纹剪切和横纹切断三种，如图 9-6 所示。

(a) 顺纹剪切        (b) 横纹剪切        (c) 横纹切断

图 9-6　木材的受剪

顺纹剪切破坏是由于纤维间联结撕裂产生纵向位移和横纹拉力作用所致。横纹剪切破坏完全是因剪切面中纤维的横向联结被撕断的结果，横纹切断破坏则是木材纤维被切断，这时强度较大，一般为顺纹剪切的 4～5 倍。

木材因各向异性，故各种强度差异很大。当以顺纹抗压强度为 1 时，木材各种强度之间的比例关系见表 9-1。

表 9-1　木材各项强度值的关系

| 抗压 | | 抗拉 | | 抗弯 | 抗剪 | | |
|---|---|---|---|---|---|---|---|
| 顺纹 | 横纹 | 顺纹 | 横纹 | | 顺纹 | 横纹 | 切断 |
| 1 | 1/10～1/3 | 2～3 | 1/20～1/3 | 3/2～2 | 1/7～1/3 | 1/10～1/5 | 1/2～3/2 |

（2）木材强度的影响因素

① 木材纤维组织的影响　木材受力时，主要靠细胞壁承受外力，厚壁细胞数量越多，细胞壁越厚，强度就越高。当表观密度越大，则所含晚材的百分率越高，木材的强度也越高。

② 含水率的影响　木材的含水率在纤维饱和点以下时，随着含水率降低，木材强度增大；当含水率在纤维饱和点以上变化时，基本上不影响木材的强度。这是因为含水率在纤维饱和点以下时，含水量减少，吸附水减少，细胞壁趋于紧密，故强度增高，含水量增加使细胞壁中的木纤维之间的联结力减弱、细胞壁软化，故强度降低；含水率超过纤维饱和点时，主要是自由水的变化，对木材的强度无影响。

含水率的变化对各强度的影响是不一样的。对顺纹抗压强度和抗弯强度的影响较大，对顺纹抗压强度和顺纹抗剪强度影响较小。

我国规定，以木材含水率为 12%（称木材的标准含水率）时的强度作为标准强度，其他含水率时的强度值，可按下述公式换算（当含水率为 8%～23% 范围时该公式误差最小）：

$$\sigma_{12} = \sigma_w [1 + \alpha(w - 12)] \tag{9-1}$$

式中　$\sigma_{12}$——含水率为 12% 时的木材强度；

$\sigma_w$——含水率为 $w$% 时的木材强度；

$w$——试验时的木材含水率；

$\alpha$——木材含水率校正系数。

校正系数按作用力和树种不同取值如下。

顺纹抗压：红松、落叶松、杉木、榆木、桦木为 0.05，其余树种为 0.04；

顺纹抗拉：阔叶树为 0.015，针叶树为 0；

抗弯：所有树种均为 0.04；

顺纹抗剪：所有树种均为 0.03。

含水率对木材强度的影响如图 9-7 所示。

③ 负荷时间的影响　木材在长期荷载作用下，即使外力值不变，随着时间延长木材将发生较大的蠕变，最后达到较大的变形而破坏。这种木材在长期荷载作用下不致引起破坏的最大强度，称为持久强度。木材的持久强度比其极限强度小得多，一般为极限强度的 50%～60%。

木材的长期承载能力远低于暂时承载能力。这是因为在长期承载情况下，木材会发生纤维等速蠕滑，累积后产生较大变形而降低了承载能力的结果。使实际木架构中的构件均处于某种负荷的长期作用下，因此在设计木结构时，应考虑负荷时间对木材强度的影响。

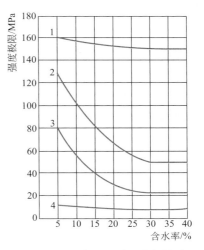

图 9-7　含水率对木材强度的影响
1—顺纹抗拉；2—抗弯；
3—顺纹抗压；4—顺纹抗剪

④ 温度的影响　随环境温度升高，木材中的细胞壁成分会逐渐的软化，强度也随之降低。一般气候下的温度升高不会引起化学成分的改变，温度恢复时木材会恢复原来强度。当温度由 25℃ 升到 50℃ 时，针叶树抗拉强度降低 10%～15%，抗压强度降低 20%～24%。当木材长期处于 60～100℃ 温度下时，会引起水分和所含挥发物的蒸发，而呈暗褐色，强度下降，变形增大。温度超过 140℃ 时，木材中的纤维素发生热裂解，色渐变黑，强度明显下降。当温度降至 0℃ 以下时，木材中的水分结冰，强度将增大，但木质变脆，解冻后木材的各项强度均下降。因此，长期处于高温的建筑物，不宜采用木结构。

⑤ 木材的疵病　木材在生长、采伐及保存过程中会产生内部和外部的缺陷，这些缺陷统称为疵病。木材的疵病主要有木节、斜纹和腐朽及虫害等，这些疵病将影响木材的力学性质，但同一疵病对木材不同强度的影响不尽相同。

木节分为活节、死节、松软节和腐朽节等几种，活节影响较小。木节使木材顺纹抗拉强度显著降低，对顺纹抗压影响较小。在木材受横纹抗压和剪切时，木节反而增强其强度。

斜纹为纤维与树轴成一定夹角，斜纹木材严重降低其顺纹抗压强度，抗弯次之，对顺纹抗压影响较小。

裂纹、腐朽、虫害等疵病，会造成木材构造的不连续性或破坏其组织，因此严重影响木材的力学性质，有时甚至能使木材完全失去使用价值。

### 三、木材在建筑工程中的应用

在建筑工程中，应根据木材的树种、等级、材质和规格进行选用，合理地应用于建筑结构和建筑装修中。

#### 1. 木材的种类和规格

（1）按加工程度分　为了合理用材，按加工和用途的不同，木材可分为原条、原木、锯材等。

原条（图 9-8）：是指只经去根、修枝、剥皮，没有加工造材的木料。主要用于建筑工程的脚手架、建筑用材、家具等。

原木（图 9-9）：是指伐倒后，去除树皮、根、树梢后截成规定直径和长度的木料。主要用作屋架、桩木、坑木、电杆。原木经加工后可制作胶合板。

图 9-8　原条

锯材：是指按一定尺寸锯解、加工成的板材和方材。其中界面宽度为厚度的 3 倍以上的称为板材（图 9-10）；截面宽度不足厚度 3 倍的称为方材（图 9-11）。主要用作模板、闸门、桥梁。

图 9-9　原木

图 9-10　板材

图 9-11　方材

（2）按承重结构的受力情况分　根据《木结构设计标准》(GB 50005—2017) 的规定，按承重结构的受力情况和缺陷多少，对承重结构木构件材质等级分成三级，见表 9-2。设计时应根据构件受力种类选用适当等级的木料。

表 9-2　承重结构木构件材质等级

| 项次 | 构件类别 | 材质等级 |
| --- | --- | --- |
| 1 | 受拉或拉弯构件 | I |
| 2 | 受弯或压弯构件 | II |
| 3 | 受压构件及次要受弯构件 | III |

**2. 木材的综合利用**

由于林木生长缓慢，在建筑工程中，一定要经济合理地使用木料。对木材进行综合利用就是想方设法充分利用木材的边角碎料，生产各种人造板材，有效提高木材的利用率。

木材经加工成型材以及制作成构件时，将留下大量的碎块废屑，将这些下脚料进行加工处理，或将原木旋切成薄片进行胶合，就可制成各种人造板材。常用的人造板材有下列几种。

（1）胶合板　胶合板是用原木沿年轮旋切成大张薄片，再用胶黏剂按奇数层数，以各层纤维互相垂直的方向，黏合热压而成的人造板材，一般为 3～13 层，所用胶料有动植物胶和耐水性好的酚醛、脲醛等合成树脂胶。

胶合板由小直径的原木就能制得宽幅的板材，且板面有美丽的木纹，增加了板的外观美，因其各层单板的纤维互相垂直，故能消除各向异性，得到纵横一样的均匀强度；收缩率小，没有木节和裂纹等缺陷。同时，产品规格化，便于使用。胶合板用途很广，通常用作隔板、天花板、家具及室内装修等。耐水胶合板可作混凝土模板。

（2）纤维板　纤维板是将木材加工下来的板皮、刨花、树枝废料，经破碎浸泡、研磨成木浆，再加入一定的胶料，经热压成型、干燥处理而成的人造板材，分硬质纤维板、半硬质纤维板和软质纤维板三种。

① 硬质纤维板　表观密度大于 $800kg/m^3$，强度高、耐磨、不易变形，在建筑中应用最广。可代替木板，主要用作室内壁板、门板、地板、家具等。

② 半硬质纤维板　表观密度为 $400～800kg/m^3$，其表面光滑，材质细密，装饰性好，且具有一定的吸声作用，常制成带有一定孔型的盲孔板，板表面常施以白色涂料，多用作宾馆等室内顶棚材料。

③ 软质纤维板　表观密度小于 $400kg/m^3$，结构松软，强度较低，但吸声性和保温性好，常用作室内吊顶或做绝热、吸声材料。

纤维板的特点是材质构造均匀，各项强度一致，抗弯强度高，可达 55MPa，耐磨，绝热性好，不易胀缩和翘曲变形，不腐朽、无木节、虫眼等缺陷。通常在板表面施以仿木纹油漆处理，可达到以假乱真的效果。生产纤维板可使木材的利用率达 90％以上。

（3）细木工板　细木工板属于特种胶合板的一种，其芯板用木板拼接而成，上下两个表面为胶贴木质单板的实心板材。细木工板按结构不同，可分为芯板条不胶拼的和芯板条胶拼的两种；按表面加工状况可分为一面砂光、两面砂光和不砂光三种；按所使用的胶合剂不同，可分为Ⅰ类胶细木工板、Ⅱ类胶细木工板两种；按面板的材质和加工工艺质量不同，可分为一、二、三等三个等级；细木工板具有质坚、吸声、绝热等特点，适用于家具、车厢和建筑物内装修等。

（4）刨花板、木丝板、木屑板　刨花板、木丝板和木屑板是利用刨花碎片、短小废料加工刨制的木丝、木屑等，经过干燥、拌以胶料、热压而成的板材。这些板材所使用的胶结材料可有多种，如动物胶、合成树脂、水泥、菱苦土等。这类板材一般表观密度小，强度低，主要用作吸声和绝热材料，但热压树脂刨花板和木屑板，表面粘贴塑料贴面或胶合板作饰面层后，可用作吊顶、隔墙、家具等材料。

**3. 木质地板**

木质地板是由软木树材（如松木、杉木等）和硬木树材（如水曲柳、榆木、柚木、橡木、枫木、樱桃木、柞木等）经加工处理的木板拼铺而成，分为条木地板、拼花木地板、漆木地板、复合地板等。

（1）条木地板　条木地板是使用最普通的木质地板。地板面层有单双层之分，单层硬木地板是在木隔栅上直接钉企口板，称普通实木企口地板；双层硬木地板是在木隔栅上先钉一层毛板，再钉一层实木长条企口板。木隔栅有空铺与实铺两种形式，但多用实铺，即将木隔栅直接铺在水泥地坪上，然后在隔栅上铺毛板和地板。

普通条木地板（单层）的板材常选用松木、杉木等软木树材，硬木条板多选用水曲柳、柞木、枫木、柚木、榆木等硬质木材。材质要求采用不易腐朽、不易变形开裂的木板。条板宽度一般不大于 120mm，板厚为 20～30mm。条木拼缝做成企口或错口，直接铺钉在木隔栅上，端口接缝要相互错开。条木地板铺设完工后，应经过一段时间，待木材变形稳定后再进行刨光、清扫及油漆。条木地板一般采用调和漆，当地板的木色和纹理较好时，可采用透明的清漆作涂层，使天然的纹理清晰可见，以增添室内装饰美感。

条木地板自重小，弹性好，脚感舒适，其导热性小，冬暖夏凉，且易于清洁。适用于办公室、会议室、会客厅、休息室、旅馆客房、住宅起居室、幼儿园及实验室等场所。

（2）拼花木地板　拼花木地板是较普通的室内地面装修材料，安装分双层和单层两种。双层拼花木地板是将面层用暗钉钉在毛板上，单层拼花木地板是采用粘接材料，将木地板面层直接粘贴于找平后的混凝土基层上。拼花木地板的一般尺寸为：长 250～300mm，宽 40～60mm，板厚 20～25mm，有平头接缝地板和企口拼接地板两种。

拼花木地板是由水曲柳、柞木、胡桃木等优良木材，经干燥处理后加工出的条状小木板。具有纹理美观、弹性好、耐磨性强、坚硬、耐腐等特点。适用于高级楼宇、宾馆、别墅、会议室、展览室、体育馆和住宅的地面装饰。

（3）漆木地板　漆木地板是国际上最新流行的高级装饰材料。这种地板的基板选用珍贵树种，如北美洲的橡木、枫木等。地板宽度一般不大于 90mm，厚度在 15～20mm 之间，长度 450～4000mm 不等。

漆木地板特别适合高档的住宅装修，易与室内其他装饰形成和谐感，应用于客厅、餐厅、卧室，都能使人仿佛置身于大自然中。在厚度上，家庭选用 15mm 较适宜，公共场所选用 18mm 以上为好。

（4）复合地板　随着木材加工技术和高分子材料应用的快速发展，复合地板作为一种新型的地面装饰材料得到了广泛的开发和应用。我国森林资源相对贫乏，在这种情况下，用复合地板代替木地板不失为节约天然资源的好方法。复合地板分为两类：实木复合地板和耐磨塑料贴面复合地板。

实木复合地板一般为三层结构，表层 4～7mm，选用珍贵树种如榉木、橡木、枫木、樱桃木、水曲柳等的锯切板；中间层 7～12mm，选用一般木材如松木、杉木、杨木等；底层（防潮层）2～4mm，选用各种木材旋切单板。也有以多层胶合板为基层的多层实木复合板。板厚通常为 12mm、15mm、18mm 三种。

实木复合地板有三层的、五层的和多层的，不管有多少层，其基本的特征是各层板材的纤维纵横交错。这样既抵消了木材的内应力，也改变了木材单向同性的特征，使地板变成各向同性。实木复合地板继承了实木地板典雅自然、脚感舒适、保温性能好的特点，克服了实木地板因单体收缩、容易起翘产生裂缝的不足，具有较好的尺寸稳定性，且防虫、不助燃，因而稳定性好。缺点是耐磨性不如强化复合地板高，相对来说价格较贵。

耐磨塑料贴面复合地板简称复合地板。它是以防潮薄膜为平衡层，以硬质纤维板、中密度纤维板、刨花板为基层，木纹图案浸渍纸为装饰层，耐磨高分子材料面层复合而成的新型地面装饰材料。复合地板的装饰层是一种木纹图案浸渍纸，因此复合地板的品种花样很多，色彩丰富，几乎覆盖了所有珍贵树种，如榉木、栎木、樱桃木、橡木等。该地板避免了木材受气候变化而产生的变形、虫蛀，以及防潮和经常性保养等问题；且耐磨、阻燃、防滑、易清理，但其弹性不如实木地板。适用于所有铺设实木地板的场所。

### 四、木材的防护

木材作为建筑材料，最大的缺点是容易腐朽、虫蛀和易燃，这些缺点缩短了木材的使用年限，使用范围也受到限制。使用中应采取必要的措施以提高木材的耐久性。

**1. 木材的腐朽**

木材的腐朽主要是由真菌侵害所致，引起木材变质腐朽的真菌有霉菌、变色菌和腐朽菌，其中腐朽菌的侵害所引起的腐朽较多。

霉菌只寄生在木材表面，通常叫发霉，对木材不起破坏作用。

变色菌是以细胞腔内含物（如淀粉、糖类等）为养料，不破坏细胞壁，所以对木材破坏作用很小。

而腐朽菌是以细胞壁为养料，它能分泌出一种酵素，把细胞壁物质分解成简单的养料，供自身生长繁殖，这就招致细胞壁完全破坏，从而使木材腐朽。

真菌在木材中的生存和繁殖，必须同时具备三个条件，即适当的水分、空气和温度。当木材的含水率在 35%～50%，温度在 25～30℃，木材中又存在一定量空气时，最适宜腐朽菌的繁殖，因而木材最易腐朽。如果设法破坏其中一个条件，就能防止木材腐朽。如使木材含水率处于 20% 以下时，真菌就不易繁殖；将木材完全浸入水中或深埋地下（木桩），则因缺氧而不易腐朽。

**2. 木材防腐措施**

根据木材产生腐朽的原因，通常防止木材腐朽的措施有以下两种。

（1）破坏真菌生存的条件　破坏真菌生存条件最常用的办法是：使木结构、木制品和存储的木材处于经常通风保持干燥的状态，使其含水率低于 20%，可采用防水、防潮的措施。再对木结构和木制品表面进行油漆处理，油漆涂层既使木材隔绝了空气，又隔绝了水分。由此可知，木材油漆首先是防腐，其次才是美观。

（2）给木材注入有毒的物质 将化学防腐剂注入木材中，使真菌无法寄生。木材防腐剂种类很多，一般分三类：水溶性防腐剂如氟化钠、氯化锌、氟硅酸钠、硼酸、硼酚合剂等；油质防腐剂如杂酚油、蒽油、煤焦油等；油溶性防腐剂如五氯酚等。

将防腐剂注入木材的方法有很多种，通常有表面涂刷或喷涂法、长压浸渍法、冷热槽浸透法和压力渗透法等，其中表面涂刷或喷涂法简单易行，但防腐剂不能深入木材内部，故防腐效果较差。长压浸渍法是将木材浸入防腐剂中一定的时间后取出使用，使防腐剂深入木材有一定深度，以提高木材的防腐能力。冷热槽浸透法是将木材先浸入热防腐剂中（大于90℃）数小时后，再迅速移入冷防腐剂中，以获得更好的防腐效果。压力渗透法是将木材放入密闭罐中，经一定时间后防腐剂充满木材内部，防腐效果更好，但所需设备较多。

**3. 木材的防火**

所谓木材的防火，就是将木材经过具有阻燃性能的化学物质处理后，变成难燃的材料，以达到遇小火能自熄，遇大火能延缓或阻滞燃烧蔓延，从而赢得扑救的时间。木材的防火措施如下。

（1）低于木材着火危险温度 木材是易燃物质。在热作用下，木材会分解出可燃气体，并放出热量。当温度达到260℃时，即使在无火源的情况下，木材自己也会发焰燃烧，因而木结构设计中将260℃称为木材着火危险温度。木材在火的作用下，外层炭化，结构疏松，内部温度升高，强度降低，当强度低于承载能力时，木结构即被破坏。

（2）采用化学药剂 防火剂一般有两类：一类是浸注剂，另一类是防火涂料（如A60-501膨胀防火涂料、A60-1型改性氨基膨胀防火涂料、AE60-1膨胀型透明防火涂料等）。其防火原理是化学药剂遇火源时能产生隔热层，阻止木材着火燃烧。

### 📢 任务实施

#### 一、材料准备

针叶材、阔叶材、胶合板、纤维板、刨花板、细木工板、条木地板、拼花木地板、漆木地板、复合地板样品。

#### 二、实施步骤

① 分组识别提供的木材样品。
② 分析各种板材的特点和应用范围。
③ 分析如何进行木材的防护处理。

## 任务二 建筑塑料、涂料及胶黏剂的选用

### ✳ 【引例】

1. 广东某企业生产硬聚氯乙烯下水管，在广东省许多建筑工程中被使用，由于其质量优良而受到广泛的好评，当该产品外销到北方时，施工队反映在冬季进行下水管安装时，经常发生水管破裂的现象。请分析原因。

2. 某住宅于1月份在新抹5天的水泥砂浆内墙上涂刷，开涂料桶后发现涂料上部较稀，且有色料上浮。为赶工期，加较多水后，边搅拌边施涂。完工后除有一些色差外，人靠在墙上会有粉粘在衣服上。请问这是为什么？

**任务描述**

熟识建筑工程中常用的建筑塑料、建筑涂料以及胶黏剂；根据工程特点正确选用合适的品种。

**知识链接**

## 一、建筑塑料

（一）塑料的基本知识

### 1. 塑料的组成

塑料是以合成树脂（少数塑料品种也可以采用天然树脂）为基本材料，再按一定比例加入填料、助剂（包括增塑剂、固化剂、着色剂及其他助剂等）经混炼、塑化、成型等工序加工而成的材料。

在塑料的各种组成成分中，合成树脂是最基本也是最主要的成分。在单组分的塑料中树脂含量几乎占 100%，在多组分塑料中约占 30%～70%，它是一种胶结材。

（1）合成树脂　树脂可分为天然树脂（如松香、虫胶等）和合成树脂。由于天然树脂产量小，不适合大规模生产，因此塑料中的树脂多为合成树脂。

合成树脂按生成时化学反应的不同，可分为聚合树脂（或称加聚树脂）（主要包括通用塑料五大品种、聚甲基丙烯酸甲酯 PMMA、聚醋酸乙烯 PVAc 等）和缩聚树脂（或称缩合树脂）（主要包括酚醛树脂 PF、脲醛树脂 UF、环氧树脂 EP、不饱和聚酯 UP、聚氨酯树脂 PU、有机硅树脂 SI 等）。

按受热时性能变化的不同，又可分为热塑性树脂和热固性树脂。

按分子结构类型分为线型、支链型、体型（或称网状型、交联性）三种类型树脂。

（2）填料　填料是指塑料中加入的提高其强度、耐热性、工作性能、其他性能或降低塑料成本的相对惰性的固体材料。

常用的填料有滑石粉、硅藻土、石灰石粉、铝粉、炭黑、云母、二硫化钼、石棉、玻璃纤维等。其中，纤维填料可提高塑料的结构强度，石棉填料可改善塑料的耐热性，云母填料能增强塑料的电绝缘性，石墨、二硫化钼填料可改善塑料的摩擦和耐磨性能等。此外，由于填料一般都比合成树脂便宜，故填料的加入能降低塑料的成本。

（3）助剂

① 增塑剂。增塑剂是指为改善塑料的加工性能、柔韧性、延展性而加入的低挥发性或几近不挥发的物质。

在使用塑料制品时经常会发现这样的情况：新的塑料制品较柔韧，但用久了就会变硬、变脆，这是因为有些增塑剂是具有一定挥发性的，时间久了增塑剂挥发了，塑料就变硬了；还有一个现象就是塑料在冬天的时候变得很硬，春天的时候又柔韧如初，这是因为有些增塑剂是不耐寒的，当处于低温时，增塑剂的作用就降低了或起不到作用了，所以就变硬了。

② 固化剂。固化剂又称硬化剂，其主要作用是使线型高聚物交联成体型高聚物，使树脂具有热固性。如环氧树脂常用的胺类（乙二胺、二乙烯三胺、间苯二胺），某些酚醛树脂常用的六亚甲基四胺（乌洛托品）、酸酐类（邻苯二甲酸酐、顺丁烯二酸酐）及高分子类（聚酰胺树脂）固化剂。

③ 其他助剂。为了改善或调节塑料的某些性能，以适应使用和加工的特殊要求，还可以在塑料中掺入更多类别的助剂，如着色剂、热稳定剂、光稳定剂、抗老化剂、阻燃剂、发

泡剂、润滑剂等。

**2. 塑料的分类**

按受热时性能变化的不同，可分为热塑性塑料和热固性塑料。由热塑性树脂制成的塑料为热塑性塑料。热塑性塑料受热软化，温度升高逐渐熔融，冷却时重新硬化，这一过程可以反复进行，对其性能和外观均无重大影响。分子结构为线型或支链型的树脂（包括全部聚合树脂和部分缩合树脂）属于热塑性树脂，其耐热性较低，刚度较小，抗冲击韧性较好。由热固性树脂制成的塑料为热固性塑料，热固性树脂在加工时受热变软，但固化成型后，即使再加热也不能软化或改变其形状，只能塑制一次。分子结构为体型的树脂（包括大部分缩聚树脂）属于热固性树脂，其耐热性能好，刚度较大，质地硬而脆。

塑料按用途不同，可分为通用塑料和工程塑料。通用塑料产量大、价格低，主要作为非结构材料使用，其用途十分广泛。一般说来，通用塑料主要包括五大品种，分别是聚乙烯PE、聚氯乙烯PVC、聚丙烯PP、聚苯乙烯PS、丙烯腈-丁二烯-苯乙烯共聚物ABS。以上五种塑料产量大约占塑料总产量的70%左右。工程塑料具有优异的化学性能和良好的尺寸稳定性，能在较宽的温度范围和较为苛刻的化学及物理环境中使用，可替代钢材、木材等材料作为结构材料使用。

**3. 塑料的特性**

塑料广泛应用于各个领域，这与塑料的优越性能是密不可分的。

（1）轻质 塑料的密度在 $0.90 \sim 2.30 \text{g/cm}^3$ 之间，约为铝的 1/2、混凝土的 1/3、钢的 1/5，与木材相近。用于装饰装修工程，可以减轻施工强度和降低建筑物的自重。

（2）比强度高 由于塑料的质地很轻，所以其比强度很高，塑料的比强度远超过水泥、混凝土，并接近或超过钢材。它是一种典型的轻质高强材料。

（3）热导率小 塑料的热导率很小，约为金属的 $1/600 \sim 1/500$。泡沫塑料的热导率只有 $0.02 \sim 0.046 \text{W/(m·K)}$，约为金属的 1/1500，水泥混凝土的 1/40，普通黏土砖的 1/20，是理想的绝热材料。因此用塑料窗代替钢铝窗可大大节约空调费用。

（4）化学稳定性好 塑料在通常环境下具有很高的化学稳定性。对酸、碱、盐及油脂等腐蚀介质具有较强的抵抗作用，比金属材料和一些无机材料好得多。特别适合作化工厂的门窗、地面、墙体等。如用塑料水管代替传统的铸铁管，则不易锈蚀渗漏，且价格低廉。

（5）电绝缘性好 一般塑料都是不良导体，其电绝缘性可与陶瓷、橡胶媲美。

塑料虽具有以上优点，但也有以下一些缺点。

（1）易老化 塑料制品的老化是指制品在阳光下（主要是紫外线）、空气（氧气氧化）、热及环境介质中如酸、碱、盐等作用下，分子结构产生递变，增塑剂等组分挥发，化合键产生断裂，从而导致力学性能变坏，甚至发生硬脆、破坏等现象。通过配方和加工技术等的改进，塑料制品的使用寿命可以大大地延长，例如塑料管使用年限可达50年及以上，比铸铁管使用寿命还长。50年的寿命可以满足使用上的要求。

（2）耐热性差 塑料一般都具有受热变形的问题，甚至受热产生分解，因此在使用中要注意它的限制温度。一般热固性塑料比热塑性塑料的耐热性稍好。

（3）易燃 塑料不仅可燃，而且在燃烧时发烟量大，甚至产生有毒气体。但通过改进配方，如加入阻燃剂、无机填料等，也可制成自熄（如聚氯乙烯塑料具有自熄性，建筑中很多塑料均采用此种塑料）、难燃的甚至不燃的产品。不过其防火性能仍比无机材料差，在使用中应予以注意。在建筑物某些容易造成火焰蔓延的部位可考虑不使用塑料制品。

（4）刚度小 塑料弹性模量低，只有钢材的 $1/20 \sim 1/10$，且在长期荷载作用下会产生蠕变，所以用作承重结构时应慎重。

（二）建筑工程中常用的塑料制品

塑料几乎已应用于建筑物的每个角落。塑料在建筑中的应用美化了环境，提高了建筑物的功能，还能节省能源。建筑工程中应用的塑料制品按其形态可分为以下几种。

（1）薄膜　主要用作防水材料、墙纸、隔离层等。

（2）薄板　主要用作地板、贴面板、模板等。

（3）异型板材　主要用作内外墙墙板、屋面板。

（4）管材　主要用作给排水等管道系统。

（5）异型管材　主要用作建筑门窗等装饰材料。

（6）泡沫塑料　主要用作绝热材料。

（7）模制品　主要是建筑五金、卫生洁具、管件。

（8）溶液或乳液　主要用作黏合剂、建筑涂料。

（9）复合板材　主要用作墙体和屋面材料。

（10）盒子结构　主要是用作卫生间、厨房和单元建筑。

（11）塑料编织制品　主要是建筑过程中用于制品的包装。

下面分别介绍几种常用的塑料制品。

**1. 塑料墙纸**

塑料墙纸是在某一基材（如纸、玻璃纤维毡）的表面进行涂塑后，经过印花、压花或发泡处理后，制成的一种室内墙面装饰材料。塑料墙纸性能优越，它具有防霉、防污、透气、防虫蛀、调节室温、室内除臭、防火等功能。

塑料墙纸花色品种繁多，装饰性能好，施工速度快、易于擦洗，又便于更新，因此成为建筑物内墙面装饰的主要材料之一。

塑料墙纸主要以聚氯乙烯为原材料生产。其花色和品种繁多，是目前发展最为迅速、应用最为广泛的墙面装饰材料。通常分为：普通墙纸、发泡墙纸、特种墙纸。近年来，新品种层出不穷，如可洗刷的墙纸、表面十分光滑的墙纸以及仿丝绸墙纸、表面静电植绒墙纸等。目前，主要塑料墙纸产品有纺织纤维壁纸、发泡墙纸（适用于室内吊顶、墙面的装饰）、耐水墙纸（可用于卫生间等湿度较大的墙面装饰）、防火墙纸（适用于防火要求较高的场所）、彩色砂粒墙纸（适用于房屋的门厅、柱头、走廊等处的局部装饰）等。

塑料墙纸发展趋势主要是增加花色品种和功能性墙纸，如防霉墙纸、防污墙纸、透气墙纸、报警墙纸、防蛀虫墙纸以及调节室温墙纸和室内除臭墙纸，特别是防火墙纸。

**2. 塑料地板**

塑料地板是以聚氯乙烯等树脂为主，加入其他辅助材料加工而成的地面铺设材料。它与传统的地面铺设材料如天然石材、木材等相比，具有以下特点。

① 功能多。可根据需要生产各种特殊功能的地面材料。例如：表面有立体感的防滑地板；电脑机房用的防静电地板；防腐用的无接缝地板以及具有防火功能的地板等。

② 重量轻、施工铺设方便。

③ 耐磨性好，使用寿命长。

④ 维修保养方便，易清洁。

⑤ 装饰性好。塑料地板的花色品种很多，可以满足各种不同场合的使用要求。

要正确地选择和使用塑料地板，应该对其以下性能有所了解。

① 耐磨性。聚氯乙烯塑料地板的耐磨性十分优异，明显优于其他材料。

② 耐凹陷性。表示对静止荷载的抵抗能力。一般硬质地板比软质的好。

③ 耐刻划性。表面容易被地面的砂、石等硬物划伤，使用时应及时清扫。

④ 耐污染、防尘性。表面致密，耐污染性好，不易粘灰，清洁方便。

⑤ 尺寸稳定性。较长时间使用后尺寸会自然变化，造成地板接缝变宽或接缝顶起。

⑥ 翘曲性。翘曲性是指塑料地板在长期使用后四边或四角翘起的程度。原因是塑料地板材质的不均匀性。

⑦ 耐热、耐燃和耐烟头性。聚氯乙烯塑料地板中含氯，其本身具有自熄性，而且地板中含有填料较多，因此其具有良好的耐燃性和较好的耐烟头性。

⑧ 耐化学性。对多数有机溶剂以及腐蚀性气体或液体有相当好的抵抗力。

⑨ 抗静电性。塑料地板表面会产生静电，降低静电积累的方法是在塑料地板生产过程中加入抗静电剂。

⑩ 耐老化性。聚氯乙烯塑料地板长期使用后会出现老化现象，表现变脆、开裂。

当前，塑料地板生产的先进工艺及特点是：采用化学抑制发泡压花工艺生产的弹性塑料地板，已经成为塑料地板的主要品种之一；转印纸转印花工艺，可使花色的更换在连续不断的生产过程中进行。花纹透底工艺，可使半硬质卷材地板具有"花色"的特点。

**3. 塑料地毯**

塑料地毯也称化纤地毯。化纤地毯的外表与脚感均像羊毛，耐磨而富有弹性，给人以舒适感，而且可以机械化生产，产量高，价格较低廉，因此目前应用最多，在公共建筑中往往用以代替传统的羊毛地毯。虽然羊毛地毯堪称纤维之王，但其价格高，资源也有限，还易遭虫蛀和霉变，而化学纤维可以经过适当的处理得到与羊毛接近的性能，因此化纤地毯已成为很普遍的地面装饰材料。化纤地毯的种类很多，按照其加工方法的不同，可分为：簇绒地毯、针扎地毯、机织地毯、手工编织地毯等。

化纤地毯的主要构成材料如下。

（1）毯面纤维 是地毯的主体，它决定地毯的防污、脚感、耐磨性、质感等主要性能。

（2）初级背衬 它对面层绒圈起联系固定作用，以提高毯面外形稳定性和加工方便性。

（3）防松涂层 其作用是使绒圈和初级背衬粘接，防止绒圈从初级背衬中抽出。

（4）次级背衬 是为增加地毯的刚性，进一步赋予地毯外形平稳性。

**4. 塑料门窗**

塑料门窗是由硬质聚氯乙烯（PVC）型材经焊接、拼装、修整而成的门窗制品，目前已有推拉门窗和平开门窗等几大类系列产品。如果在热压塑料型材时，中间加入已做过防腐处理的一根钢板和塑料同时挤出，塑料和钢板粘接在一起，用这种塑钢型材制作的门窗称为"塑钢窗"；如果在空心的塑料型材中间插上一根钢条，塑料和钢板没有粘接在一起，用这种塑料型材制作的门窗称为"塑料窗"。

与钢门窗、木门窗相比，塑料门窗具有耐水、耐蚀、隔热性好、气密性优良和水密性好、隔音性能优良、装饰效果好等一系列优点。塑料门窗的特性如下。

（1）气密性优良 塑料窗户上由于窗扇与窗框的凹凸槽较深，而且其间密封防尘条较宽，接触面积大，且质量较好，与墙体间有填充料，窗框经过增韧，密封性能极佳，同时具有良好的保温性能。

（2）节能、节材、符合环保要求 PVC塑料型材的生产能耗低，使用塑料门窗可节约大量的木材、铝材、钢材，还可以保护生态环境，减少金属冶炼时的烟尘、废气和废渣等对环境带来的污染。

（3）耐候性和耐腐蚀性优良 资料表明，塑料门窗使用寿命可达50年以上，塑料门窗不锈，不需涂刷油漆，对酸、碱、盐或其他化学介质的耐腐蚀性非常好，在有盐雾腐蚀的沿海城市及有酸雾等腐蚀的工业区内，其耐腐蚀性与钢、铝窗比较尤为突出。

（4）可加工性强 采用挤出工艺，在熔融状态下，塑料有较好的流动性，通过模具，可制成材质均匀、表面光滑的型材。塑料门窗具有易切割、钻孔等可加工性能，便于施工。

（三）塑料板材

常用塑料板材有塑料贴面板、覆塑装饰板、PVC 塑料装饰板等。这些板的板面图案多样，色调丰富多彩，表面平滑光亮，不变形，易清洁。它们可用作建筑内外墙装饰、隔断、家具饰面等。PVC 板还可制成透明或半透明的板材，用于灯箱、透明屋等。近年出现许多新产品，如聚碳酸酯塑料板材等。

（四）塑料管材

塑料管材在建筑、市政等工程以及工业中用途十分广泛。它是以高分子树脂为主要原料，经挤出、注塑、焊接等成型工艺制成的管材和管件。

塑料管与传统的铸铁管和镀锌钢管相比，具有以下优点。

① 质量轻，施工安装和维修方便。

② 表面光滑，不生锈，不结垢，流体阻力小。

③ 强度高，韧性好，耐腐蚀，使用寿命长（50 年左右），并且可回收利用。

④ 品种多样，可满足各行业的使用要求。

按管材结构塑料管可分为：普通塑料管、单壁波纹管（内、外壁均呈波纹状）、双壁波纹管（内壁光滑，外壁波纹）、纤维增强塑料管、塑料与金属复合管等。

塑料管按材质可分为：硬质氯乙烯（UPVC 或 RPVC）管、聚乙烯（PE）管、聚丙烯（PP）管、聚丁烯（PB）管、ABS（丙烯腈-丁二烯-苯乙烯共聚物）管、玻璃钢（FRP）管、铝塑管等。

土木工程中以 PVC 管使用量最大。PVC 管质量轻、耐腐蚀、电绝缘性好，适用于给水、排水、供气、排气管道和电缆线套管等。

PE 管的特点是密度小，比强度高，韧性和耐低温性能好，可用作城市燃气管道，给、排水管等。

PP 管具有坚硬、耐磨、防腐、价廉等特点，常用作农田灌溉、污水处理、废液排放管等。

ABS 管材质轻、韧性好、耐冲击，常用作卫生洁具下水管、输气管、排污管、电线导管等。

PB 管具有耐磨、耐高温、抗菌等性能，可用于供水管、冷水管、热水管，使用寿命可达 50 年。

（五）聚合物防水卷材

详见学习情境八防水材料的检测与选用相关内容。

## 二、建筑涂料

涂料是一类能涂覆于物体表面并在一定条件下形成连续和完整涂膜的材料的总称。早期的涂料主要以干性油或半干性油和天然树脂为主要原料，所以这种涂料被称为油漆。涂料的主要功能是保护基材和美化环境。

**1. 涂料的组成**

涂料是由多种材料调配而成，每种材料赋予涂料不同的性能。涂料的主要组成包括以下几种。

（1）主成膜物质  主成膜物质是将涂料中的其他组分黏结在一起，并能牢固附着在基层表面形成连续均匀、坚韧的保护膜。它包括基料、胶黏剂和固着剂。主成膜物质的性质，对形成涂膜的坚韧性、耐磨性、耐候性以及化学稳定性等，起着决定性的作用。

（2）次成膜物质　涂料中所用颜料和填料，以微细粉状均匀分散于涂料介质中，赋予涂膜以色彩、质感，起到提高涂膜的抗老化性、耐候性等作用，因而被称为次成膜物质。

（3）溶剂　溶剂是一种具有既能溶解油料、树脂，又易于挥发，能使树脂成膜的有机物质。它的作用是将油料、树脂稀释并能将颜料和填料均匀分散，调节涂料黏度。

（4）辅助材料　辅助材料又称助剂，它的用量很少，但种类很多，各有所长，且作用显著，是改善涂料性能不可忽视的重要方面。

**2. 常用建筑涂料**

（1）内墙涂料

① 水溶性内墙涂料　聚乙烯醇水玻璃内墙涂料、聚乙烯醇缩甲醛内墙涂料属于水溶性内墙涂料，目前国内这类涂料的特点是不耐水洗，填料用量大，颜料用量小，产品档次不高。

聚乙烯醇水玻璃内墙涂料商品名为 106 涂料。该涂料原料丰富、价格低廉、工艺简单、无毒、无味、耐燃，并与基层材料间有一定的黏结力，但涂层的耐水性及耐水洗刷性差，不能用湿布擦洗，且涂膜表面易产生脱粉现象。

聚乙烯醇缩甲醛内墙涂料又称 107、803 内墙涂料。该涂料性能和生产成本与聚乙烯醇水玻璃内墙涂料相仿，耐洗刷性优于聚乙烯醇水玻璃内墙涂料，但涂料成品中含有大量的游离甲醛，环保性能难以达到要求。

② 合成树脂乳液内墙涂料（乳胶漆）　主要包括聚醋酸乙烯乳液类涂料和丙烯酸酯乳液系列涂料。

聚醋酸乙烯乳液涂料的特点是成本低、流平性好，但涂膜不耐碱，耐水及耐洗刷性差。这类涂料一般只有平光（无光）产品，主要用于内墙面及顶棚的涂装。

丙烯酸酯乳液系列涂料系指以丙烯酸酯均聚乳液或丙烯酸酯共聚乳液为基料制成的建筑涂料，具体可分为硅丙涂料（仅用于外墙）、纯丙涂料、苯丙涂料、醋丙涂料（仅用于外墙）等几类。这类涂料主要的共同特点是具有良好的耐水性、耐碱性、耐紫外光的降解性和良好的保色保光能力。

③ 特色内墙涂料　除以上介绍的内墙涂料之外，近年来各类新式内墙涂料层出不穷，如壁纸漆、质感漆、钻石漆、幻彩漆、云丝漆、彩缎漆、夜光漆等。可在特殊场合如电视背景墙、主题墙、天花板等部位小面积应用。

（2）外墙涂料

① 合成树脂乳液外墙涂料　前面已经介绍过丙烯酸酯乳液涂料，它具有良好的耐水性、耐碱性、耐紫外光的降解性和良好的保色保光能力。此类涂料不仅适用于建筑物的内墙，同时也适用于外墙涂装，尤其是硅丙、纯丙涂料性能更佳，更加适宜外墙面使用。

② 溶剂型外墙涂料　与前述各涂料品种不同（前述材料均为水性材料，包括水溶性和乳液型涂料），溶剂型涂料系指以有机溶剂为分散介质制成的涂料。这类涂料中集中了目前各种高性能的涂料，其特点是流平性好，涂膜装饰效果好，物理力学性能优异，例如涂膜致密，对水、气阻隔性好，光泽度高等。但溶剂造成的环境污染至今仍是难以有效解决的问题。

溶剂型外墙涂料种类较多，主要有丙烯酸类、聚氨酯类、氯化橡胶类、有机硅类、氟树脂类以及一些复合型的涂料。

③ 砂壁状建筑涂料　砂壁状建筑涂料是以合成树脂乳液为主要成膜物质（如纯丙、苯丙乳液），在涂料中加入天然彩砂、人工彩砂或石材微粒、石粉等作为骨料，使涂膜具有天然岩石般质感的一种厚质建筑涂料。因其涂膜酷似天然石材，因而商业上常称为"石头漆""仿石漆""真石漆"。该类涂料涂膜质感丰满、大气粗犷，装饰效果极具个性，但因其外观

粗糙、耐污染性差。为克服此不足，目前已有专用于该类涂料的耐污型合成树脂乳液（例如硅-丙乳液）。砂壁状建筑涂料主要应用于外墙，近年来也逐渐开始用于内墙面装饰，其装饰效果独具魅力。

④ 氟树脂涂料　氟树脂涂料以氟树脂为主要成膜物质制成的涂料，也称氟碳涂料或氟涂料。由于引入的氟元素电负性大，碳氟键能高，氟树脂涂料具有诸多优越性能，如耐候性、耐热性、耐低温性以及耐玷污性等。成为继丙烯酸涂料、聚氨酯涂料、有机硅涂料等高性能涂料之后，综合性能最高的涂料品种，被誉为"涂料之王"。目前较为广泛应用的氟树脂涂料主要有 PTFE、PVDF、FEVE 三大类型。

PTFE 聚四氟乙烯树脂，防腐能力优异，号称"塑料王"，不用于建筑，主要用于不粘锅涂料及其他高温、防腐涂料。

PVDF 聚偏二氟乙烯树脂，主要用于超耐候性能建筑涂料。如新加坡樟宜国际机场、中国香港汇丰银行大厦等都是采用 PVDF 氟碳涂料涂装的，部分建筑已经历了四十多年的环境考验，仍能保持原有光泽和色彩。

PTFE、PVDF 氟树脂涂料不能在常温下施工，必须高温烘烤成膜。1982 年日本率先开发出可常温固化的 FEVE 氟树脂涂料，主要用于飞机、高速列车、汽车、高档建筑物等领域。1995 年中国某公司历经 13 年研发，也开发出了常温固化的 FEVE 涂料，使中国成为继美国、日本之后第三个能生产常温固化 FEVE 氟树脂涂料的国家。

### 三、胶黏剂

胶黏剂是一种能够将两种材料紧密地粘接在一起的物质。胶黏剂在建筑上的应用十分广泛，也是建筑工程中不可缺少的配套材料之一。它不但广泛应用于建筑施工及建筑室内外装修中，如墙面、地面、吊顶工程的装修粘贴，还常用于屋面防水、新旧混凝土接缝等。胶黏剂的种类繁多，常用的高分子胶黏剂有热固型胶黏剂、热塑型胶黏剂、橡胶型胶黏剂、混合型胶黏剂等。

**1. 胶黏剂的组成**

（1）合成树脂粘料　它主要起基本粘接作用，是胶黏剂的主要成分，常用的粘料是各种合成树脂，如环氧树脂、聚氨酯树脂、有机硅树脂、酚醛树脂、脲醛树脂、聚醋酸乙烯树脂、聚乙烯醇甲醛树脂等。其中以热固性树脂的粘接强度较高。

（2）固化剂和催化剂　它们是为使胶黏剂固化迅速或强度提高而加入的物质，往往将其与粘料分开放置和保存，使用前在现场混合后立即使用。

（3）填料　它是为改善胶黏剂的强度、稳定性而加入的物质，加入填料后还可降低成本。

（4）稀释剂　它是为调节胶黏剂的黏度，便于使用操作而加入的有机溶剂。常用的稀释剂有环氧丙烷、丙酮、二甲苯等。

**2. 常用的建筑胶黏剂**

（1）环氧树脂胶黏剂　环氧树脂胶黏剂俗称"万能胶"，它是以环氧树脂为主要原料，掺加适量固化剂、增塑剂、填料等配制而成。其特点为粘接力强，收缩性小，固化后具有很高的化学稳定性和粘接强度。广泛用于粘接金属和非金属材料及建筑物的修补。

（2）聚醋酸乙烯乳液胶黏剂　该胶黏剂是由聚醋酸乙烯单体聚合而成，俗称"白乳胶"。该胶常温固化，且速度快，初粘强度高。用以粘接玻璃、陶瓷、混凝土、纤维织物、木材等非结构用胶。

（3）氯丁橡胶胶黏剂　这种胶是以氯丁橡胶、氧化锌、氧化镁、填料及辅助剂等混炼后溶于溶剂而成。它对水、油、弱酸、弱碱和醇类等均有良好抵抗能力。可在−50～＋80℃下使用，但易徐变及老化，经改性后可用作金属与非金属结构粘接。建筑工程中常用于水泥砂浆地面或墙面粘贴橡胶和塑料制品。

（4）水性聚氨酯胶黏剂　在聚氨酯主链或侧链上引入带电荷的离子基团或亲水的非离子链段，制成带电荷的离聚体或亲水链段，它们能在水中乳化或自发地分散在水中形成水性聚氨酯。水性聚氨酯无异氰基残留、无毒、无污染、无溶剂残留，具有良好的初粘力。水性聚氨酯继承了聚氨酯材料的全部优良性能：耐磨、弹性好、耐低温、耐候性好，同时少了有机溶剂的毒性、污染性和资源的浪费。

## 📢 任务实施

### 一、材料准备

建筑塑料、建筑涂料、胶黏剂样品。

### 二、实施步骤

① 分组识别提供的建筑塑料、建筑涂料、胶黏剂样品。
② 分析各种样品的特点和应用范围。

# 任务三　绝热材料和吸声与隔声材料的选用

## ✨【引例】

1. 某冰库绝热以聚苯乙烯泡沫作为墙体隔热夹芯板，在内墙喷涂聚氨酯泡沫层作绝热材料，取得良好的效果。请问这是为什么？

2. 广州地铁坑口车站为地面站，一层为站台，二层为站厅。站厅顶部为纵向水平设置的半圆形拱顶，长84m，拱跨27.5m，离地面最高点10m，最低点4.2m，钢筋混凝土结构。在未作声学处理前该厅严重的声缺陷是出现低频声的多次回声现象。发一次信号枪，枪声就像轰隆的雷声，经久才停。声学工程完成以后声环境大大改善，该声学工程采用了由天然植物纤维素，如碎纸、废棉絮等经防火和防尘处理的阻燃轻质吸声材料；矿棉吸声板；穿孔铝合金板和穿孔FC板。请分析原因。

## 📁 任务描述

熟识建筑工程中常用的绝热材料和吸声与隔声材料；根据工程特点正确选用合适的品种。

##  知识链接

### 一、绝热材料

建筑物中起保温、隔热作用的材料，称为绝热材料。通常为轻质、疏松、多孔或纤维状材料，对热流具有显著抗阻性，主要用于墙体及屋顶、热工设备及管道、冷藏设备及冷藏库等工程或冬季施工等。合理使用绝热材料可以减少热损失、节约能源，减少外墙厚度，减轻自重，从而节约材料、降低造价。因此，在建筑工程中合理地使用绝热材料具有重要的意义。

**1. 热导率及影响因素**

（1）热导率  材料传导热量的能力为导热性，可用热导率表示。根据热工试验可知，材料传导的热量 $Q$ 与材料的厚度成反比，与导热面积 $A$、材料两侧的温度差（$T_1 > T_2$）、导热时间 $t$ 成正比。热导率的物理意义是：厚度为 1m 的材料，当温度改变 1K 时，在 1s 时间内通过 $1m^2$ 面积的热量。可表达为下式：

$$\lambda = \frac{Qd}{(T_1 - T_2)At} \tag{9-2}$$

式中  $\lambda$——材料的热导率，W/（m·K）；

$Q$——传导的热量，J；

$d$——材料的厚度，m；

$T_1 - T_2$——材料两侧的温度差，K；

$A$——材料的传热面积，$m^2$；

$t$——热传导时间，h。

热导率越小，材料的导热性能越差。

（2）影响热导率的因数

① 保温材料的容重  一般说，保温材料的容重越轻，热导率越小。但对于松散的纤维材料来说，则与压实情况有密切关系，当容重小于最佳容重时，容重越轻，热导率反而越大。只有当容重大于最佳容重时，才符合容重越轻、热导率越小的规律。

② 温度、湿度  当保温材料的成分、结构、容重等条件完全相同时，多孔材料的热导率随着平均温度和湿度的增大而增大，随着温度、湿度的减小而减小。

③ 保温材料的组成及构造  当温度、湿度及保温材料的容重、成分等条件完全相同时，多孔材料的热导率，随着其单位体积中气孔数量的多少而不同。气孔数量越多，热导率越小。松散颗粒状材料则随其单位体积中气孔数量的多少而不同，颗粒越多，热导率越小。

材料的热导率主要取决于材料的组成及构造。由于空气的热导率仅为 0.23W/（m·K），远小于固体（无机）、液体材料的热导率，故热量通过气孔传递遇到较大的阻力，大大减缓了传热速度。因此，材料孔隙率的大小，能显著影响其热导率。材料内微小、封闭、均匀分布的孔隙越多，则热导率就越小，保温隔热性能也就越好。在孔隙率相近的情况下，材料内粗大的孔隙越多，由于空气对流的原因，热导率就会增大。材料密度（表观密度）越大，热导率也越大。此外，材料的含水程度对热导率的影响也十分明显，水的热导率为 0.58W/（m·K），冰的热导率为 2.33W/（m·K），分别比空气约大 25 倍和 100 倍，所以保温隔热材料应注意防潮，更应防止孔隙水结冰。

**2. 建筑工程对保温、绝热材料的基本要求**

一般保温、绝热材料的热导率小于 0.175W/（m·K）。建筑工程中使用的绝热材料一般要求其热导率不大于 0.15W/（m·K），表观密度不宜大于 600kg/$m^3$，抗压强度应大于 0.3MPa。此外，还要根据工程的特点，考虑材料的吸湿性、温度稳定性、耐腐蚀性等性能。

**3. 常用绝热材料**

常用绝热材料按其成分不同，可分为有机和无机两大类。无机绝热材料使用矿物质原料制成的材料，呈散粒状、纤维状或孔状。

（1）无机纤维状绝热材料

① 石棉及其制品 石棉是蕴藏在中性或酸性火成岩矿中的一种非金属矿物。松散石棉的表观密度为 $103kg/m^3$ 时，其热导率为 $0.049W/(m \cdot K)$，最高使用温度 $500 \sim 800℃$。松散的石棉很少单独使用，多制成石棉纸、石棉板，或与胶结物质混合制成石棉块材等。

② 玻璃棉及其制品 玻璃棉是用玻璃原料或碎玻璃熔融后制成的一种纤维状材料。一般表观密度为 $40 \sim 150kg/m^3$，它包括短棉和超细棉两种。短棉是指纤维长度在 $50 \sim 150mm$、单纤维直径为 $12 \times 10^{-3}mm$ 左右的定长玻璃纤维，其外观洁白如棉，短棉又称玻璃棉。超细棉与短棉相比，纤维直径细得多，一般在 $4 \times 10^{-3}mm$ 以下，称为超细玻璃棉。

短棉可以用来制作玻璃棉毡、沥青玻璃棉板等，超细棉可以用来制作普通超细玻璃棉毡、板，也可以用来制作无碱超细玻璃棉毡、高氧硅超细玻璃棉毡等。用于维护结构及管道保温，还可以用于低温保冷工程。

③ 矿棉及矿棉制品 矿棉一般包括矿渣棉和岩石棉。矿渣棉是以工业废料矿渣为主要原料，经熔化，用喷吹法或离心法而制成的棉丝状绝热材料；而岩石棉是以岩石为原料经熔化吹制而成。矿棉具有质轻、不燃、绝热和电绝缘等性能，且原料来源丰富，成本较低，可制成矿棉板、矿棉防水毡及管套等，可用于建筑物的墙壁、屋顶、天花板等处的保温绝热和吸声，还可用于冷库隔热。

（2）无机散粒状绝热材料

① 膨胀蛭石及膨胀蛭石制品 膨胀蛭石由天然蛭石快速煅烧膨胀 $20 \sim 30$ 倍制得的一种松散颗粒状材料，堆积密度为 $80 \sim 200kg/m^3$，热导率 λ 为 $0.046 \sim 0.07W/(m \cdot K)$，可在 $1000 \sim 1100℃$ 温度下使用，不蛀、耐腐蚀，吸水性较好。可用于填充墙壁、楼板及平屋面等保温夹层中。使用时应注意防潮。

膨胀蛭石经焙烧可与水泥、水玻璃等胶凝材料配合，浇制成板，用于墙、楼板和屋面板等构件的绝热。其水泥制品是以水泥、膨胀蛭石，用适量水，配制而成。水玻璃膨胀蛭石是以膨胀蛭石、水玻璃和适量氟硅酸钠配制而成的。

② 膨胀珍珠岩及其制品 膨胀珍珠岩由天然珍珠岩煅烧而得，呈蜂窝泡沫状的白色或灰白色颗粒，是一种高性能的绝热材料。堆积密度为 $40 \sim 500kg/m^3$，热导率 λ 为 $0.04 \sim 0.07W/(m \cdot K)$，最高使用温度为 $800℃$，最低使用温度为 $-200℃$。具有质轻、低温绝热性能好、吸湿性小、化学稳定性好、不燃烧、耐腐蚀、无毒及施工方便等特点。建筑工程中广泛用于维护结构、管道保温、低温和超低温保冷设备、热工设备等处的绝热保温，也可用于制作吸声制品。

膨胀珍珠岩制品是以膨胀珍珠岩为主，配合适量胶凝材料（水泥、水玻璃、磷酸盐、沥青等），经拌和、成型、养护（或干燥，或固化）而成的具有一定形状的板块、砖、管套等制品。

（3）无机多孔类绝热材料

① 泡沫混凝土 泡沫混凝土是将水泥、水和松香泡沫剂混合后，经搅拌、成型、养护、硬化而成，具有多孔、轻质、保温、绝热、吸声等性能。也可用粉煤灰、石灰、石膏和泡沫剂制成粉煤灰泡沫混凝土，用于建筑物围护结构的保温绝热。

② 加气混凝土 加气混凝土是由水泥、石灰、粉煤灰和发气剂（铝粉）配置而成，经成型、蒸汽养护制成，是一种保温绝热性能良好的材料，具有保温、绝热、吸声等性能。加气混凝土表观密度小，热导率比黏土砖小好几倍，因此 24cm 厚的加气混凝土墙体，其保温绝热效果优于 37cm 厚的砖墙。此外，加气混凝土的耐火性能良好。

③ 硅藻土 硅藻土是一种被称为硅藻的水生植物的残骸。硅藻土是由硅藻壳构成的，每个硅藻壳内包含大量极细小的微孔。硅藻土空隙率为 $50\% \sim 80\%$，其热导率 $λ = 0.060W/$

（m·K），因此它具有良好的保温绝热性能。它的最高使用温度约为 900℃。硅藻土常用作填充料，或用其制作硅藻土砖等。

④ 微孔硅酸钙　微孔硅酸钙是一种新颖的保温材料，它是用 65% 的硅藻土、35% 的石灰，再加入前两者总重 5% 的石棉、水玻璃和水，经拌和、成型、蒸压处理和烘干制成的。它可用于建筑物的围护结构和管道保温。

⑤ 泡沫玻璃　泡沫玻璃是采用碎玻璃 100 份、发泡剂（石灰石、碳化钙或焦炭）1～2份配料，经粉磨混合、装模，在 800℃ 温度下烧成，形成大量封闭不相连通的气泡，孔隙率达 80%～90%，气孔直径为 0.1～5mm。泡沫玻璃具有热导率小、抗压强度和抗冻性高、耐久性好等特点。泡沫玻璃可用来砌筑墙体，也可用于冷藏设备的保温，或用作浮漂、过滤材料。可锯割、粘接，易于加工，是一种高级绝热材料。

（4）有机绝热材料

有机保温绝热材料施用有机原料制成。轻质板材由于多孔，吸湿性大，受潮时易腐烂、高温下易分解、变质或燃烧，一般温度高于 120℃ 时不宜使用。但它堆积密度小，原料来源广泛，成本较低。

1）泡沫塑料　泡沫塑料是以各种树脂为基料，加入一定剂量的发泡剂、催化剂、稳定剂等辅助材料经加热发泡而制成的一种新型轻质、保温、吸声、防震材料，可用于屋面、墙面保温，冷库绝热和制成夹芯复合板。目前我国生产的有聚乙烯泡沫塑料、聚氯乙烯泡沫塑料、聚氨酯泡沫塑料等，其中硬质泡沫塑料常在建筑工程中使用。

2）植物纤维类绝缘板　植物纤维类绝缘板是以植物纤维为主要成分的板材，常用作绝热材料的各种软质纤维板。

① 软木板。软木板是用栓皮栎的外皮和黄菠萝树皮为原料，经碾碎与皮胶溶液拌和，加压成型，在温度为 80℃ 的干燥室中干燥一昼夜而制成的。软木板具有轻质、热导率小、抗渗和防腐性能高的特点。

② 木丝板。木丝板是用木材下脚料以机械制成均匀木丝，加入硅酸钠溶液与普通硅酸盐水泥混合，经成型、冷压、养护、干燥而制成的。其多用于天花板、隔墙板或护墙板。

③ 甘蔗板。它是以甘蔗渣为原料，经过蒸制、干燥而制成的一种轻质、吸声、保温绝热材料。

④ 蜂窝板。蜂窝板是由两块轻薄的面板，牢固地粘接在一层较厚的蜂窝状芯材两面而制成的复合板材，亦称蜂窝夹层结构。蜂窝板特点是强度大，热导率小，抗震性能好，可制成轻质高强结构用板材，也可制成绝热性能良好的非结构用板材和隔声材料。如果芯板以轻质的薄膜塑料代替，则隔声性能更好。

3）窗用绝热薄膜　窗用绝热薄膜，又叫新型防热片，厚度约 12～15μm，用于建筑物窗户的绝热，可以遮蔽阳光，防止室内陈设物褪色，减少冬季热量损失，节约能源，给人们带来舒适环境。使用时，将特制的防热片（薄膜）贴在玻璃上，其功能是将透过玻璃的大部分阳光反射出去，反射率高达 80%。防热片能减少紫外线的透过率，减轻紫外线对室内家具和织物的有害作用，减弱室内温度变化程度。

绝热薄膜可用于商业、工业、公共建筑、家庭寓所、宾馆等建筑物的窗户内外表面，也可用于博物馆内艺术品和绘画的紫外线防护。

## 二、吸声材料

吸声材料是一种能在较大程度上吸收由空气传递的声波能量的建筑材料。它主要用于音乐厅、影剧院、大会堂、播音室等的内部墙面、地面、天棚等部位。吸声材料能改善声波在室内传播质量，获得良好的声响效果。

**1. 吸声系数及其影响因素**

（1）吸声系数

当声波遇到材料表面时，一部分声波反射，一部分声波穿透材料，其余部分声波传递到材料被吸收。这些被吸收的能量（$E$）与入射声能（$E_0$）之比，称为吸声系数 $\alpha$，它是评定材料吸声性能好坏的主要指标，用公式表示如下：

$$\alpha = \frac{E}{E_0} \tag{9-3}$$

式中　$\alpha$——材料的吸声系数；

　　$E$——被材料吸收的（包括透过的）声能；

　　$E_0$——传递给材料的全部入射声能。

假如入射的声能 65% 被吸收，其余的 35% 被反射，则该材料的吸声系数就等于 0.65。当入射的声能 100% 被吸收，无反射时，吸声系数等于 1。一般材料的吸声系数在 0～1 之间，吸声系数越大，则吸声效果越好。只有悬挂的空间吸声体，由于有效吸声面积大于计算面积，可获得吸声系数大于 1 的情况。

为了全面反映材料的吸声性能，规定取 125Hz、250Hz、500Hz、1000Hz、2000Hz、4000Hz 6 个频率的吸声系数来表示材料的特定吸声频率，凡 6 个频率的平均吸声系数大于 0.2 的材料，可称为吸声材料。

（2）吸声系数的影响因素

① 材料的表观密度　对于同一种多孔材料（如超细玻璃纤维），当其表观密度增大时（即空隙率减小时），对低频声波的吸声效果有所提高，而高频吸声效果则有所降低。

② 材料的厚度　增加多孔材料的厚度，可提高对低频声波的吸声效果，而对高频声波则没有多大影响。

③ 材料的孔隙特征　孔隙越多，越细小，吸声效果越好。如果孔隙太大，则效果较差。如果材料总的孔隙大部分为单独的封闭气泡（如聚氯乙烯泡沫塑料），则因声波不能进入，从吸声机理上来讲，就不属于多孔性吸声材料。当多孔材料表面涂刷油漆或材料吸湿时，则因材料表面的孔隙被水分或涂料所堵塞，使其吸声效果大大降低。

**2. 吸声材料及其结构形式**

（1）多孔吸声材料　常用的多孔吸声材料有木丝板、纤维板、玻璃棉、矿棉、珍珠岩、泡沫混凝土和泡沫塑料等。具有弹性的泡沫塑料由于气孔密闭，其吸声效果不是通过孔隙中的空气振动，而是直接通过自身振动消耗声能来实现的。

（2）薄板振动吸声结构　它常用的材料有胶合板、薄木板、硬质纤维板、石膏板、石棉水泥板和金属板等。将其周边固定在墙或顶棚的龙骨上，并在背后保留一定的空气层，即构成薄板振动吸声结构。此种结构在声波作用下，薄板和空气层的空气发生振动，在板内部和龙骨间出现摩擦损耗，将声能转化成热能，起吸声作用。其共振频率通常在 80～300Hz 范围，对低频声波的吸声效果较好。

（3）穿孔板组合共振吸声结构　这种结构是穿孔的胶合板、硬质纤维板、石膏板、石棉水泥板、铝合金板和薄钢板等，将周边固定在龙骨上，并在背后设置空气层制成。它可被看作是许多单独共振吸声器的并联，起拓宽吸声频带的作用，特别是对中频声波的吸声效果较好。穿孔板的厚度、孔隙率、孔径、背后空气层厚度以及是否填充多孔吸声材料等，都直接影响吸声结构的吸声性能。这种形式在建筑上用得比较普遍。

（4）共振吸声结构　共振吸声结构的形状为一封闭的较大空腔，有一较小的开口。受外力的振荡时，空腔内的空气会按一定的共振频率振动，此时开口颈部的空气分子在声波作用下像活塞一样作往复运动，因摩擦而消耗声能，从而达到吸声效果，若在腔口蒙上一层透气的细布或疏松的棉絮，可加宽吸声频率范围和提高吸声量。

（5）悬挂空间吸声体　将吸声材料制成平板形、球形、圆锥形等多种形式，悬挂在顶棚上，即构成悬挂空间吸声体。此种构造增加了有效的吸声面积，再加上声波的衍射作用，可以显著提高吸声效果。

（6）帘幕吸声体　帘幕吸声体将具有透气性能的纺织品，安装在离墙面或窗面一定距离处，背后设置空气层。此种结构装卸方便，兼具有装饰作用，对中、高频的声波有一定的吸声效果。

**3. 常用的吸声材料**

建筑吸声材料的品种很多，常用的吸声材料及其吸声系数见表 9-3。

表 9-3　部分常用吸声材料及其吸声系数

| 材料分类及名称 | | 厚度/cm | 表观密度/（kg/m³） | 各种频率下的吸声系数 | | | | | |
| --- | --- | --- | --- | --- | --- | --- | --- | --- | --- |
| | | | | 125Hz | 250Hz | 500Hz | 1000Hz | 2000Hz | 4000Hz |
| 无机材料 | 石膏板（有花纹） | — | 350 | 0.03 | 0.05 | 0.06 | 0.09 | 0.04 | 0.06 |
| | 水泥蛭石板 | 4.0 | | — | 0.154 | 0.46 | 0.78 | 0.50 | 0.60 |
| | 石膏砂浆（掺水泥玻璃纤维） | 2.2 | | 0.24 | 0.12 | 0.09 | 0.30 | 0.32 | 0.83 |
| | 水泥膨胀珍珠岩板 | 5 | | 0.16 | 0.46 | 0.64 | 0.48 | 0.56 | 0.56 |
| | 水泥砂浆 | 1.7 | | 0.21 | 0.16 | 0.25 | 0.40 | 0.42 | 0.48 |
| | 砖（清水墙面） | — | | 0.02 | 0.03 | 0.04 | 0.04 | 0.05 | 0.05 |
| 有机材料 | 软木板 | 2.5 | 260 | 0.05 | 0.11 | 0.25 | 0.63 | 0.70 | 0.70 |
| | 木丝板 | 3.0 | | 0.10 | 0.36 | 0.62 | 0.53 | 0.71 | 0.90 |
| | 胶合板（三夹板） | 0.3 | | 0.21 | 0.73 | 0.21 | 0.19 | 0.08 | 0.12 |
| | 穿孔胶合板（五夹板） | 0.5 | | 0.01 | 0.25 | 0.55 | 0.30 | 0.16 | 0.19 |
| | 木花板 | 0.8 | | 0.03 | 0.02 | 0.03 | 0.03 | 0.04 | — |
| | 木质纤维板 | 1.1 | | 0.06 | 0.15 | 0.28 | 0.30 | 0.33 | 0.31 |
| 多孔材料 | 泡沫玻璃 | 4.4 | | 0.11 | 0.32 | 0.52 | 0.44 | 0.52 | 0.33 |
| | 脲醛泡沫塑料 | 5.0 | 1260 | 0.22 | 0.29 | 0.40 | 0.68 | 0.95 | 0.94 |
| | 泡沫水泥（外粉刷） | 2.0 | 20 | 0.18 | 0.05 | 0.22 | 0.48 | 0.22 | 0.32 |
| | 吸声蜂窝板 | — | | 0.27 | 0.12 | 0.42 | 0.86 | 0.48 | 0.30 |
| | 泡沫塑料 | 1.0 | | 0.03 | 0.03 | 0.12 | 0.41 | 0.85 | 0.67 |
| 纤维材料 | 矿渣棉 | 3.13 | 210 | 0.10 | 0.21 | 0.60 | 0.95 | 0.85 | 0.72 |
| | 玻璃棉 | 5.0 | 80 | 0.06 | 0.08 | 0.18 | 0.44 | 0.72 | 0.82 |
| | 酚醛玻璃纤维板 | 8.0 | 100 | 0.25 | 0.55 | 0.80 | 0.92 | 0.98 | 0.95 |
| | 工业毛毡 | 3.0 | | 0.10 | 0.28 | 0.55 | 0.60 | 0.60 | 0.56 |

## 三、隔声材料

声波传播到材料或结构时，因材料或结构的吸收会失去一部分声能，透过材料的声能总是小于入射声能，这样，材料或结构起到了隔声作用，材料的隔声能力可通过材料对声波的透射系数来衡量。

$$\tau = \frac{E_\tau}{E_0} \tag{9-4}$$

式中　$\tau$——声波透射系数；

$E_\tau$——透过材料的声能；

$E_0$——传递给材料的全部入射声能。

材料对声波的透射系数越小，隔声性能越好。工程上常用构件的隔声量来表示构件对空气声波隔绝能力，它与透射系数的关系是：$R = -10\lg\tau$。

人们要隔绝的声音按传播的途径可分为空气声（由于空气的振动）和固体声（由于固体的撞击或振动）两种。对空气声的隔声，根据声学中的"质量定律"，墙或板传声的大小，主要取决于其单位面积质量，质量越大，越不易振动，则隔声效果越好，故对此必须选用密实、沉重的材料（如黏土砖、钢板、钢筋混凝土）作为隔声材料。对固体声的隔声，最有效的措施是采用不连续的结构处理，即在墙壁和承重梁之间、房屋的框架和隔墙及楼板之间加弹性衬垫，如毛毡、软木、橡木等材料，或在楼板上加弹性地毯。

### 📢 任务实施

**一、材料准备**

绝热材料、吸声材料、隔声材料样品。

**二、实施步骤**

① 分组识别提供的绝热材料、吸声材料、隔声材料样品。

② 分析各种样品的特点和应用范围。

# 任务四 建筑石材的选用

### ✴【引例】

1. 河北赵州桥建于1300多年前的隋代，桥长约64.4m，净跨37.02m，拱圈的宽度在拱顶为9m；在拱脚处为9.6m。建造该桥的石材为石灰岩，其抗压强度非常高。

2. 同一栋楼外墙采用了大理石和花岗岩两种装饰石材，使用一段时间后，大理石石材颜色变暗且出现裂缝，而花岗岩石材完好如新。请分析原因。

### 📁 任务描述

熟识建筑工程中常用的天然石材和人造石材；根据工程特点正确选用合适的品种。

### 📁 任务分析

根据工程特点能正确选用合适的建筑石材，需要熟悉建筑工程常用的石材的品种，以及各自的性能特点和使用范围。

### 🔄 知识链接

石材可分为天然石材和人造石材两大类。传统使用的是天然石材，但随着科学技术的发展，人造石材作为一种新型装饰材料，正在被不断开发并广泛应用。

天然石材是指从天然岩石中采得的毛石，或经加工制成的石块、石板及其定型制品等，是最古老的建筑材料之一。世界上许多著名的古建筑多由天然石材建造而成。具有强度高、装饰性好、耐久性高、来源广等特点，是古今土木建筑工程的主要建筑材料。随着现代石材开采和加工技术的进步，使得石材在现代建筑中，特别是在建筑装饰中得到了广泛的应用。

人造石材是人工制造的外观及性能酷似天然石材的建筑材料。人造石材具有重量轻、强度高、耐腐蚀、价格低、施工方便等优点。

## 一、岩石及造岩矿物

岩石是由各种不同地质作用所形成的天然矿物的集合体。组成岩石的矿物称造岩矿物。矿物是地壳中受不同地质作用所形成的具有一定化学组成和物理性质的单物质或化合物。目前发现的矿物大约有3300多种，绝大多数是固态无机物。其中主要造岩矿物有30多种，各种造岩矿物具有不同的颜色和特性。由一种矿物组成的岩石称为单成岩（如以方解石矿物为主的石灰岩）；由两种或多种矿物构成的岩石称复成岩（如以长石、石英、云母矿物为主的花岗岩）。

岩石根据其形成的地质条件不同，可分为岩浆岩、沉积岩和变质岩三大类。

岩浆岩又称火成岩。它是由炽热的岩浆侵入地壳或喷出地表经冷却固结而成的岩石。岩浆岩是地壳中的主要岩石，约占地壳岩石总量的89%。岩浆岩根据其产出环境可分为两大类：一是岩浆侵入地壳内冷凝而成的岩浆岩，称为侵入岩；二是由火山作用使岩浆突破地壳喷出地表，在海上或大气冷却所形成的岩石，称为火山岩（或喷出岩）。

沉积岩是在地壳表层条件下，由风化作用、生物作用、火山作用及其他地质应力下改造的物质，经搬运、沉积、成岩等一系列地质作用形成的岩石。由于沉积岩以水力沉积为主，故过去也称之为水成岩。沉积岩虽然仅占地壳岩石圈总体积的5%，但分布面积却十分广，占据陆地岩石分布总面积的75%和几乎全部的海底面积，是人类接触最多的岩石。

变质岩是指在（温度和压力等）变质作用条件下，使地壳中已经存在的岩石（可以是火成岩、沉积岩或早已形成的变质岩）变成具有新的矿物组合及结构、构造等特征的岩石。

## 二、建筑装饰常用石材与选用

### 1. 天然石材

用于建筑装饰的天然石材品种繁多，通常按地质成因对岩石进行分类是十分专业和复杂的，普通人很难分清楚。为便于应用，建筑装饰行业将建筑装饰石材分为花岗石、大理石和板石三大类石材。应该注意，建筑装饰行业中的花岗石、大理石、板石其含义与地质学中的花岗岩、大理岩、板岩并非同一概念，前者的概念要比后者宽泛得多。为避免混淆前者通常称之为"××石"，而后者则习惯称之为"××岩"。

（1）花岗石　建筑上所说的花岗石是广义的，指以花岗岩为代表的一类装饰石材，包括各类岩浆岩和花岗岩的变质岩（如花岗岩、辉长岩、辉绿岩、橄榄岩、闪长岩、凝灰岩、蛇纹岩、角闪岩、玄武岩和辉石岩等），一般质地较硬。

我国花岗岩花色品种繁多，按色彩主要分为红、黑、白、灰、绿、黄和蓝七大色系千余个品种。其代表品种有：以四川的"芦山红"（中国红）、"忠华红"（中华红）、"泸定红"（中华红）为代表的红色系列（包括肉红、橘红、深红和紫红等色）；以内蒙的"封镇黑"

（内蒙黑）、福建的"福鼎黑"、河南的"夜里黑"为代表的黑色系列；山东的"莱州芝麻白"（山东白麻、中国白麻）、广东的"广宁东方白麻"、山东的"崂山灰"（中国灰）为代表的白色、灰色系列（包括白、灰白、灰色，花岗岩一般不存在纯净白色的）；以四川的"米易绿"（中国绿）、安徽的"岳西绿豹"为代表的绿色系列；以新疆"托里菊花黄"为代表的黄色；以四川的"攀西蓝"、新疆的"天山蓝"为代表的蓝色系列。

花岗石一般具有以下特性。

① 花岗岩构造致密，表观密度大（2600～2700kg/m³），抗压强度高，硬度高（莫氏硬度为6～7），耐磨性好。

② 主要组成矿物为长石、石英、云母，化学稳定性好，抗风化能力强，耐腐蚀性强。

③ 耐酸性好，对硫酸、硝酸具有较强的抵抗作用。

④ 装饰效果好，表面经琢磨加工后光泽美丽，是优良的装饰材料。

⑤ 耐热性稍差，石英在573℃时晶体开始发生转型，导致石材膨胀开裂。

（2）大理石　　建筑上所说的大理石也是广义的，指以大理岩为代表的一类装饰石材，包括碳酸盐岩和与其有关的变质岩，主要成分为碳酸盐岩，一般质地较软。

我国大理石储量和品种数量居世界前列。已投放市场的约有700种。颜色有纯白、灰白、纯黑、黑白花、浅绿、深绿、淡红、紫红、浅灰、橘黄和米黄等。较为著名的品种有：北京的房山高庄汉白玉、房山艾叶青，山东的莱阳雪花白，四川的宝应白、宝应青花白、彭州大花绿，云南的云南米黄，贵州的金丝米黄、贞丰木纹石、贵阳纹脂奶油、毕节晶墨玉，浙江的杭灰，江苏的宜兴咖啡、宜兴青奶油、宜兴红奶油等。

大理石一般具有以下特性。

① 大理石构造致密，表观密度大（2500～2700kg/m³），抗压强度高，但硬度较低（莫氏硬度约为3）、耐磨性较差。因此，大理石虽可用于地面，但不宜用于人流较多场所的地面。

② 大理石主要成分是方解石（$CaCO_3$）和白云石 $[CaMg(CO_3)_2]$，纯大理石为雪白色，如北京房山高庄汉白玉大理石，含杂质时呈黑、红、黄、绿等各种色彩。

③ 大理石的耐磨性差，这一特性是其所含矿物（方解石、白云石）决定的，即使是在空气中，也会因大气中 $CO_2$、$SO_3$ 等腐蚀介质长期作用而失色和表面点蚀。因此，除个别品种如汉白玉、艾叶青可用于室外，大多数大理石品种（尤其是抛光板材）一般只适用于室内环境。

④ 大理石较花岗石易于加工，雕刻性能好，磨光后纹理美丽，甚至可以成为天然山水画，是优良的室内装饰材料。

⑤ 大理石耐热性较花岗石好，但700～900℃时也会受热分解，这个过程也即是石灰生产的过程。

（3）板石　　板石（叠层岩）：一般指具有片理构造，可根据其天然纹理劈裂成薄型板材的变质岩类石材（如板岩类、千枚岩类、片岩类和片麻岩类石材）。

所谓片理构造指变质岩中片状、板状和柱状矿物，如云母、角闪石等，在定向压力的作用下，重结晶并垂直压力方向成平行排列所形成的构造，顺着平行排列的面，可把岩石劈成小型片状，称为片理。

**2. 天然饰面石材的选用**

（1）天然饰面石材的编号　　为便于选用，我国制定了《天然石材统一编号》（GB/T 17670—2008）标准。天然石材统一编号由一个英文字母和四位数字两部分组成，如"G3786""M3711""S1115"等，其中英文字母分别表示花岗石、大理石、板石的英文名称的首位大写字母。四位数字中前两位数字为标准 GB/T 2260—2007 中规定的各省、自治区、直辖市行政区代码，例如北京为"11"，山东为"37"，福建省为"35"等。后两位数字为各省、自治区、直辖市所编的石材品种序号。

（2）饰面石材的选择原则　在进行饰面石材的装修设计选材时，既要考虑审美和安装要求，还要注意一些重要的技术要求，如：饰面石材的自重、基本尺寸、板材之间接缝形式的选择、风力影响、材料的热膨胀、周围环境中空气或水流的化学成分等因素。

① 室外饰面石材的选择原则　用于室外的饰面石材，其颜色应能满足设计要求，要有良好和稳定的抗风化、抗老化性能，以便获得长期、稳定的装饰效果，并使建筑物能得到长期、确实的保护。

花岗石以其优良的物理力学性能成为室外装饰石材的最佳选择。结晶好、结构致密的大理石也可用在室外装饰。像化石碎屑岩、角砾岩等结构不均匀的大理石或含有黄铁矿的石材，很容易受到水或含硫气体的侵蚀，这类石材不宜用于室外装饰。

② 室内饰面石材的选择　室内装饰石材可分成地面、墙面、柱面、大厅和卫生间等处用板材，对其抗风化、抗老化的性能要求次于用在室外时那样严格，颜色应以明快靓丽为主，大理石和花岗石都可以用于室内装饰。用于地面、楼梯台阶面饰的石材应具有高的耐磨性。在选择用于厨房、卫生间等处的石材时，应考虑其具有抗腐蚀、抗污染的能力，颜色较深的花岗石较为适合。另外，用于室内的饰面石材，必须考虑其放射性水平。

天然石材中含有一定放射性元素，当这些元素过量时会对人体造成一定伤害。按照我国《建筑材料放射性核素限量》(GB 6566—2010) 标准，根据天然石材的放射性水平，把天然石材产品分为 A、B、C 三类。其中：A 类产品的使用不受限制，可在任何场所中使用。B 类产品的放射性程度高于 A 类，不可用于Ⅰ类民用建筑的内饰面，可用于Ⅰ类民用建筑的外饰面及其他一切建筑物的内、外饰面（注：Ⅰ类民用建筑指住宅、老年公寓、托儿所、医院和学校等；Ⅱ类民用建筑指Ⅰ类民用建筑以外的民用建筑，如商场、体育馆、书店、宾馆、办公楼、图书馆、文化娱乐场所、展览馆和公共交通等候室等）。C 类产品放射性程度高于 A、B 两类，只可用于建筑物的外饰面。超过 C 类的天然石材，只可用于碑石、海堤、桥墩等人类很少涉及的地方。

天然石材的放射性水平并不相同，一般来说大理石放射性很小，花岗石放射性较高。

**3. 人造石材**

（1）水泥型人造石材　水泥型人造石材是以硅酸盐水泥、铝酸盐水泥等为胶凝材料，以砂石为粗细集料，经配料、搅拌、成型、养护、切割等工序制成。这种人造石材成本低，色彩可按要求调配，具有可模性，可在室内外大面积采用。如各种水磨石。

（2）聚酯型人造石材　聚酯型人造石材是以不饱和聚酯为胶黏剂，以石英砂、大理石、方解石及石粉为集料，经配料、搅拌、成型、固化、切割、抛光等工艺制成。这种石材色彩花色均匀，光泽性好。如：人造玉石、人造大理石和人造玛瑙石。常用于茶几台面、餐桌面以及浴缸、洗脸盆、人造大理石壁画等。

（3）复合型人造石材　复合型人造石材由无机胶结料和有机胶结料共同组合而成。例如，用无机材料将填料粘接成型后，再将配体浸渍于有机单体中，使其在一定条件下聚合；或在廉价的水泥型基板上复合聚酯型薄层，组成复合板材，以获得最佳的装饰效果和经济指标。

（4）烧结型人造石材　烧结型人造石材是指以高岭土、长石、石英等矿物材料，经配料成型、干燥、烧结等工序制成。如仿花岗岩瓷砖、仿大理石陶瓷艺术板等。似陶似玉的微晶玻璃制品，强度可高于花岗岩，而光泽宛若玻璃，花纹美似碧玉，色彩优于陶瓷，具有很高的装饰艺术性。

**任务实施**

**一、材料准备**

天然石材和人造石材样品。

**二、实施步骤**

① 分组识别提供的石材样品。
② 分析各种石材的特点和应用范围。

# 任务五　建筑玻璃与建筑陶瓷的选用

**【引例】**

1. 人民大会堂广东厅进行全面装修，经反复比较后选用了微晶玻璃米黄色平板和白色圆弧板作主体装饰材料。装修后庄严漂亮、淡雅朴实、敞亮透明。

2. 某家居厨房内墙镶贴釉面内墙砖，使用三年后，在炉灶附近釉面内墙砖表面出现了很多裂缝。请问这是为什么？

**任务描述**

熟识建筑工程中常用的建筑玻璃与建筑陶瓷；根据工程特点正确选用合适的品种。

**知识链接**

**一、建筑玻璃**

玻璃是以石英砂、纯碱、长石和石灰石等为主要原料，经熔融、成形、冷却固化而成的非结晶无机材料。随着现代建筑发展的需要，玻璃逐渐向多功能方向发展。玻璃的深加工制品能达到具有控制光线、隔热、隔声、节能和提高建筑艺术装饰等功能。所以，玻璃已不只是采光材料，而且是现代建筑的一种结构材料和良好的装饰材料，从而扩大了其使用范围，成为现代建筑的重要材料之一。

建筑玻璃品种繁多，以下仅简要介绍其中几种。

**1. 平板玻璃**

平板玻璃通常指未经其他加工的平板状玻璃制品，也称为白片玻璃或净片玻璃。按生产方式不同，可分为普通平板玻璃（有平拉法或垂直引上法生产，工艺较为落后）和浮法玻璃（浮法生产，为目前玻璃生产的主流工艺）。根据国家标准《平板玻璃》（GB 11614—2009），普通平板玻璃厚度分别为：2mm、3mm、4mm、5mm 四类；浮法玻璃厚度分为：2mm、3mm、4mm、5mm、6mm、8mm、10mm、12mm、15mm、19mm 十类。

平板玻璃透光透视，具有一定保温性、隔声性和机械强度，且耐擦洗、耐腐蚀、价格低廉、切割容易。但质脆，怕冲击、强震，急冷急热作用下易碎。普通平板玻璃和浮法玻璃性能基本相同，但由于后者工艺更先进，故玻璃表面更加平整光洁，光学畸变小，质量更好。我国目前浮法玻璃产量已超过平板玻璃总产量的 80%，随着人们生活质量的提高，生产工艺水平的进步，浮法玻璃取代普通平板玻璃将是时代的必然趋势。

平板玻璃主要用于建筑工程中的门窗、室内隔断、橱窗、橱柜、展台、玻璃搁架及家具玻璃门等方面，也可用于装饰玻璃、安全玻璃、节能玻璃等深加工玻璃的原片。建筑窗用玻璃根据窗格大小、窗的种类（平开窗宜稍厚，推拉窗可薄些）一般采用 3～5mm 厚玻璃；建筑门用玻璃，有框时宜选用 6mm 厚玻璃，无框门宜选用 12mm 及以上厚度的玻璃；室内隔断用玻璃可选用 8～12mm 厚玻璃。

**2. 压花玻璃**

压花玻璃又称滚花玻璃，是用压延法生产，表面带有花纹图案，透光而不透明的平板玻璃。它是将塑料状态的玻璃带通过一对刻有花纹图案的辊子，对玻璃表面连续延压而成。如果一个辊子带有花纹，则生产出单面压花玻璃，如果两个辊子都带有花纹，则生产出双面压花玻璃。压花玻璃具有透光不透视的特点，这是由于其表面凹凸不平，当光线通过时即产生漫射，因此从玻璃的一面看另一面的物体时，物像显得模糊不清。另外，压花玻璃因其表面有各种图案花纹，所以又具有一定的艺术装饰效果。

**3. 磨（喷）砂玻璃**

磨（喷）砂玻璃又称为毛玻璃。磨砂玻璃是采用普通平板玻璃，以硅砂、金刚石等为研磨材料，加水研磨而成的；喷砂玻璃是采用普通平板玻璃，以压缩空气将细砂喷到玻璃表面研磨而成的。其特点是透光不透视，光线不刺目且呈漫反射，常用于不需透视的门窗，如卫生间、浴厕、走廊等，也可用作黑板的板面。

**4. 雕刻玻璃**

雕刻玻璃分为人工雕刻和电脑雕刻两种。其中人工雕刻利用娴熟刀法的深浅和转折配合，更能表现出玻璃的质感，使所绘图案给人呼之欲出的感受。雕刻玻璃是家居装修中很有品位的一种装饰玻璃，所绘图案一般都是具有个性"创意"，反映着居室主人的情趣所在和追求。

**5. 镶嵌玻璃**

镶嵌玻璃能体现家居空间的变化，是装饰玻璃中具有随意性的一种。它可以将彩色图案的玻璃、雾面朦胧的玻璃、清晰剔透的玻璃任意组合，再用金属丝条加以分隔，合理地搭配"创意"，呈现不同的美感，更加令人陶醉。

**6. 彩釉玻璃**

彩釉玻璃是在玻璃表面涂一层彩色易熔的彩釉，加热至釉料熔融，使釉层与玻璃牢固地结合在一起，经退火或钢化处理而成。它具有良好的化学稳定性和装饰性，适用于建筑物外墙饰面。

**7. 彩绘玻璃**

彩绘玻璃是目前家居装修中较多运用的一种装饰玻璃。在制作中，先用一种特制的胶绘制出各种图案，然后再用铅油描摹出分割线，最后再用特制的胶状颜料在图案上着色。彩绘玻璃图案丰富亮丽，居室中彩绘玻璃的恰当运用，能较自如地创造出一种赏心悦目的和谐气氛，增添浪漫迷人的现代情调。

**8. 热熔玻璃**

热熔玻璃又称水晶立体艺术玻璃，是采用特制热熔炉，以平板玻璃和无机色料等作为主要原料，设定特定的加热程序和退火曲线，在加热到玻璃软化点以上，经特制成型模模压成型后退火而成，必要的话，再经过雕刻、钻孔、修裁等后道工序加工。热熔玻璃是目前开始在装饰行业中出现的新家族。

### 9. 钢化玻璃

钢化玻璃是将平板玻璃加热到一定温度后迅速冷却（即淬火）而制成。其特点是机械强度比平板玻璃高 4～6 倍，6mm 厚的钢化玻璃抗弯强度达 125MPa，且耐冲击、安全、破碎时碎片小且无锐角，不易伤人，故又名安全玻璃，能耐急热急冷，耐一般酸碱，透光率大于 82％。主要用于高层建筑门窗、车间天窗及高温车间等处。

### 10. 热反射玻璃

热反射玻璃又叫镀膜玻璃，分复合和普通透明两种，具有良好的遮光性和隔热性能。由于这种玻璃表面涂覆金属或金属氧化物薄膜，有的透光率是 45％～65％（对于可见光），有的甚至可在 20％～80％之间变动，透光率低，可以达到遮光及降低室内温度的目的。但这种玻璃和普通玻璃一样是透明的。

### 11. 防火玻璃

防火玻璃是由两层或两层以上的平板玻璃间含有透明不燃胶黏层而制成的一种夹层玻璃，在火灾发生初期，防火玻璃仍是透明的，人们可以通过玻璃看到火焰，判断起火部位和火灾危险程度。随着火势的蔓延扩大，室内温度增高，夹层受热膨胀发泡，逐渐由透明物质转变为不透明的多孔物质，形成很厚的防火隔热层，起到防火隔热保护作用。这种玻璃具有优良防火隔热性能，有一定的抗冲击强度。

### 12. 玻璃空心砖

玻璃空心砖一般是由两块压铸成的凹形玻璃，经熔接或胶结成整块的空心砖。砖面可为光平，也可在内、外面压铸各种花纹。砖的腔内可为空气，也可填充玻璃棉等。砖形有方形、长方形、圆形等。玻璃砖具有一系列优良性能，绝热、隔声，透光率达 80％。光线柔和优美。砌筑方法基本上与普通砖相同。

### 13. 玻璃锦砖

玻璃锦砖也叫玻璃马赛克。它与陶瓷锦砖在外形和使用方法上有相似之处，但它是乳浊状半透明玻璃质材料，大小一般为 20mm×20mm×4mm，背面略凹，四周侧边呈斜面，有利于与基面粘接牢固。玻璃锦砖颜色绚丽，色泽众多，历久常新，是一种很好的外墙装饰材料。

### 14. 中空玻璃

中空玻璃又称隔热玻璃，是由两片或多片玻璃以有效支撑均匀隔开，并且周边粘接密封，使玻璃层间形成干燥气体空间的制品。中空玻璃的空隙最初是填充干燥的空气，目前多用热导率比空气低的其他气体，如惰性气体等。为获得更好的声控、光控和隔热等效果，在两片玻璃间充以各种能漫射光线的材料、电介质等。

随着建筑节能要求的提高，中空玻璃已经被广泛应用于建筑工程。中空玻璃的主要功能是隔热、隔声，适用于住宅、办公楼、学校等的门窗和玻璃幕墙等。

## 二、建筑陶瓷

通常把用于建筑工程结构内外表面装饰和卫生设施的陶瓷制品统称为建筑陶瓷。建筑陶瓷制品是住宅、办公楼、宾馆及娱乐设施等建设的重要装饰和设备材料。建筑陶瓷产品主要包括：陶瓷内墙面砖、外墙面砖和地砖等陶瓷砖，洗面器、水槽、淋浴盆等卫生陶瓷器，琉璃砖、琉璃瓦、琉璃建筑装饰制件等琉璃制品，输水管、落水管、烟囱管等陶瓷管等。本任务主要是识别陶瓷砖。

### 1. 瓷砖分类

按生产方法主要分为干压砖和挤压砖。

按吸水率：瓷质砖（吸水率 $E<0.5\%$）、炻瓷砖（$E$ 为 $0.5\%\sim3\%$）、细炻砖（$E$ 为 $3\%\sim6\%$）、炻质砖（$E$ 为 $6\%\sim10\%$）、陶质砖（$E>10\%$）。

按磁体表面有无釉面分为：釉面砖、无釉砖。

按使用部位分为：内墙砖、外墙砖和地面砖等。

按专门用途分为：防滑砖、仿古砖、花砖和腰线砖等。

**2. 内墙釉面砖**

目前内墙釉面砖大多为釉面砖。釉面砖表面光滑，色泽柔和典雅，主要用于厨房、浴室、卫生间、实验室和医院等场所的室内墙面或台面材料，它具有热稳定性好，防火、防潮、耐酸碱腐蚀、坚固耐用和易于清洁等特点。常用内墙釉面砖属陶质砖，吸水率一般为 $16\%\sim21\%$，由于内墙釉面砖吸水率高易导致釉面开裂，故不应用于室外。

为了增加内墙釉面砖的装饰效果，某些内墙带有一定装饰图案，被称为花砖和腰线砖。

**3. 外墙釉面砖**

外墙釉面砖与内墙釉面砖类似，但有一个显著的差别就是外墙砖吸水率更低，一般在 $10\%$ 以下，多属于炻质砖。因此，外墙釉面砖拥有更好的耐水性和抗冻性。过去为了区分内、外墙釉面砖，也把外墙釉面砖和地面釉面砖称为"彩釉砖"。

**4. 无釉地砖**

无釉砖因砖体表里如一，故也可称为通体砖和彩胎砖。目前市场上的抛光砖、渗花砖、玻化砖、微晶砖、微粉砖等均属于无釉砖。无釉砖表面光洁，具有镜面效果，多用于铺地。

（1）抛光砖　是指经过机械研磨、抛光，表面呈镜面光泽的陶瓷砖。

（2）渗花砖　是指将可溶性色料溶液渗入胚体内，烧成后呈现色彩或花纹的陶瓷砖。

（3）玻化砖　玻化砖采用高温烧制而成，属全瓷砖。可看作是一种强化的抛光砖，质地比抛光砖更硬更耐磨。但价格也相应高些。

**5. 仿古砖**

近年来为了追求古朴、淡雅的陶瓷装饰风格，市场上流行起一种新型的具有特殊装饰效果的釉面砖，被称为仿古砖。仿古砖其胚体多为瓷制的，也有炻瓷、细炻和炻质的；釉以亚光的为主；色泽则以黄色、咖啡色、暗红色、土色、灰色、灰黑色为主；仿古砖蕴藏的文化、历史内涵和丰富的装饰手法使其成为欧美市场瓷砖的主流产品，在中国也得到了迅速的发展。

## 📢 任务实施

**一、材料准备**

建筑玻璃与建筑陶瓷样品。

**二、实施步骤**

① 分组识别提供的建筑玻璃与建筑陶瓷样品。

② 分析各种建筑玻璃与建筑陶瓷的特点和应用范围。

# 小　结

本学习情境主要介绍木材、建筑塑料、涂料及胶黏剂、绝热材料、吸声材料与隔声材料、建筑石材、建筑玻璃以及建筑陶瓷的基本知识，常用品种及其应用。

　　木材是传统的三大材料之一。但由于木材生长周期长，大量砍伐对保持生态平衡不利，且因木材存在易燃、易腐以及各向异性等缺点，所以在工程中应尽量以其他材料代替，以节省木材资源。

　　木材因树种不同，取材位置不同会出现材质不匀，以致其各项性能相差悬殊。在同一木材中，不同方位的抗拉、抗压、抗剪强度各不相同，这是由木材的构造决定的。

　　木材的综合利用有利于节省我国相对贫乏的木材资源。如胶合板、纤维板、细木工板等，这些板材具有能满足强度要求、使用和加工方便、装饰效果美观大方等特点。正确认识木材的特点，便于在选材、制材和工程施工中扬长避短。

　　塑料一般由合成树脂、填料、助剂三部分组成。塑料按受热时性能变化的不同，可分为热塑性塑料和热固性材料。按用途不同，可分为通用塑料和工程塑料。塑料有着众多的优越性能，如轻质、比强度高、热导率高、耐热性差、易燃、刚度小等。

　　建筑塑料制品种类多，按其形状主要可分为塑料板材、片材、管材、异型材等。如塑料扣板、塑料地板、三聚氰胺板、PC阳光板、塑料壁纸、塑料门窗等。

　　建筑涂料按其性状可分为水溶性涂料、乳液型涂料（前两者统称水性涂料）、溶剂型涂料、粉末涂料。内墙涂料主要以乳液型涂料也即乳胶漆为主，且以丙烯酸酯类乳液涂料为主流产品，106、107、803等水溶性涂料及多彩内墙涂料已被建设部列为淘汰产品，一般不应再使用。外墙涂料种类较多，主要有乳液型外墙涂料、溶剂型外墙涂料、砂壁状建筑涂料、氟树脂涂料等。

　　绝热材料、吸声与隔声材料是建筑工程中两类非常重要的功能性材料。绝热材料最为突出的功能就是它可以减少建筑在使用过程中的能耗，从而节约能源，这对于建筑节能具有非常重要的意义。绝热材料通常为轻质的多孔或纤维状材料，其绝热能力的大小一般用热导率来表示。材料的绝热性能有时也会受外界环境的影响而发生改变，如材料的容重、材料的温度、湿度、材料的组成及构造等。绝热材料一般可分为无机材料和有机材料两大类，其中前者又可细分为无机纤维状绝热材料、无机散粒状绝热材料、无机多孔类绝热材料。

　　具有较强的吸收声能、减低噪声性能的材料统称为吸声材料。材料的吸声性能不仅与材料本身有关，同时也与其结构有关。一般可分为多孔吸声材料、薄板振动吸声结构、穿孔板组合共振吸声结构、共振吸声结构、悬挂空间吸声体和帘幕吸声体等。

　　岩石按照其地质形成原因可分火成岩、沉积岩和变质岩三大类。建筑装饰行业将建筑装饰石材分为花岗石、大理石和板石三大类石材。花岗石强度高、硬度大、耐磨性好；抗风化能力强、耐酸性好，但耐热性稍差。大理石强度高，但硬度较低、耐磨性较差、耐酸性较差。GB 6566—2010规范中根据天然石材的放射性水平，把天然石材产品分为A、B、C三类。其中A类产品放射性最低，可在任何场合中使用。

　　建筑装饰玻璃品种繁多，主要有压花玻璃、磨砂玻璃、雕刻玻璃、镶嵌玻璃、彩釉玻璃、彩绘玻璃和热熔玻璃等。

　　瓷砖按生产方法不同，主要分为干压砖和挤压砖；按吸水率不同，可分为瓷质砖、炻瓷砖、细炻砖、炻质砖和陶质砖五类；按砖体表面有无釉面，可分为釉面砖、无釉砖；按使用部位不同，可分为内墙砖、外墙砖、地面砖等。

## 能力训练题

　　1. 木材是如何分类的？

　　2. 解释以下名词：

　　（1）木材纤维饱和点；（2）木材平衡含水率。

3.木材含水率的变化对其强度、变形有什么影响？

4.木材有哪些强度？并比较各项强度高低。木材实际应用中，为什么较多的用于承受顺纹抗压和抗弯？

5.影响木材强度的主要因素有哪些？

6.引起木材腐朽的主要原因有哪些？如何防止木材腐朽？

7.某松木构件处于相对湿度为65％、温度为20℃的环境中，测得松木的顺纹抗压强度为46MPa，求该木材在标准含水率时的顺纹抗压强度。

8.塑料的组成有哪些？

9.请列举一些常见的建筑塑料制品，并简述其构造、性能特点及应用范围。

10.建筑工程对保温、绝热材料的基本要求是什么？

11.常用的绝热材料有哪些？

12.什么是吸声系数？其影响因数有哪些？

13.常见吸声材料的结构形式有哪些？

14.花岗石和大理石外观、性能及应用范围上有何区别？

15.建筑装饰玻璃品种有哪些？

16.什么是抛光砖、渗花砖、玻化砖、花砖、腰线砖和仿古砖？

17.木材的干缩湿胀变形在各个方向上有所不同，变形量从小到大依次是（　　　）。
【2015年一级建造师真题】

    A.顺纹、径向、弦向　　　　　　　　B.径向、顺纹、弦向

    C.径向、弦向、顺纹　　　　　　　　D.弦向、径向、顺纹

18.木材的变形在各个方向不同，下列表述中正确的是（　　　）。【2018年一级建造师真题】

    A.顺纹方向最小，径向较大，弦向最大　B.顺纹方向最小，弦向较大，径向最大

    C.径向最小，顺纹方向较大，弦向最大　D.径向最小，弦向较大，顺纹方向最大

19.关于天然花岗石特性的说法，正确的是（　　　）。【2019年一级建造师真题】

    A.碱性材料　　　　　B.酸性材料　　　　　C.耐火　　　　　D.吸水率高

# 参 考 文 献

[1] 曹亚玲.建筑材料.第 2 版.北京：化学工业出版社，2015.
[2] 林祖宏.建筑材料.第 2 版.北京：北京大学出版社，2014.
[3] 高琼英.建筑材料.第 4 版.武汉：武汉理工大学出版社，2012.
[4] 刘祥顺.建筑材料.第 4 版.北京：中国建筑工业出版社，2015.
[5] 陈志源，李启令.土木工程材料.第 3 版.武汉：武汉理工大学出版社，2014.
[6] 张华.建筑材料检测.北京：化学工业出版社，2013.
[7] 王春阳.建筑材料.第 3 版.北京：高等教育出版社，2018.
[8] 袁润章.胶凝材料学.武汉：武汉理工大学出版社，1996.
[9] 田文玉.建筑材料试验指导书.北京：人民交通出版社，2005.
[10]　GB 175—2007 通用硅酸盐水泥.